Leitfäden und Monographien der Informatik

Brauer: **Automatentheorie**
493 Seiten. Geb. DM 58,—

Messerschmidt: **Linguistische Datenverarbeitung mit Comskee**
207 Seiten. Kart. DM 36,—

Pflug: **Stochastische Modelle in der Informatik**
272 Seiten. Kart. DM 36,—

Richter: **Betriebssysteme**
2., neubearbeitete und erweiterte Auflage
303 Seiten. Kart. DM 36,—

Wirth: **Algorithmen und Datenstrukturen —**
Pascal-Version
3., überarbeitete Auflage
320 Seiten. Kart. DM 38,—

Wirth: **Algorithmen und Datenstrukturen mit Modula - 2**
4., überarbeitete und erweiterte Auflage
299 Seiten. Kart. DM 38,—

Leitfäden der angewandten Informatik

Bauknecht / Zehnder: **Grundzüge der Datenverarbeitung**
Methoden und Konzepte für die Anwendungen
3. Aufl. 293 Seiten. DM 34,—

Beth / Heß / Wirl: **Kryptographie**
205 Seiten. Kart. DM 25,80

Bunke: **Modellgesteuerte Bildanalyse**
309 Seiten. Geb. DM 48,—

Craemer: **Mathematisches Modellieren dynamischer Vorgänge**
288 Seiten. Kart. DM 36,—

Frevert: **Echtzeit-Praxis mit PEARL**
216 Seiten. Kart. DM 28,—

Gorny/Viereck: **Interaktive grafische Datenverarbeitung**
256 Seiten. Geb. DM 52,—

Hofmann: **Betriebssysteme: Grundkonzepte und Modellvorstellungen**
253 Seiten. Kart. DM 34,—

Holtkamp: **Angepaßte Rechnerarchitektur**
233 Seiten. DM 38,—

Hultzsch: **Prozeßdatenverarbeitung**
216 Seiten. Kart. DM 25,80

Kästner: **Architektur und Organisation digitaler Rechenanlagen**
224 Seiten. Kart. DM 25,80

Fortsetzung auf der 3. Umschlagseite

 Springer Fachmedien Wiesbaden GmbH

Georg Pflug
Stochastische Modelle
in der Informatik

Leitfäden und Monographien der Informatik

Unter beratender Mitwirkung von

Dr. Hans-Jürgen Appelrath, Zürich
Dr. Hans-Werner Hein, St. Augustin
Dr. Rolf Pfeifer, Zürich
Dr. Johannes Retti, Wien
Prof. Dr. Michael M. Richter, Kaiserslautern

herausgegeben von

Prof. Dr. Volker Claus, Oldenburg
Prof. Dr. Günter Hotz, Saarbrücken
Prof. Dr. Klaus Waldschmidt, Frankfurt

Die Leitfäden und Monographien behandeln Themen aus der Theoretischen, Praktischen und Technischen Informatik entsprechend dem aktuellen Stand der Wissenschaft. Besonderer Wert wird auf eine systematische und fundierte Darstellung des jeweiligen Gebietes gelegt. Die Bücher dieser Reihe sind einerseits als Grundlage und Ergänzung zu Vorlesungen der Informatik und andererseits als Standardwerke für die selbständige Einarbeitung in umfassende Themenbereiche der Informatik konzipiert. Sie sprechen vorwiegend Studierende und Lehrende in Informatik-Studiengängen an Hochschulen an, dienen aber auch den in Wirtschaft, Industrie und Verwaltung tätigen Informatikern zur Fortbildung im Zuge der fortschreitenden Wissenschaft.

Stochastische Modelle
in der Informatik

Mit einem Anhang über Simulation

Von Dr. phil. Georg Pflug
Professor an der Universität Gießen

Mit zahlreichen Abbildungen, Tabellen,
Beispielen und Übungsaufgaben

Springer Fachmedien Wiesbaden GmbH

Prof. Dr. phil. Georg Pflug

Geboren 1951 in Wien. Von 1969 bis 1975 Studium der Rechtswissenschaften und der Mathematik/Statistik in Wien, 1974 Erwerb des Titels Magister iuris, 1975 Promotion zum Dr. phil. und Ablegung der ersten Diplomprüfung der sozial- und wirtschaftswissenschaftlichen Studienrichtungen. 1976 Ernennung zum Universitätsassistenten am Institut für Statistik und Informatik an der Universität Wien, 1979 Gastdozent an der Universität Bayreuth, 1980 Habilitation an der sozial- und wirtschaftswissenschaftlichen Fakultät der Universität Wien für Mathematische und Angewandte Statistik, Wahrscheinlichkeitstheorie und Angewandte Informatik. 1982 Berufung zum Professor an die Universität Gießen. In den Jahren 1982 bis 1986 Forschungsaufenthalte am Internationalen Institut für Angewandte Systemanalyse (IIASA) in Laxenburg, State University of Michigan, Institut für Höhere Studien, Wien.

CIP-Kurztitelaufnahme der Deutschen Bibliothek

Pflug, Georg Ch.:
Stochastische Modelle in der Informatik: mit e. Anh. über Simulation / von Georg Pflug. –
Stuttgart: Teubner, 1986.
  (Leitfäden und Monographien der Informatik)
  ISBN 978-3-519-02259-6   ISBN 978-3-322-94707-9 (eBook)
  DOI 10.1007/978-3-322-94707-9

Gesamtherstellung: Zechnersche Buchdruckerei GmbH, Speyer
Umschlaggestaltung: M. Koch, Reutlingen

Vorwort

Dieses Buch ist aus mehreren Vorlesungen hervorgegangen, die ich an den Universitäten Gießen und Wien gehalten habe. Die Titel dieser Vorlesungen waren: "Warteschlangentheorie", "Simulation", "Mustererkennung" und "OR-Probleme bei der Erstellung von Betriebssystemen". Allen diesen Vorlesungen war gemeinsam, daß sie Teilaspekte der Wahrscheinlichkeitstheorie unter dem Gesichtspunkt der Anwendung im weiten Gebiet der Informatik zum Inhalt hatten.

Es ist nicht die Intention dieses Buches, die Lektüre von Literatur über die Technik von Betriebssystemrealisierungen oder über spezielle Mustererkennungsverfahren überflüssig zu machen. Vielmehr soll, ergänzend zur "technischen" Literatur hier gezeigt werden, wie durch die wahrscheinlichkeitstheoretische Modellbildung Begriffe wie "effizient", "optimal" oder "mittlere Performance" erst ihre Bedeutung bekommen. Dabei wird auf die mathematische Korrektheit der Argumentation ebensoviel Wert gelegt, wie auf die leichtverständliche Darstellung.

Ein großer Teil der Informatikliteratur enthält Resultate zur Performance, die mit Mitteln der Wahrscheinlichkeitsrechnung gefunden wurden. Meiner Erfahrung nach fehlt jedoch einigen Informatikstudenten das Rüstzeug, diese Resultate auch wirklich nachvollziehen zu können, so daß oft diese Teile der Arbeiten überlesen werden. Außerdem finden sich manchmal auch in Originalarbeiten fehlerhafte Argumentationen, wenn mit Begriffen aus der Wahrscheinlichkeitstheorie umgegangen wird. Dieses Buch soll den Einstieg in die Methodik stochastischer Modellbildung in der Informatik erleichtern.

Teile des Inhalts dieses Buches wurden sowohl vor Mathematikstudenten (meist mit Nebenfach Informatik) als auch vor Studenten der Betriebs- und Wirtschaftsinformatik vorgetragen. Den ersteren sollte der Anwendungsbereich der theoretischen Resultate gezeigt und den letzteren ein Einblick in die Modellbildung gegeben werden. Es ist erfahrungsgemäß möglich, beide Zielgruppen mit demselben Text anzusprechen, wenn man die formal nicht so geschulten Hörer nicht durch längere Ableitungen überfordert. Allerdings ist es wichtig, daß allen Studenten die grundlegenden Begriffe wie Laplacetransformation, wahrscheinlichkeitserzeugende Funktion oder Martingalkonvergenz vermittelt werden. Denn man kann ein Resutat nur dann wirklich verstehen, wenn man auch seine Begründung voll und ganz versteht.

Bei der Zusammenstellung des Stoffes wurde darauf geachtet, daß ausgehend von Beispielen eine Reihe von Grundproblemen der Stochastik dargestellt werden. Solche Grundprobleme sind z.B. das optimale Stoppen, die Erneuerungstheorie, der Begriff des reversiblen Prozesses, das Spiegelungsprinzip, der Begriff des Supermartingals, die Branch and Bound

Methode, die Zuverlässigkeitstheorie, der Begriff der eingebetteten Markovkette, Zufallsgraphen, etc. Auf diese Weise sollen -quasi en passant- Techniken erlernt werden, die auch in ganz anderen Anwendungszusammenhängen auftreten können.

Jedes Kapitel ist durch Übungsaufgaben ergänzt. Diese Aufgaben sind bewußt relativ schwierig gehalten. Es ist ja so, daß an einigen Stellen im Text die Mitarbeit des Lesers gefordert wird, etwa dort wo längere Umformungen nur angedeutet werden. Dies sind dann die leichten Übungsaufgaben. Erst wenn diese erfolgreich gelöst wurden, sollte man sich an die Aufgaben am Ende des Kapitels wagen. Wegen deren Schwierigkeitsgrad wird die Freude über eine erfolgreiche Bearbeitung umso größer sein.

Das Manuskript dieses Buches entstand teilweise an der Michigen State University, teilweise an den Universitäten Gießen und Wien. An allen drei Institutionen fand ich sehr gute Arbeitsmöglichkeiten. Besonders danken möchte ich den Kollegen J. Bochynek (Gießen), G. Danninger, K. Fröschl, M. Wagner und M. Prohaska (alle Wien) für die kritische Durchsicht des Manuskripts, sowie für wertvolle Ratschläge und Hinweise. Mit den Tücken eines Textsystems, insbesonders seinen Hard- und Softwarefehlern haben sich die Damen I. Danzinger und A. Messinger geduldig auseinandergesetzt. Last not least danke ich den Herausgebern der Reihe "Leitfäden und Monographien der Informatik", insbesondere Herrn Prof. Dr. V. Claus, sowie Herrn Dr. Spuhler vom Teubner-Verlag für die Aufnahme des Buches in das Verlagsprogramm.

Gießen, im April 1986   Georg Ch. Pflug

Inhaltsverzeichnis

Verzeichnis der verwendeten Symbole

$\#(A)$ — Kardinalität der Menge A
(= Anzahl ihrer Elemente)

1_A — Indikatorfunktion der Menge A

$$1_A(x) = \begin{cases} 1 & x \in A \\ 0 & x \notin A \end{cases}$$

$\mathbf{N}$ — natürliche Zahlen

$\mathbf{N}_0$ — natürliche Zahlen mit Einschluß der Null

$\mathbf{R}$ — reelle Zahlen

$\lceil x \rceil$ — nächstgrößere ganze Zahl von x ("ceiling")

$\lfloor x \rfloor$ — nächstkleinere ganze Zahl von x ("floor")

$\sim$ — "ist verteilt nach", z.B.

$X \sim F$ ..... die Zufallsvariable X ist nach der Verteilungsfunktion F verteilt

$E(X)$ — Erwartungswert der Zufallsvariablen X

$Var(X)$ — Varianz der Zufallsvariablen X

$Cov(X,Y)$ — Kovarianz der Zufallsvariablen X und Y

x' — transponierter Vektor x

$f'(x)$ — Ableitung der Funktion f

x^+ — positiver Teil der Zahl x , d.h.

$$x^+ = \begin{cases} x & \text{falls } x \geqslant 0 \\ 0 & \text{falls } x < 0 \end{cases}$$

1. Wahrscheinlichkeitsmodelle

1.1. Einfache Wahrscheinlichkeitsmodelle zur Leistungsbeurteilung von Systemen

Die Informatik als die Wissenschaft von der Informationsverarbeitung beschäftigt sich mit Systemen, die auf Eingaben (Inputs) reagieren und durch eine Vorschrift daraus Ausgaben (Outputs) produzieren. Der Begriff des Input-Outputsystems steht in diesem Zusammenhang stellvertretend für Hardware- und/oder Softwaresysteme der verschiedensten Art. Wenn es nur um die Input-Outputbeziehung geht, interessiert die innere Struktur zunächst nicht. Ein System dieser Art wird bekanntlich als **Schwarze Schachtel** ("black-box") bezeichnet und durch ein Kästchen dargestellt:

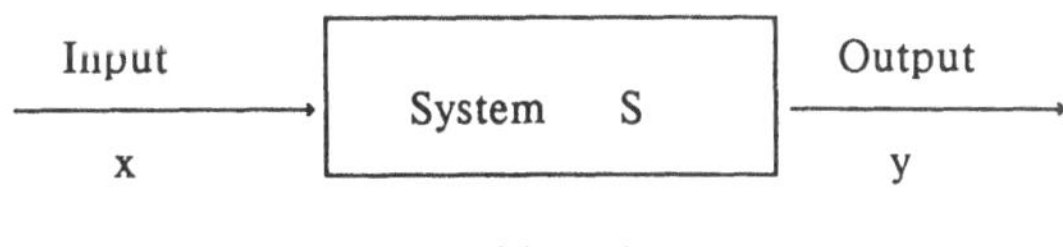

Abb. 1.1

Formal wird dieses System S durch ein Tripel S = (U,V,f) beschrieben. Hierbei bezeichnet $U = \{u_1,...,u_J\}$ die (endliche) Menge der möglichen Inputs und $V = \{v_1,...,v_K\}$ die (ebenfalls endliche) Menge der möglichen Outputs. Prinzipiell sind alle Input- bzw. Outputmengen endlich, jedoch kann ihre Kardinalität (=Anzahl ihrer Elemente) so astronomisch groß sein, daß es sinnvoll ist, abzählbar unendliche (wie die Menge aller natürlichen Zahlen) oder sogar überabzählbare Mengen (wie die Menge der reellen Zahlen) in die Betrachtung miteinzubeziehen. Davon wird jedoch erst später Gebrauch gemacht werden.
Der dritte Bestandteil des Systems S, nämlich f beschreibt die Abbildung, welche jedem Input $x \in U$ den zugehörigen Output $y \in V$ zuordnet:

$$x \to y = f(x)$$

$$U \overset{f}{\to} V \qquad\qquad (1.1)$$

Wir nennen f die **Outputfunktion** des Systems S. Zu einer vorgegebenen Outputfunktion f gibt es jedoch meist mehrere konkrete Realisierungen. Man denke nur zum Beispiel daran, wie viele verschiedene Algorithmen es zum Sortieren von n Integer-Zahlen gibt (Bubblesort, Shakersort, Quicksort, Heapsort, etc., vgl. Knuth [KNUTH], Vol. III). Es ist deshalb eine wichtige Aufgabe, verschiedene Systeme mit identischem Input-Outputverhalten durch die Angabe von Gütekriterien vergleichbar zu machen.
Aus diesem Grunde setzen wir voraus, daß jedem Input-Outputübergang ein nichtnegativer, reeller **Leistungsparameter** ("performance parameter") z zugeordnet

ist. Dabei treffen wir die Vereinbarung, daß *kleinere Werte von z der wünschenswerten hohen Güte entsprechen.*
Für die Wahl solcher Leistungsparameter z gibt es viele Möglichkeiten, wie z.B.

- -Ausführungszeit des Überganges vom Input x zum Output y
- -Anzahl der Ausführungsschritte zur Ermittlung des Outputs y
- -Korrektheit (z.B. z=0 falls das Ergebnis korrekt ist, andernfalls z=1)
- -Betriebsmittelbedarf zur Ermittlung des Ergebnisses
- -Durchführbarkeit (z.B. z=1 falls die bereitgestellten Betriebsmittel nicht ausreichen, ansonsten z=0)
- -Eintritt/Nichteintritt von speziellen Systemzuständen (z.B. Überlauf, Systemverklemmung ("deadlock"), etc.)

Systeme, deren Leistungsfähigkeit im obigen Sinne bewertet werden kann (und soll), können so verschiedenartig sein wie Programme und Unterprogramme einerseits und ganze Rechenanlagen und Computernetzwerke andererseits. Es folgt hier beispielhaft eine Liste möglicher Systeme und ihrer Leistungsmessung.

System	Input	Output	Leistungsparameter
Anwendungsprogramme	Daten	Ergebnis	Laufzeit,Korrektheit, Speicherbedarf
Compiler	Quellenprogramm	Objektprogramm	Compilationszeit, Korrektheit
Dateizugriffsroutine	Anforderung	Daten	Zugriffszeit
Information-Retrieval-System	Anfrage	Antwort	Zugriffszeit, Korrektheit
Mustererkennungsprogramm	Muster	Klassifikation	Korrekte Klassifikation
Terminal- Betriebssystem	Kommando	Rückmeldung	Response-Zeit
Batch-Betriebssystem	Benutzerjob	Ergebnis	Turnaround-Zeit

Tabelle 1.1

Der Leistungsparameter z ist wie der Output y dem Input x zugeordnet. Zur Leistungsmessung muß daher neben der Outputfunktion (1.1) auch die **Leistungsfunktion** ("performance function") g betrachtet werden:

$$x \mapsto z = g(x)$$

$$U \xrightarrow{g} \mathbf{R}^+$$

(1.2)

wobei $\mathbf{R}^+ = \{z \in \mathbf{R} \mid z \geqslant 0 \}$ die Menge aller nichtnegativen reellen Zahlen bezeichnet.

Jedem Input $x \in U$ ist also ein nichtnegativer Leistungsparameter z eindeutig zugeordnet. Zum Leistungsvergleich ist es jedoch entscheidend, dem System S selbst einen solchen Leistungsparameter $g(S)$ zuzuordnen, der in einer geeigneten Weise die Leistungsparameter für die verschiedenen Inputs zusammenfaßt. Dazu gibt es jedoch mehrere Möglichkeiten:

(i) **worst-case Analyse** ("Analyse des schlechtesten Falles")
In diesem Fall stellt man sich auf den pessimistischen Standpunkt, daß die jeweils schlechtesten (=größten) Leistungsparameter verglichen werden sollen. Man definiert also

$$g_1(S) = \max \{ \, g(u) \mid u \in U \, \}$$

Meistens ist der schlechteste Fall jedoch ein sehr untypischer Input. Deshalb betrachtet man häufiger die

(ii) **average-case Analyse** ("Mittelwertsanalyse")
Diese Betrachtungsweise geht von der Tatsache aus, daß die möglichen Inputs mit bestimmten Häufigkeiten auftreten. Es seien also $p_1,...,p_J$ die relativen Häufigkeiten der möglichen Inputs $u_1,..,u_J \in U$. Dann wird der **mittlere Leistungsparameter** des Systems als

$$g_2(S) = \sum_{j=1}^{J} p_j \cdot g(u_j)$$

definiert.

(iii) Ungebräuchlich aber durchaus sinnvoll ist die Definition eines **medianen Leistungsparameters:**

$$g_3(S) = z \, , \quad \text{wobei}$$

$$\sum_{\{g(u_j) \leq z\}} p_j \geq 1/2 \quad \text{und} \quad \sum_{\{g(u_j) \geq z\}} p_j \geq 1/2$$

Ähnliches gilt für den **α-quantilen Leistungsparameter,** bei dem $1/2$ durch α ersetzt wird.

(iv) Im Abschnitt 1.2 wird die **stationary-case Analyse** im Zusammenhang mit Markovketten erläutert.

Die Berechnung des mittleren Leistungsparameters eines Systems erfordert also die Angabe einer Häufigkeitsverteilung $\underline{p} = (p_1,...,p_J)$ auf der Menge aller möglichen Inputs U. Im Prinzip können dazu zwei Wege eingeschlagen werden

(i) die Definition einer abstrakten Wahrscheinlichkeitsverteilung, also eines **Modells** . Häufig wird einfach die Gleichverteilung auf der Menge aller Inputs herangezogen.

(ii) die Verwendung empirischer Häufigkeiten. Dazu ist natürlich eine Datenerhebung notwendig. Wenn die Inputmenge sehr groß ist, so kann dies allerdings aus praktischen Gründen scheitern.

Es ist günstig, dazu ein Beispiel zu betrachten.
<u>Beispiel</u> . Eine kleinere Datenbank, welche die Namen von 13 Bekannten (als Schlüssel) sowie ihre Telefonnummer enthält, sei als binärer Suchbaum organisiert:

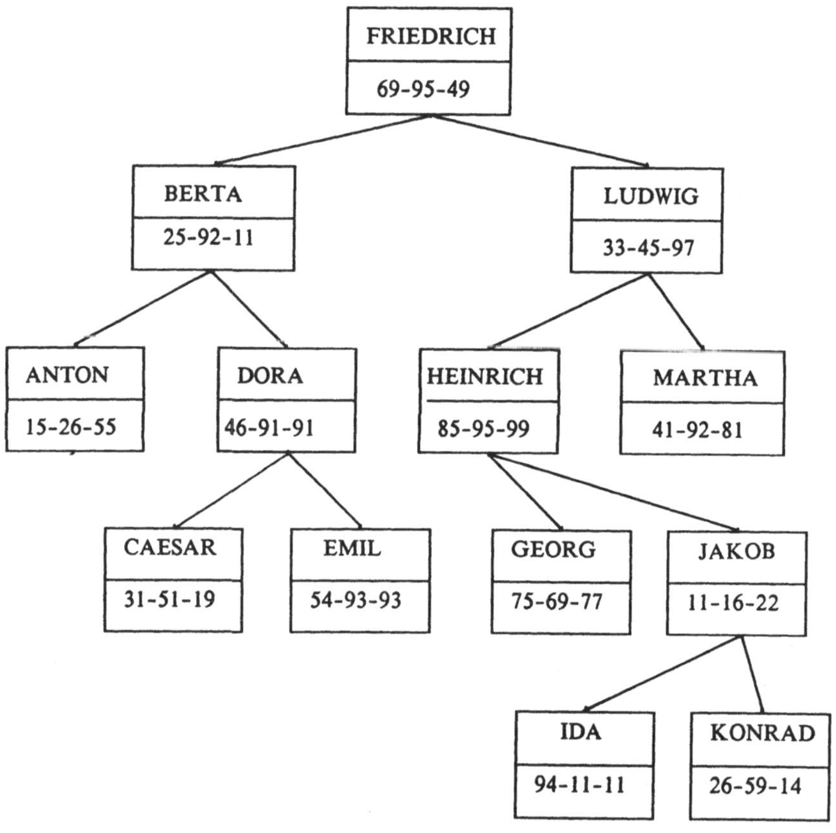

Abb. 1.2

Das zugehörige Suchsystem liefert natürlich zu jedem Namen (Input) die Telefonnummer (Output). Als Leistungsparameter betrachten wir die Anzahl der Knoten, die zur Suche eines bestimmten Namens berührt werden müssen.

Die Funktion g hat in diesem Falle folgendes Aussehen:

u	ANTON	BERTA	CAESAR	DORA	EMIL	FRIEDRICH	GEORG
$z=g(u)$	3	2	4	3	4	1	4

u	HEINRICH	IDA	JAKOB	KONRAD	LUDWIG	MARTHA
$z=g(u)$	3	5	4	5	2	3

Die worst-case Analyse liefert $g_1(S)$ = 5 da dies der maximale Wert ist. Die average case Analyse erfordert die Angabe einer Wahrscheinlichkeitsverteilung für die 13 möglichen Inputs. Dazu ist es nötig zu wissen, wie häufig nach den einzelnen Namen im Telefonverzeichnis gesucht wird. *Ohne* eine Datenerhebung ist es nur sinnvoll anzunehmen, daß alle Namen mit gleicher Wahrscheinlichkeit auftreten - d.h. die Gleichverteilungsannahme. Unter dieser Voraussetzung ergibt sich für die average-case Analyse $g_2(S)$ = (3+2+4+3+4+1+4+3+5+4+5+2+3)/13 = 3.31. Der <u>Median</u> der 13 Zahlen ist g_3 = 3. Denn ordnet man die Werte von g der Größe nach, so ergibt sich:
$$1 \quad 2 \quad 2 \quad 3 \quad 3 \quad 3 \quad 3 \quad 4 \quad 4 \quad 4 \quad 4 \quad 5 \quad 5$$
Der siebente (also mittelste) Wert dieser Reihe ist 3.

Nehmen wir jedoch andererseits an, daß eine Untersuchung ergeben hat, daß die tatsächlichen Wahrscheinlichkeiten folgendermaßen aussehen:

u_j	ANTON	BERTA	CAESAR	DORA	EMIL	FRIEDRICH	GEORG
p_j	0.08	0.05	0.11	0.04	0.07	0.02	0.08

u_j	HEINRICH	IDA	JAKOB	KONRAD	LUDWIG	MARTHA
p_j	0.12	0.10	0.09	0.08	0.06	0.10

Mit dieser Verteilung ergibt sich für die average-case Analyse
$$\begin{aligned}
g_2(S) = {} & 3 \cdot 0.08 + 2 \cdot 0.05 + 4 \cdot 0.11 + 3 \cdot 0.04 + 4 \cdot 0.07 + \\
& + 1 \cdot 0.02 + 4 \cdot 0.08 + 3 \cdot 0.12 + 5 \cdot 0.10 + 4 \cdot 0.09 + \\
& + 5 \cdot 0.08 + 2 \cdot 0.06 + 3 \cdot 0.10 = 3.56
\end{aligned}$$

Der Median $g_3(S)$ ist 4. Denn $\sum_{u_j \geqslant 4} p_j = 0.53 \geqslant 0.5$ und

$$\sum_{u_j \leqslant 4} p_j = 0.82 \geqslant 0.5 \; .$$

1.2 Markov-Prozesse

1.2.1 Markov-Ketten (endlicher Zustandsraum)

In vielen Fällen ist es nicht ausreichend, bloß eine Wahrscheinlichkeitsverteilung für den Input x eines Systems anzugeben. Dies ist insbesondere dann der Fall, wenn der innere Zustand des Systems S durch den Input verändert wird. So wird beispielsweise jede Datenbank durch Hinzufügen neuer Daten verändert, was sich auch auf das Zugriffsverhalten auswirkt. Deshalb ist es in vielen Fällen notwendig, statt eines einzigen Inputs x eine Folge von Inputs $x_1, x_2, ..., x_N$ zu betrachten und das Systemverhalten für diese gesamte Inputfolge zu studieren. Wir fassen diese Inputfolge zu einem N-stelligen Vektor $\underline{x} = (x_1, ..., x_N)$ zusammen.

Im Prinzip lassen sich nun alle Ideen des ersten Abschnitts problemlos auf Inputfolgen übertragen. Das System S wird als vektorverarbeitendes System angesehen, also

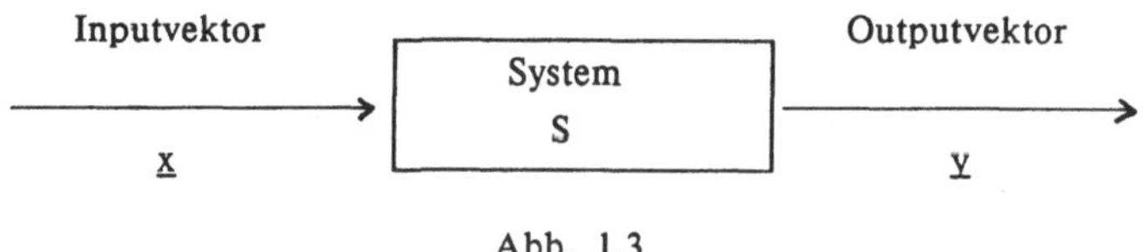

Abb. 1.3

wobei $U^N = U \times U \times ... \times U$ (das N-fache kartesische Produkt der Menge U) nun die neue Menge möglicher Inputs ist. Wieder nehmen wir an, daß jedem Übergang $\underline{x} \rightarrow \underline{y}$ ein Leistungsparameter z zugeordnet ist und wiederum können wir sowohl eine worst-case Analyse als auch eine average case Analyse durchführen. Im letzteren Fall ist die Angabe einer Wahrscheinlichkeitsverteilung auf der Menge aller Inputvektoren $(x_1, ..., x_N)$; $x_i \in U$ notwendig.
Äquivalent mit der Angabe einer Wahrscheinlichkeitsverteilung auf U^n ist die Angabe einer Folge $X_1, ..., X_N$ von U-wertigen Zufallsvariablen. Eine solche Folge $X_1, ..., X_N$ heißt auch ein **stochastischer Prozeß**. Unter allen möglichen Verteilungen für diesen Prozeß sind insbesondere jene von Interesse, die eine besonders einfache Struktur haben. Wir unterscheiden folgende Fälle:

(i)   **Unabhängigkeit.** Dies bedeutet, daß die Zufallsvariablen X_n voneinander unabhängig sind (zum Begriff der Unabhängigkeit siehe Anhang B.2).

(ii) **Markov-Eigenschaft.** Dies bedeutet, daß X_n von allen vorhergegangenen Zufallsvariablen $X_1, ..., X_{n-1}$ nur über X_{n-1} abhängt. Es genügt in diesem Fall die **Übergangswahrscheinlichkeiten** von X_{n-1} zu X_n zu spezifizieren.

(iii) **m-stufige Markov-Eigenschaft.** Als Verallgemeinerung der vorhergehenden 1-stufigen Markov-Eigenschaft spricht man von m-stufiger Markov-Eigenschaft, falls X_n von allen vorhergegangenen Zufallsvariablen $X_1,...,X_{n-1}$ nur über $X_{n-1},...,X_{n-m}$ ($n \geqslant m$) abhängt. Die Kenntnis der letzten m Realisierungen ist also ausreichend, um die Verteilung der nächsten Zuvallsvariablen zu konstruieren.

Beispiel. In einem kryptographischen System werden Zeilen eines deutschen Textes von jeweils 60 Zeichen verschlüsselt. Jeder Input ist also eine Folge $x_1,...,x_{60}$ von Zeichen aus der Menge {A,B,...,Z,0,1,...,9,!,?,:,-}. Diese Menge enthält 40 Elemente. Zur Leistungsbestimmung des Verschlüsselungssystems muß eine Wahrscheinlichkeitsverteilung auf der Menge aller Zeilen gefunden werden. Es gibt (theoretisch) $40^{60} \approx 1.329 \; 10^{96}$ verschiedene Zeilen. Dies ist - wie man sich leicht überlegt - eine Zahl, welche die Anzahl aller jemals gedruckten Zeilen weit übersteigt. Es ist also völlig hoffnungslos (und sinnlos) eine Wahrscheinlichkeitsverteilung jemals empirisch bestimmen zu können. Was jedoch möglich ist, ist die Bestimmung der Häufigkeiten

(i)   der einzelnen Zeichen

(ii)   von Paaren nebeneinanderliegender Zeichen

       und (evtl.)
(iii) von Tripeln nebeneinanderliegender Zeichen.

Mit der Information (i) kann man ein Modell mit unabhängigen Zufallsvariablen aufstellen. Dabei wird die zufällige Zeile als Folge unabhängiger, identisch verteilter Zufallsvariabler $X_1,...,X_{60}$ angenommen, wobei jedes Zeichen X_i die durch (i) bestimmte Verteilung besitzt. Für die deutsche Sprache gibt es beispielsweise folgende Buchstabenhäufigkeiten:

$$P(\text{"E"}) = 0.1470 \qquad P(\text{"R"}) = 0.0686 \qquad \text{u.s.w.}$$

Dieses Wahrscheinlichkeitsmodell ist jedoch nicht sehr realistisch. Folgen von gleichen Buchstaben hoher Wahrscheinlichkeiten wie EEE haben eine hohe Wahrscheinlichkeit, obwohl solche Kombinationen in deutschen Texten gar nicht vorkommen.
Deshalb ist es zweckmäßiger anzunehmen, daß die Folge $x_1,...,x_{60}$ einer Markovkette entstammt, wobei die Übergangswahrscheinlichkeiten durch (ii) festgelegt werden.

Solche Übergangswahrscheinlichkeiten sind beispielweise

$$P(\text{"R"}|\text{"E"}) = (\text{bedingte Wahrscheinlichkeit, daß R auf E folgt}) = 0.30$$

$$P(\text{"E"}|\text{"S"}) \;\; = \;\; 0.23$$

$$P(\text{"B"}|\text{"A"}) \;\; = \;\; 0.058$$

(Diese und die vorigen Wahrscheinlichkeiten wurden von Bauer/Goos [BAU71] empirisch ermittelt).

Man nimmt also an, daß der erste Buchstabe der Zeile mit der Häufigkeit (i) auftritt und daß jeder folgende Buchstabe nur vom unmittelbar vorhergehenden direkt abhängt (und zwar in der durch die Übergangswahrscheinlichkeiten (ii) gegebenen ·Weise). Für das 40-stellige Alphabet sind also 40 Startwahrscheinlichkeiten und 1600 Übergangswahrscheinlichkeiten zu bestimmen. Dies ist zwar eine sehr große Zahl, jedoch im Vergleich zu den 40^{60} möglichen Zeilen verschwindend gering.

Eine noch bessere Anpassung an die Realität wird erzielt, falls der Prozeß $X_1,...,X_{60}$ als 2-stufiger Markovprozeß .modelliert wird. Dies bedeutet, daß das Zeichen X_n von den beiden vorgegangenen in der Weise abhängt, daß die Übergangswahrscheinlichkeiten $P(X_n{=}u_{i_n} \mid X_{n-1} = u_{i_{n-1}}, X_{n-2}{=}u_{i_{n-2}})$

gegeben sind. Zur Berechnung dieser Wahrscheinlichkeiten müssen natürlich die Häufigkeiten von Tripeln herangezogen werden. Dies bedeutet, daß $40 \cdot 40 \cdot 40 =$ 64 000 Übergangswahrscheinlichkeiten bekannt sein müssen. Dies ist offensichtlich bereits extrem aufwendig.
Es folgt aus dem obigen, daß das Modell der Markovkette einen sinnvollen Kompromiß zwischen Einfachheit einerseits und Realitätsnähe andererseits dargestellt. Dieser Kompromiß macht die Markovketten für die Modellierung von Verteilungen stochastischer Prozesse so attraktiv.

Formal ist eine Markovkette mit endlichem Zustandsraum $U = \{u_1,...,u_J\}$ eine Folge von U-wertigen Zufallsvariablen $x_1,...,x_n$ für die gilt

$$P\{X_n = u_j \mid X_1,...,X_{n-1}\} = P\{X_n = u_j \mid X_{n-1}\} \qquad (1.3)$$

(Für die Definition der bedingten Verteilung siehe Anhang B.5).

Fast ausschließlich werden wir **homogene Markovketten** betrachten. Das sind solche, für die

$$P\{X_n = u_j \mid X_{n-1} = u_i\}$$

nicht von n abhängt. Homogenen Markovketten kann man durch die Festlegung

$$p_{ij} := P\{X_n = u_j \mid X_{n-1} = u_i\}$$

die (zeitunabhängigen) **Übergangswahrscheinlichkeiten** ("transition probabilities") p_{ij} zuordnen und diese zu einer $\left[J \times J \right]$ Matrix P der **Übergangsmatrix**

$$P := \begin{bmatrix} p_{11} & \cdots\cdots & p_{1J} \\ \vdots & & \vdots \\ p_{J1} & \cdots\cdots & p_{JJ} \end{bmatrix}$$

zusammenfassen.

Die Matrix P ist eine quadratische Matrix mit nichtnegativen Eintragungen, wobei die Zeilensummen wegen

$$\sum_{j=1}^{J} p_{ij} = \sum_{j=1}^{J} P\ [\ X_n = u_j\ |\ X_{n-1} = u_i\ ] = 1 \qquad (1.4)$$

alle gleich 1 sind. Umgekehrt ist jede solche Matrix eine Übergangsmatrix. Die Eigenschaft (1.4) kann formal auch als

$$P \cdot \underline{1} = \underline{1} \qquad (1.4')$$

geschrieben werden, wobei

$$\underline{1} := \begin{bmatrix} 1 \\ 1 \\ \vdots \\ 1 \end{bmatrix}$$

der J x 1 Vektor ist, dessen sämtliche Komponenten gleich 1 sind. In (1.4') wird die übliche Multiplikation einer Matrix mit einem Vektor verwendet.

Eine andere Darstellung der Übergangswahrscheinlichkeiten ist der sogenannte **Zustands- oder Übergangsgraph.** Darunter versteht man einen gerichteten Graphen, dessen Knoten den Zuständen u_i entsprechen. Eine Kante von u_i nach u_j wird gezeichnet, falls $p_{ij}>0$ ist. Diese Kante wird mit p_{ij} bewertet. Man beachte, daß (1.4) dann erfüllt ist, falls die Summe der Kantenbewertungen aller von einem Knoten wegführender Kanten gleich 1 ist.

<u>Beispiel.</u> Ein Benutzerjob kann sich an einer Rechenanlage in einem der folgenden sieben Zustände befinden:

INITIAL   (1) :   initialisiert (Startzustand)
AKTIV   (2) :   aktiv (rechnend)
BLOCK   (3) :   blockiert (auf den Eintritt einer Bedingung
                      (z.B. Ein/Ausgabe) wartend)
BEREIT   (4) :   auf die Prozessorzuteilung wartend
AUS. BLOCK   (5) :   auf den Hintergrundspeicher ausgelagert
                      ("outswapped") und auf eine Bedingung wartend
AUS.BEREIT   (6) :   ausgelagert, auf die Wiedereinlagerung ("inswap") wartend.
FERTIG   (7) :

Wir nehmen an, daß die Zustandsübergänge einen Markovprozeß bilden. Dann könnte ein Zustandsgraph das folgende Aussehen haben:

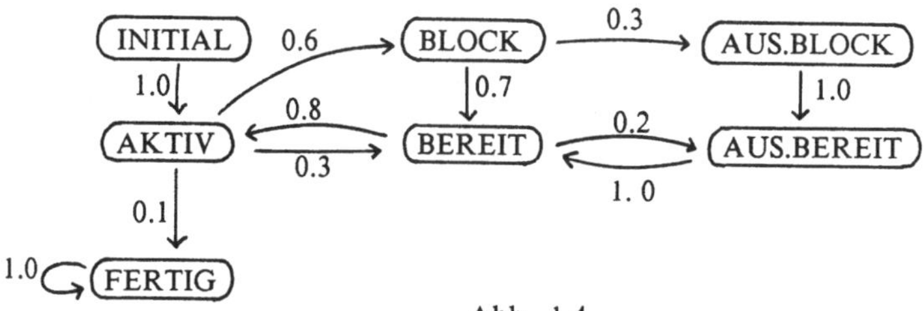

Abb. 1.4

Die zugehörige Übergangsmatrix hat (mit der zu Beginn eingeführten Reihenfolge der Zustände) folgendes Aussehen

$$
P = \begin{bmatrix}
0 & 1.0 & 0 & 0 & 0 & 0 & 0 \\
0 & 0 & 0.6 & 0.3 & 0 & 0 & 0.1 \\
0 & 0 & 0 & 0.7 & 0.3 & 0 & 0 \\
0 & 0.8 & 0 & 0 & 0 & 0.2 & 0 \\
0 & 0 & 0 & 0 & 0 & 1.0 & 0 \\
0 & 0 & 0 & 1.0 & 0 & 0 & 0 \\
0 & 0 & 0 & 0 & 0 & 0 & 1.0
\end{bmatrix} \tag{1.5}
$$

Startet man den Prozeß $X_1, X_2, \ldots$ mit einer gewissen Verteilung

$$P[\, X_1 = u_i \,] = \mu_i$$

und faßt diese Wahrscheinlichkeiten zu einem Zeilenvektor $\underline{\mu} = (\mu_1, \ldots, \mu_J)$ zusammen, so ergibt sich für die Verteilung von X_2:

$$v_i := P[X_2 = u_i] = \sum_j P[X_2 = u_i | X_1 = u_j] \cdot P[\, X_1 = u_j \,] = \sum_j p_{ji}\, \mu_j \,.$$

Dies kann man auch so ausdrücken, daß der Verteilungsvektor $\underline{v}$ von X_2 das Produkt aus dem Vektor $\underline{\mu}$ und der Matrix P ist, also

$$\underline{v} = \underline{\mu} \cdot P \tag{1.6}$$

Von besonderem Interesse sind jene Startverteilungen, die sich bei einem Übergang nicht verändern, also jene Vektoren $\underline{\pi}$, die

$$\underline{\pi} = \underline{\pi} \cdot P \tag{1.7}$$

erfüllen. Dabei muß natürlich $\underline{\pi}$ eine Wahrscheinlichkeitsverteilung sein, d.h. die Komponenten $\underline{\pi} = (\pi_1, \ldots, \pi_J)$ müssen $\pi_i \geq 0$, $\sum \pi_i = 1$ erfüllen. Man nennt einen Wahrscheinlichkeitsvektor $\underline{\pi}$, der die Eigenschaft (1.7) besitzt, **stationäre Verteilung** der Markovkette. In den meisten Fällen, in denen das stochastische Modell für den Input durch eine Markovkette beschrieben ist, ist man an der Leistungsfähigkeit im stationären Zustand interessiert. Man macht also eine **stationary-case** Analyse (vgl. Abschnitt 1.1(iv))

Die Matrix P beschreibt das Verhalten des (zufälligen) Übergangs - in einem Schritt. Im homogenen Fall ist dieses Übergangsverhalten in jedem Schritt gleich. Nun kann man fragen, wie es sich mit dem Übergang in zwei aufeinanderfolgenden Schritten verhält, also welchen Wert z.B.

$$p_{ij}^{(2)} := P \{X_n = u_j \mid X_{n-2} = u_i\}$$

besitzt. Nach dem Satz über die totale Wahrscheinlichkeit (siehe Anhang B.1) und der Markov-Eigenschaft (1.3) gilt

$$p_{ij}^{(2)} = P \{X_n = u_j \mid X_{n-2} = u_i\} =$$

$$= \Sigma_k P\{X_n = u_j \mid X_{n-1} = u_k, X_{n-2} = u_i\} \cdot P\{X_{n-1} = u_k \mid X_{n-2} = u_j\} =$$

$$= \Sigma_k P\{X_n = u_j \mid X_{n-1} = u_k\} \cdot P\{X_{n-1} = u_k \mid X_{n-2} = u_i\} =$$

$$= \Sigma_k p_{kj} \cdot p_{ik} = \Sigma_k p_{ik} \cdot p_{kj} .$$

Diese Summe ist aber dieselbe, wie sie auch in der Matrixmultiplikation P.P auftritt! Fassen wir also die 2-Schritt Übergangswahrscheinlsichkeiten $p_{ij}^{(2)}$ zu einer Matrix $P^{(2)}$ zusammen , so gilt, wie eben nachgewiesen wurde

$$P^{(2)} = P \cdot P = P^2 \text{ (im Sinne der Matrixmultiplikation).}$$

Dieses Resultat läßt sich natürlich auf beliebig viele Schritte verallgemeinern: Die n-Schritt Übergangswahrscheinlichkeiten $p_{ij}^{(n)}$ lassen sich in eine Matrix $P^{(n)}$ zusammenfassen, welche

$$P^{(n)} = \underbrace{P \cdot P \cdots P}_{n \text{ mal}} = P^n$$

erfüllt. Beispielsweise gilt für die 2-Schritt und die 50-Schritt Übergänge der Matrix P von (1.5) :

$$P^{(2)} = \begin{bmatrix} 0 & 0 & 0.6 & 0.3 & 0 & 0 & 0.1 \\ 0 & 0.24 & 0 & 0.42 & 0.18 & 0.06 & 0.1 \\ 0 & 0.56 & 0 & 0 & 0 & 0.44 & 0 \\ 0 & 0 & 0.48 & 0.44 & 0 & 0 & 0.08 \\ 0 & 0 & 0 & 1.0 & 0 & 0 & 0 \\ 0 & 0.8 & 0 & 0 & 0 & 0.2 & 0 \\ 0 & 0 & 0 & 0 & 0 & 0 & 1.0 \end{bmatrix}$$

$$
P^{(50)} = \begin{bmatrix}
0 & 0.07 & 0.04 & 0.08 & 0.01 & 0.03 & 0.77 \\
0 & 0.07 & 0.04 & 0.08 & 0.01 & 0.03 & 0.77 \\
0 & 0.07 & 0.04 & 0.09 & 0.01 & 0.03 & 0.76 \\
0 & 0.07 & 0.04 & 0.08 & 0.01 & 0.03 & 0.77 \\
0 & 0.07 & 0.04 & 0.09 & 0.01 & 0.03 & 0.76 \\
0 & 0.07 & 0.04 & 0.09 & 0.01 & 0.03 & 0.76 \\
0 & 0.0 & 0.0 & 0.0 & 0.0 & 0.0 & 1.0
\end{bmatrix}
$$

Wie man aus $P^{(50)}$ entnehmen kann, sind nach 50 Schritten schon ca. 77% der Jobs im Zustand FERTIG angekommen.

Eine weitere wichtige Matrix kann aus P abgeleitet werden. Fragen wir nämlich nach der erwarteten Anzahl s_{ij} der Besuche im Zustand u_j, falls in u_i gestartet wurde, so ergibt sich

$$
s_{ij} = \sum_{n=1}^{\infty} P\{X_n = u_j \mid X_1 = u_i\} = \sum_{n=1}^{\infty} p_{ij}^{(n-1)} .
$$

Fassen wir die Werte s_{ij} ebenfalls zu einer Matrix $S = (s_{ij})$ zusammen, so gilt

$$
S = \sum_{n=0}^{\infty} P^n
$$

Für das Beispiel (1.5) ergibt sich :

$$
S = \begin{bmatrix}
0 & 9 & 6 & 11.25 & 1.8 & 4.05 & \infty \\
0 & 9 & 5.4 & 10.95 & 1.8 & 4.05 & \infty \\
0 & 10 & 6 & 11.8 & 1.8 & 4.6 & \infty \\
0 & 9.2 & 6 & 11.5 & 1.8 & 4.1 & \infty \\
0 & 10 & 6 & 12.5 & 1.8 & 4.3 & \infty \\
0 & 10 & 6 & 11.5 & 1.8 & 4.3 & \infty \\
0 & 0 & 0 & 0 & 0 & 0 & \infty
\end{bmatrix}
$$

Ein in INITIAL gestarteter Job ist also im Mittel 9 mal AKTIV, 6 mal BLOCKIERT, u.s.w. (siehe erste Zeile von S). Wie man sieht (und das ist ein Trost für jeden Benutzer) landet jeder Job schließlich und endlich im Zustand FERTIG. Dieser Zustand kann nicht mehr verlassen werden. Ein solcher Zustand heißt **absorbierend**. Daß FERTIG absobierend ist, sieht man daran, daß die letzte Spalte von S gleich ∞ ist. Weiters kann man auch feststellen, daß der Zustand INITIAL von keinem anderen erreicht werden kann. Diese Feststellungen motivieren eine **Erreichbarkeitsanalyse** der Übergangsmatrix durchzuführen:

Definition. Ein Zustand u_j heißt von u_i aus **erreichbar**, falls es ein n gibt, sodaß $p_{ij}^{(n)} > 0$. (Im Zeichen: $u_i \curvearrowright u_j$). Falls für alle n $p_{ij}^{(n)} = 0$, so ist u_j von u_i unerreichbar. Falls sowohl $u_i \curvearrowright u_j$ als auch $u_j \curvearrowright u_i$ gilt (oder falls $u_i = u_j$), so nennen wir u_i und u_j äquivalent (im Zeichen: $u_i \curvearrowleft\curvearrowright u_j$).

Der Leser möge sich überlegen, daß die Relation $\curlywedge$ tatsächlich eine Äquivalenzrelation ist, also reflexiv, symmetrisch und transitiv ist. Faßt man alle zueinander äquivalenten Zustände zu Gruppen zusammen, so entsteht eine **Klasseneinteilung** aller Zustände.

Beispielsweise zerfällt der Zustandsraum des obigen Beispiels in folgende Äquivalenzklassen:

$$
\begin{array}{ll}
\text{Klasse } G_1: & \text{INITIAL} \\
\text{Klasse } G_2: & \text{AKTIV, BLOCK, BEREIT,AUS.BLOCK,} \\
& \text{AUS.BEREIT} \\
\text{Klasse } G_3: & \text{FERTIG.}
\end{array}
$$

Hat der Prozeß eine Klasse einmal verlassen, so kann diese nicht wieder erreicht werden. Die Klassen G_α können durch folgende Vorschrift teilweise geordnet werden:

Definition. Wir sagen, daß eine Äquivalenzklasse G_α <u>vor</u> einer anderen G_β liegt (im Zeichen: $G_\alpha \prec G_\beta$), falls für alle $u_i \in G_\alpha$ und $u_j \in G_\beta$ gilt: $u_i \curlywedge u_j$. Der Leser möge nachprüfen, daß es genügt zu fordern, daß für <u>ein</u> $u_i \in G_\alpha$ und $u_j \in G_\beta$ gilt: $u_i \curlywedge u_j$, denn dies impliziert die Erreichbarkeit für alle anderen Elemente. Die Relation $\prec$ ist eine Partialordnung, d.h. reflexiv, transitiv und antisymmetrisch, wovon man sich leicht überzeugt.

Die oben definierten Klassen G_1, G_2 und G_3 unseres Beispiels stehen z.B. in der Relation

$$ G_1 \prec G_2 \prec G_3 \ . $$

Diese Relationen können aber auch komplizierte Struktur haben, z.B. kann eine Markovkette mit 6 Klassen die Partialordnung

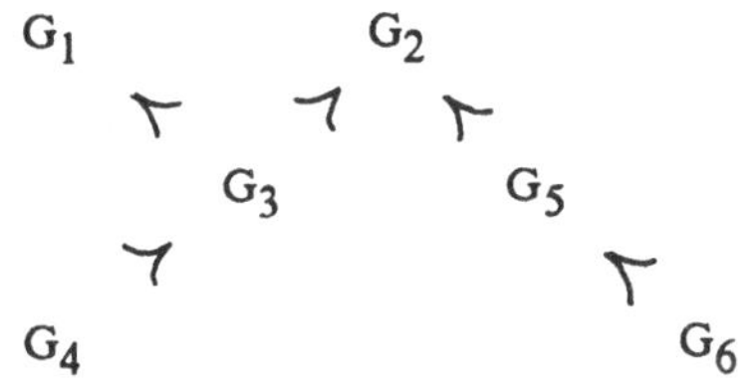

$$
\begin{array}{cc}
G_1 & G_2 \\
& G_3 \quad G_5 \\
G_4 & G_6
\end{array}
$$

Abb. 1.5

besitzen. Eine Klasse, die <u>vor</u> keiner anderen Klasse liegt, heißt **abgeschlossene Klasse**, die anderen Klassen heißen **transient**. Im letzten Beispiel sind G_4 und G_6 abgeschlossen.

Betrachtet man einen Zustand u_i aus einer abgeschlossenen Klasse, so kann man das **Rückkehrverhalten** dieses Zustandes studieren. Der Markovprozeß werde in u_i gestartet. Mit $T_1^{(i)}$, $T_2^{(i)}$, $T_3^{(i)}$ bezeichne man die Anzahl der Schritte, die jeweils zwischen zwei aufeinanderfolgenden Besuchen im Zustand u_i liegen. Die zufälligen Zeitpunkte, zu denen der Prozeß u_i besucht bezeichnet man als **Rückkehrzeitpunkte**.

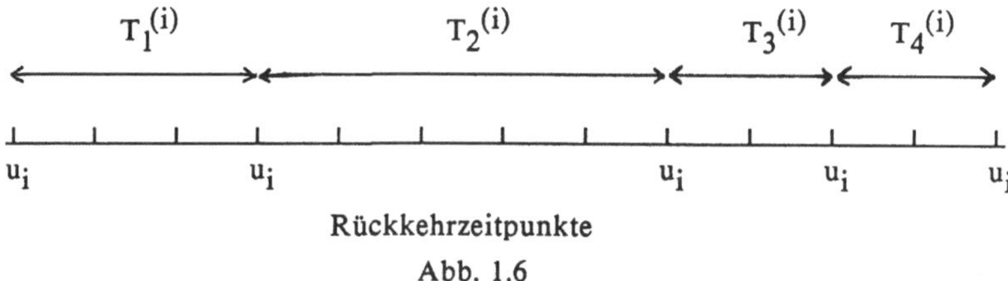

Rückkehrzeitpunkte

Abb. 1.6

Wegen der Markoveigenschaft des Prozesses sind die Zufallsvariablen $T_1^{(i)}$, $T_2^{(i)}$,... unabhängige, identisch verteilte Replikationen des zufälligen **Rückkehrintervalles** $T^{(i)}$. Es kann sein, daß eine Rückkehr zu u_i nur nach einer Schrittanzahl möglich ist, die ein Vielfaches einer Zahl d ist. Dann heißt das größte solche d die **Periode** des Zustandes u_i. Der Leser möge nachweisen, daß die Zustände ein und derselben Äquivalenzklasse auch dieselbe Periode besitzen.

Die Rückkehrzeiten hängen eng mit der sogenannten **stationären** Verteilung der Markovkette zusammen, wie der folgende Satz zeigt.

Hauptsatz für Markovketten mit endlichem Zustandsraum

Es sei P die Übergangsmatrix einer **ergodischen** Markovkette, d.h. die Kette besteht aus nur einer einzigen Äquivalenzklasse mit der Periode 1. Es sei

$$\pi_i = \frac{1}{E(T^{(i)})} \, ,$$

d.h. π_i ist die Inverse des erwarteten Rückkehrzeitintervalls von u_i. Dann ist $\underline{\pi}$ = $(\pi_1,...,\pi_k)$ die eindeutig bestimmte **stationäre Verteilung** der Markovkette (siehe (1.7)). Startet man die Kette mit einer beliebigen Anfangsverteilung für X_1, so strebt die Verteilung von X_n für $n \to \infty$ gegen $\underline{\pi}$, d.h. es gilt

$$p_{ij}^{(n)} \to \pi_j \qquad \text{für} \quad n \to \infty \qquad \text{und alle} \quad j.$$

Zum <u>Beweis</u> dieses Satzes betrachtet man einen festgehaltenen Zustand, z.B. u_1. Nach jeder Rückkehr zu u_1 liegt wegen der Markoveigenschaft eine identische Situation vor. Man kann auch sagen, daß der Prozeß, wenn er u_1 erreicht, dort jedesmal neu startet. Man nennt deshalb auch jeden Rückkehrzeitpunkt von u_1 einen **regenerativen Zeitpunkt**. Es genügt deshalb, sich die Situation zwischen je zwei aufeinanderfolgenden Besuchen in u_1 zu verdeutlichen.

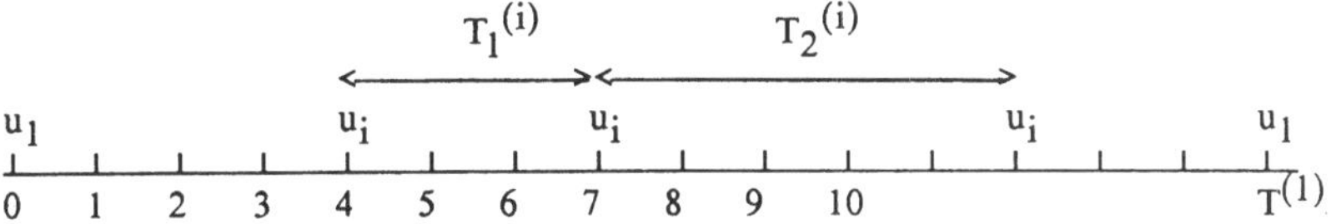

Abb 1.7

Man kann o.B.d.A. annehmen, daß der Prozeß zum Zeitpunkt 0 in u_1 startet.
Es bezeichne A_i die Anzahl der Besuche im Zustand u_i zwischen den
Zeitpunkten 0 und $T^{(1)}-1$. Dann gilt offensichtlich $A_1 = 1$ und $\sum_{i=1}^{J} A_i = T^{(1)}$.
Die zufälligen Größen A_i besitzen die Darstellung

$$A_i = \sum_{n=0}^{T^{(1)}-1} 1_{\{X_n = u_i\}}.$$

Es sei $m_i = E(A_i)$. Da jeder andere Zustand von u_1 aus erreichbar ist, gilt
$0 < m_i < \infty$. Außerdem gilt

$$\sum_{i=1}^{J} m_i = E(T^{(1)}) \tag{1.8}$$

und weiters wegen der Markov-Eigenschaft

$$\sum_{i=1}^{J} m_i \, p_{ij} = \sum_{i=1}^{J} E[\sum_{n=0}^{T^{(1)}-1} 1_{\{X_n=u_i\}}] \, p_{ij} =$$

$$= E(\sum_{n=0}^{T^{(1)}-1} \sum_{i=1}^{J} 1_{\{X_n=u_i\}} \, p_{ij}) = E(\sum_{n=0}^{T^{(1)}-1} 1_{\{X_{n+1} = u_j\}}) =$$

$$= E(\sum_{n=1}^{T^{(1)}} 1_{\{X_n = u_j\}}) = m_j \tag{1.9}$$

Die letzte Gleichung gilt wegen $\sum_{n=0}^{T^{(1)}-1} 1_{\{X_n = u_j\}} = \sum_{n=1}^{T^{(1)}} 1_{\{X_n = u_j\}}$,

da zu den Zeitpunkten 0 und $T^{(1)}$ der Prozeß jeweils im Zustand u_1 ist.
Bildet man nun

$$\pi_i = \frac{m_i}{E(T^{(1)})},$$

folgt wegen (1.8) $\sum_{i=1}^{J} \pi_i = 1$ und wegen (1.9)

$$\sum_{i=1}^{k} \pi_i \, p_{ij} = \pi_j.$$

Also ist π stationäre Verteilung und $m_1 = E(T^{(1)})^{-1}$. Um den Hauptsatz vollständig zu beweisen, muß man noch nachweisen, daß für alle i

$$E(T^{(1)}) = m_i \cdot E(T^{(i)}) \qquad (1.10)$$

gilt. Dazu betrachte man die Abbildung

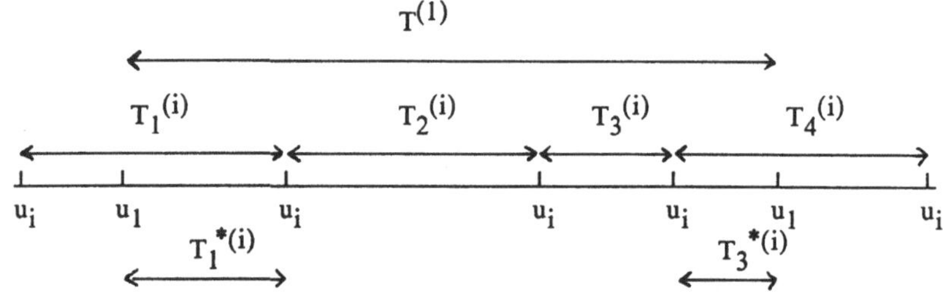

Abb. 1.8

Es gilt $T^{(1)} = \sum\limits_{j=2}^{A_i} T_j^{(i)} + T_1^{*(i)} + T_{A_i}^{*(i)}$, wobei $T_1^{*(i)}$ bzw. $T_{A_i}^{*(i)}$ das

End-,bzw. Anfangsstück des Rückkehrintervalles von u_i ist, das u_1 herausschneidet. Die Markov-Eigenschaft impliziert nun, daß

$$E(T^{(1)}) = E(A_i) \cdot E(T^{(i)}) = m_i \cdot E(T^{(i)}).$$

Dieser Schritt ist zwar plausibel (denn $T_1^{*(i)} + T_A^{*(i)}$ ist ungefähr gleich einem weiteren Rückkehrintervall $T^{(i)}$), er erfordert jedoch eine zusätzliche Überlegung, wenn er exakt bewiesen werden soll (vgl. Freedman [FRE71] , Seite 27).

Um den eben bewiesenen Hauptsatz zu verdeutlichen, betrachten wir ein Beispiel.

<u>Beispiel</u>.   Ein Betriebssystem schalte zwischen den folgenden vier Zuständen

$$
\begin{aligned}
&u_1 \;:\; \text{Benutzerprogramm} &&\text{aktiv}\\
&u_2 \;:\; \text{Scheduler} &&\text{aktiv}\\
&u_3 \;:\; \text{Operatorkommunikation} &&\text{aktiv}\\
&u_4 \;:\; \text{Nullprozeß} &&\text{aktiv}
\end{aligned}
$$

mit folgenden Übergangswahrscheinlichkeiten um.

$$
P = \begin{bmatrix}
0.90 & 0.04 & 0.05 & 0.01 \\
0.94 & 0.00 & 0.05 & 0.01 \\
0.85 & 0.10 & 0.04 & 0.01 \\
0.75 & 0.00 & 0.05 & 0.20
\end{bmatrix}
$$

Diese Markovkette ist ergodisch. Zur Ermittlung ihrer stationären Verteilung muß man die Vektorgleichung

$$\pi \cdot P = \pi$$

lösen. Es ergibt sich π = (0.897, 0.041, 0.050, 0.012). Diese Wahrscheinlichkeitsverteilung für die Zustände $u_1,...,u_4$ stellt sich unabhängig vom Startwert langfristig ein. Die mittleren Rückkehrzeiten $E(T^{(i)})$ der einzelnen Zustände betragen:

$$(1.11, \ 24.40, \ 20.0, \ 83.33).$$

1.2.2 Markovketten mit abzählbar unendlichem Zustandsraum

Manchmal erweist es sich als nützlich, unendlich viele Zustände zuzulassen, obwohl in jeder konkreten Anwendung jeweils nur endlich viele Zustände auftreten. Beispielsweise betrachtet man für Warteschlangenprobleme oft die Möglichkeit, daß die Warteschlangenlänge beliebig groß wird, auch wenn in der Realität jeder Warteraum begrenzt ist. Dies führt oft zu einem einfacheren Modell, als wenn man komplizierte Betrachtungen für die Obergrenze anstellen würde.

Man kann stets annehmen, daß ein abzählbar unendlicher Zustandsraum gleich der Menge der natürlichen Zahlen **N** ist: Jeder natürlichen Zahl entspricht ein Zustand. In völlig analoger Weise wie für endliches U kann man eine Übergangsmatrix

$$P = (p_{ij}) \tag{1.11}$$

definieren, die die Wahrscheinlichkeit des Überganges vom Zustand i zum Zustand j beschreibt. Nur besitzt die "Matrix" P in (1.11) hier abzählbar unendlich viele Zeilen und Spalten.

Genauso wie im endlichen Fall lassen sich die Zustände in Äquivalenzklassen einteilen und diese Äquivalenzklassen teilweise ordnen. Ebenso können für jeden Zustand i die zufälligen Rückkehrintervalle $T^{(i)}$ betrachtet werden. Nach ihrem Rückkehrverhalten teilen wir die Zustände in 3 Gruppen ein:

Definition.

  (i) **rekurrente Zustände:** Ein Zustand i heißt rekurrent, falls $E(T^{(i)}) < \infty$
       d.h. *das erwartete Rückkehrintervall ist endlich.*

  (ii) **null-rekurrente Zustände:** Ein Zustand i heißt null-rekurrent, falls
       $P(T^{(i)} < \infty) = 1$, d.h. *mit Wahrscheinlichkeit 1 findet eine Rückkehr
       statt*, aber $E(T^{(i)}) = \infty$, d.h. *die erwartete Rückkehrzeit ist unend-
       lich.*

  (iii) **transiente Zustände.** Ein Zustand i heißt transient, falls $P(T^{(i)} < \infty) < 1$,
       d.h. *mit positiver Wahrscheinlichkeit gibt es keine Rückkehr mehr.*

Der Leser möge sich überzeugen, daß in einer Äquivalenzklasse nur Zustände ein- und derselben obigen Art liegen können. Während im endlichen Fall alle abgeschlossenen Klassen nur rekurrente Zustände enthalten und null-rekurrente Zustände nicht auftreten können, so können im abzählbar unendlichen Fall die abgeschlossenen Klassen zu jeder der drei obigen Gruppen gehören. Wir erläutern die Konzepte an einem Beispiel:

Beispiel. Folgendes Zustandsdiagramm sei auf **N** gegeben:

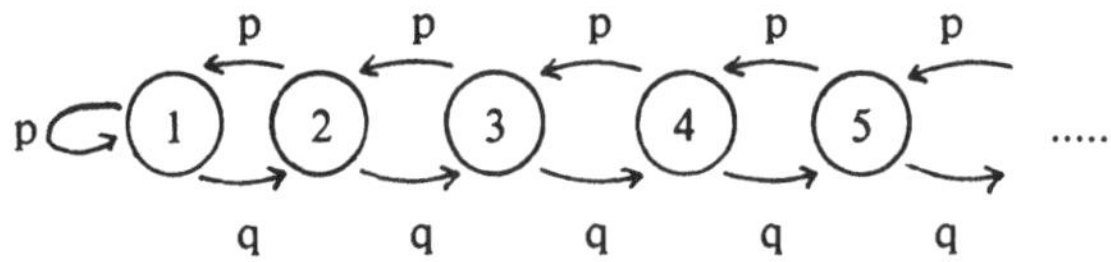

Abb. 1.9

wobei q = 1-p. Für 0<p<1 ist jeder Zustand von jedem anderen erreichbar, also liegen alle Zustände in einer einzigen Äquivalenzklasse.

Falls $p > \dfrac{1}{2}$ so sind alle Zustände rekurrent.

Falls $p = \dfrac{1}{2}$ so sind alle Zustände null-rekurrent.

Falls $p < \dfrac{1}{2}$ so sind alle Zustände transient.

Dies ergibt sich daraus, daß für die Rückkehrintervalle von 1 gilt

$$P(T^{(1)} = 1) = p$$

$$P(T^{(1)} = 2k) = \binom{2k-2}{k-1} \frac{1}{k} (pq)^k . \tag{1.12}$$

Dies folgt aus derselben Überlegung, wie sie in Abschnitt 4.1.1. für das Irrfahrtmodell angestellt wird ("Spiegelungsprinzip"). Der interessierte Leser möge dies nachvollziehen und aus (1.12) die Art der Zustände gemäß der Definition ableiten.

1.2.3 Markovprozesse mit stetiger Zeit

Für viele Anwendungen ist das Modell einer Markovkette, wie es in den vorigen Abschnitten beschrieben wurde, nicht anwendbar, da dieses Modell Zustandsübergänge nur zu diskreten Taktzeitpunkten erlaubt. Wenn die Übergänge jedoch zu jedem beliebigen Zeitpunkt möglich sind, so ist das Modell einer Markovkette mit stetiger Zeit adäquat. Man definiert hierfür eine Übergangsmatrix $P(s,t)$ mit den Elementen $p_{ij}(s,t)$, die von zwei Zeitpunkten s und t, $s \leqslant t$ abhängt. $p_{ij}(s,t)$ ist die Wahrscheinlichkeit dafür, daß ein Prozeß, der sich zum Zeitpunkt s im Zustand u_i befindet, zum späteren Zeitpunkt t im Zustand u_j ist. (Möglicherweise hat der Prozeß zwischen u_i und u_j noch andere Zustände besucht - darüber wird nichts ausgesagt). Wenn diese Übergangswahrscheinlichkeiten nur von der Zeitdifferenz t-s abhängen, so spricht man von einem **homogenen Markovprozeß** **mit stetiger Zeit** und diskretem Zustandsraum und schreibt

$$P(h) = (p_{ij}(h)) = P(t,t+h)$$

Nur solche Ketten werden im Folgenden betrachtet. Da jeder Übergang im Zeitintervall $h_1 + h_2$ als die Hintereinanderausführung zweier Übergänge in den Zeitintervallen h_1 bzw. h_2 angesehen werden kann, gilt die Gleichung

$$p_{ij}(h_1 + h_2) = \sum_k p_{ik}(h_1)p_{kj}(h_2) \tag{1.13}$$

welche für die Matrizen $P(h)$ unter Verwendung der Matrixmultiplikation auch als

$$P(h_1 + h_2) = P(h_1) \cdot P(h_2) \tag{1.13'}$$

geschrieben werden kann. Die Gleichungen (1.13) bzw. (1.13') heißen auch **Chapman-Kolmogorov** **Gleichungen.** Man nennt eine Menge von Übergangsmatrizen [P(h); $h \geqslant 0$] eine **stetige Matrixhalbgruppe**, falls diese Matrizen (1.13') erfüllen und $P(h)$ für h gegen Null gegen die Einheitsmatrix I strebt, also

$$P(h) \to I = \begin{bmatrix} 1 & 0 & \cdots & 0 \\ 0 & 1 & \cdots & 0 \\ \vdots & & \ddots & \\ 0 & 0 & \cdots & 1 \end{bmatrix} \qquad \text{für} \quad h \to 0 \tag{1.14}$$

Umgekehrt kann jede stetige Matrixhalbgruppe $P(h) = (p_{ij}(h))$, welche die Forderungen

$$\text{(i)} \qquad 0 \leqslant p_{ij}(h) \leqslant 1 \qquad \text{für alle h}$$

$$\text{und} \quad \text{(ii)} \quad P(h) \cdot \underline{1} = \underline{1} \text{ , wobei} \tag{1.15}$$

$$\underline{1} = \begin{bmatrix} 1 \\ 1 \\ \vdots \\ 1 \end{bmatrix} \qquad\qquad (\text{vgl.1.4'}),$$

erfüllt, als die Übergangsmatrizen einer Markovkette mit stetiger Zeit gedeutet werden.

<u>Beispiel für eine stetige Matrixhalbgruppe:</u>

Es sei Q eine J x J Matrix. Dann ist

$$P(h) = \exp\,(h\,Q) \qquad\qquad (1.16)$$

eine stetige Matrixhalbgruppe. Dabei ist die **Exponentialfunktion** exp für Matrizen durch

$$\exp(A) = 1 + \frac{1}{1!}\,A + \frac{1}{2!}\,A^2 + \frac{1}{3!}\,A^3 + \dots$$

genauso erklärt, wie die Exponentialfunktion für Zahlen

$$\exp(x) = e^x = 1 + \frac{x}{1!} + \frac{x^2}{2!} + \frac{x^3}{3!} + \dots$$

Ganz analog zur Gleichung

$$\exp(x+y) = e^{x+y} = e^x \cdot e^y = \exp(x) \cdot \exp(y)$$

gilt auch für Matrizen

$$\exp((h_1 + h_2)Q) = \exp\,(h_1 Q) \cdot \exp(h_2 Q)$$

woraus folgt, daß die Matrixhalbgruppe $P(h) = \exp(hQ)$ die Chapman-Kolmogorov Gleichungen (1.13') erfüllt. Falls die Matrix $Q = (q_{ij})$ zusätzlich die Forderungen

$$\begin{aligned} \text{(i)} \quad & q_{ii} < 0 \\ & q_{ij} \geqslant 0 \qquad\qquad \text{für } i \neq j \qquad\qquad (1.17) \end{aligned}$$

und (ii) $Q \cdot \underline{1} = 0$ (d.h. die Zeilensummen von Q sind Null)

erfüllt, so sind die Elemente der zugehörigen Matrixhalbgruppe $P(h) = \exp(hQ)$ Übergangsmatrizen einer Markovkette mit stetiger Zeit. Aus (1.17) (i) folgt nämlich (1.15) (ii), da

$$P(h) \cdot \underline{1} = \exp(h \cdot Q) \cdot \underline{1} = I \cdot \underline{1} + \frac{h}{1!} Q \cdot \underline{1} + \frac{h^2}{2!} Q^2 \cdot \underline{1} + \ldots =$$

$$= \underline{1} + 0 + 0 + \ldots = \underline{1}$$

und aus (1.17) (i) folgt (1.15) (i).

Die Matrix Q, welche durch $P(h) = \exp(hQ)$ die Übergangsmatrizen P(h) erzeugt, wird **infinitesimaler Generator** der Halbgruppe, **Intensitätsmatrix** oder **Q-Matrix** der Markovkette genannt.

<u>Konkretes Beispiel einer Intensitätsmatrix</u> :

Es sei

$$Q = \begin{bmatrix} -3 & 1 & 1 & 1 \\ 2 & -2 & 0 & 0 \\ 0 & 0 & -1 & 1 \\ 0 & 0 & 1 & -1 \end{bmatrix} \tag{1.18}$$

eine Intensitätsmatrix. Durch Berechnen der Exponentialfunktion $P(h) = \exp(hQ)$ findet man z.B. (gerundet)

$$P\left[\frac{1}{2}\right] = \exp\left[\frac{1}{2} Q\right] = \begin{bmatrix} 0.29 & 0.15 & 0.28 & 0.28 \\ 0.31 & 0.45 & 0.12 & 0.12 \\ 0.0 & 0.0 & 0.68 & 0.32 \\ 0.0 & 0.0 & 0.32 & 0.68 \end{bmatrix}$$

oder

$$P(2) = \exp(2Q) = \begin{bmatrix} 0.05 & 0.05 & 0.45 & 0.45 \\ 0.09 & 0.09 & 0.41 & 0.41 \\ 0.0 & 0.0 & 0.5 & 0.5 \\ 0.0 & 0.0 & 0.49 & 0.51 \end{bmatrix}$$

Der Leser möge sich überzeugen, daß $P(2) = [P\left[\frac{1}{2}\right]]^4$ gilt.

Das vorgestellte Beispiel einer stetigen Matrixhalbgruppe der Form $P(h) = \exp(hQ)$ zeigt nicht bloß eine mögliche Gestalt der Übergangsmatrizen, sondern ist gewissermaßen das typische Beispiel, wie der folgende Satz zeigt.

<u>**Satz von der Existenz einer Intensitätsmatrix:**</u>

Falls P(h) eine stetige Halbgruppe von Übergangsmatrizen einer Markovkette mit stetiger Zeit ist, so existiert stets die Matrix

$$Q = \lim_{h \to 0} \frac{1}{h}(P(h) - I)$$

Möglicherweise kommen jedoch in Q die Werte $\pm\ \infty$ vor. Hat Q nur endliche Werte, so nennt man Q die (beschränkte) **Intensitätsmatrix** der Markovkette. In diesem Falle besitzt P(h) die Darstellung

$$P(h) = \exp(hQ),$$

und es gilt für $Q = (q_{ij})$

$$(i)\ q_{ii} < 0 \qquad q_{ij} \geqslant 0 \ \text{für}\ i \neq j \qquad (ii)\ Q \cdot \underline{1} = 0.$$

Zum **Beweis** dieses Satzes benützt man wesentlich die Stetigkeitseigenschaft von P(h) und die Halbgruppeneigenschaft (Chapman-Kolmogorov Gleichungen). Er findet sich z.B. in Chung [CHU60], Seiten 126, 127.

Dieser Satz hat eine wichtige Konsequenz: Zur Charakterisierung einer Markovkette mit stetiger Zeit genügt also die Angabe der Intensitätsmatrix Q, falls diese endlich ist. Für Prozesse mit stetiger Zeit vertritt die Intensitätsmatrix Q die Stelle der Übergangsmatrix. Beispielsweise können die Zustände und ihre Übergänge (analog zum Übergangsgraphen) durch einen **Intensitätsgraphen** dargestellt werden. Dabei werden die Zustände u_i und u_j durch eine Kante mit der Bewertung q_{ij} verbunden, falls $q_{ij} > 0$ ist. Die Angabe von q_{ii} erübrigt sich, da

$$q_{ii} = - \sum_{i\neq j} q_{ij}.$$

Der Intensitätsgraph zur Q-Matrix des Beispiels (1.18) hat z.B. folgendes Aussehen:

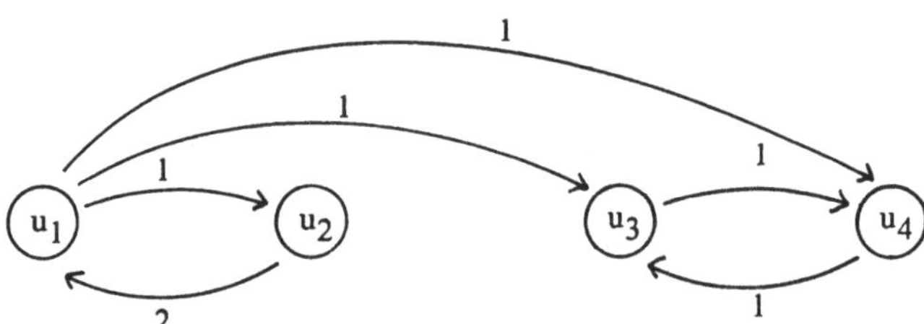

Abb. 1.10

Umgekehrt ist durch diesen Intensitätsgraphen die Matrix Q eindeutig festgelegt. Denn die Eintragungen in der Hauptdiagonale q_{ii} ergeben sich als negative Summe der wegführenden Kantenwerte ($q_{11} = -3$, $q_{22} = -2$, $q_{33} = -1$, $q_{44} = -1$). Man beachte, daß ein Intensitätsgraph beliebige nichtnegative Kantenbewertungen haben kann (und die wegführenden Kantenwerte einander nicht - wie beim Übergangsgraph - auf 1 ergänzen müssen).

Analog wie im zeitdiskreten Fall gibt es den Begriff einer stationären Verteilung $\underline{\pi}$. Es ist dies eine Wahrscheinlichkeitsverteilung $\underline{\pi} = (\pi_1,...,\pi_J)$ mit

$\pi_i \geq 0, \quad \sum \pi_i = 1, \quad$ so daß

$$\pi \cdot P(h) = \pi \qquad \text{für alle } h \qquad (1.19)$$

gilt (vgl.(1.7)). Hat P(h) die Intensitätsmatrix Q so ist

$$\underline{\pi} \cdot P(h) = \underline{\pi} \left(1 + \frac{h}{1!} Q + \frac{h^2}{2!} Q^2 + \frac{h^3}{3!} Q^3 + \ldots \right) =$$

$$= \pi + \frac{h}{1!} \pi \cdot Q + \frac{h^2}{2!} \pi \cdot Q^2 + \frac{h^3}{3!} \pi \cdot Q^3 + \ldots$$

Also gilt $\underline{\pi} \cdot P(h) = \underline{\pi}$ genau dann falls

$$\pi \cdot Q = \underline{0} \qquad (\underline{0} \text{ ist der Nullvektor}) \qquad (1.20)$$

gilt. (1.20) ist die Stationaritätsgleichung für Markovprozesse mit stetiger Zeit.

Beispielsweise ist der einzige Wahrscheinlichkeitsvektor $\underline{\pi}$, der die Gleichung $\underline{\pi} \cdot Q = \underline{0}$ für die Q-Matrix (1.18) erfüllt, gleich

$$\underline{\pi} = (0.0, \quad 0.0, \quad 0.5, \quad 0.5).$$

Dies ist die zugehörige stationäre Verteilung. Auch das asymptotische Verhalten der Markovkette ergibt sich aus der Matrix Q. Es gilt ja

$$\lim_{h \to \infty} P(h) = \lim_{h \to \infty} \exp(hQ).$$

Z.B. gilt für die Matrix (1.18)

$$\lim_{h \to \infty} P(h) = \begin{bmatrix} 0.0 & 0.0 & 0.5 & 0.5 \\ 0.0 & 0.0 & 0.5 & 0.5 \\ 0.0 & 0.0 & 0.5 & 0.5 \\ 0.0 & 0.0 & 0.5 & 0.5 \end{bmatrix}$$

Die Zeilen dieser limitierenden Übergangsmatrix stimmen mit der stationären Verteilung überein. Dies ist ein Effekt, der schon bei ergodischen Markovprozessen mit diskreter Zeit auftrat und eine Folge des Hauptsatzes ist.

Nun soll noch das pfadweise Verhalten einer Markovkette mit stetiger Zeit näher untersucht werden. Es sei also $\underline{\mu}$ eine Startverteilung auf der Menge der Zustände $U = \{u_1, \ldots, u_J\}$. $X(t)$ sei eine Markovkette, die zur Zeit 0 mit der Verteilung $\underline{\mu}$ startet und sich dann nach den Übergangsmatrizen $P(t)$ weiterentwickelt.

Da der Prozeß $X(\cdot)$ nur endlich viele Zustände annehmen kann, sieht sein Verhalten so aus: $X(\cdot)$ verbleibt eine Zeitlang in einem Zustand und springt dann zu einem zufälligen Zeitpunkt zu einem zufälligen anderen Zustand.

Bezeichnet man die Zeitintervalle (**Verweildauern**, "intervals of constancy"), in denen der Prozeß jeweils in einem Zustand verharrt, mit τ_1, τ_2, τ_3,... und die zufälligen Zustände, die der Reihe nach angenommen werden mit X_1, X_2, X_3,..., so kann das Verhalten von X(t) graphisch so dargestellt werden

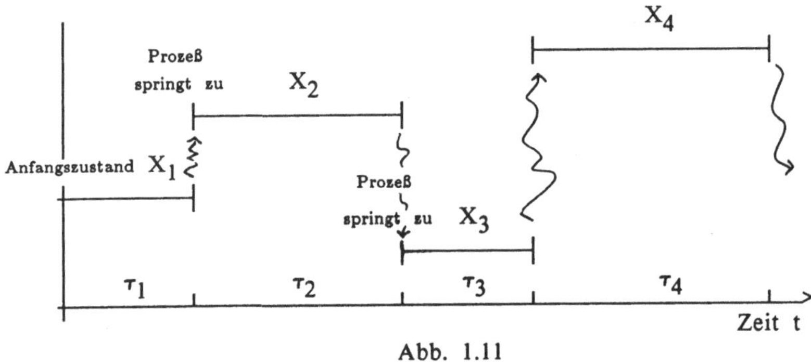

Abb. 1.11

Präziser wird dies durch den folgenden Satz ausgedrückt:

Struktursatz für Markovketten mit stetiger Zeit

Es sei X(t) eine Markovkette mit stetiger Zeit, deren Übergangsmatrizen P(t) die Intensitätsmatrix $Q = (q_{ij})$ besitzen, d.h. $P(t) = \exp(tQ)$. Es seien τ_1, τ_2, τ_3 ,... die Verweilzeiten und X_1, X_2, X_3,... die nacheinander angenommenen Zustände, so gilt:

(i) X_1, X_2, X_3, ... ist eine homogene Markovkette mit diskreter Zeit und Übergangswahrscheinlichkeiten:

$$p_{ij} = P\{X_{k+1} = u_j \mid X_k = u_i\} = \begin{cases} \dfrac{q_{ij}}{-q_{ii}} & i \neq j \, , \, q_{ii} < 0 \\[2ex] 0 & \begin{array}{l} i \neq j \, , \, q_{ii} = 0 \text{ oder} \\ i = j \, , \, q_{ii} < 0 \end{array} \\[2ex] 1 & i = j \, , q_{ii} = 0 \end{cases}$$

(ii)   Die Verweildauern $\{\tau_i\}$ sind voneinander unabhängig. Die i-te Verweildauer τ_i hängt nur vom erreichten Zustand X_i ab. Ist der erreichte Zustand gleich u_j, d.h. $X_i = u_j$, so ist die (bedingte) Verteilung von τ_i die Exponentialverteilung mit Mittelwert $1/q_j$, sie hat also die Dichte

$$q_j \, e^{-q_j t} \, , \quad \text{wobei} \quad q_j = -q_{jj}$$

Zum <u>Beweis</u> dieses Satzes zeigt man zunächst, daß der durch (i) und (ii) definierte Prozeß ein Markovprozeß mit stetiger Zeit und diskretem Zustandsraum ist. Dazu genügt es, die "Gedächtnislosigkeit" der Exponentialverteilung nachzuweisen. Ist τ_i nach einer Exponentialverteilung mit Dichte $q\,e^{-qx}$ verteilt, so gilt

$$P[\tau_i > t+h \mid \tau_i \geqslant t] = [\int_{t+h}^{\infty} qe^{-qx}\,dx] \,/\, [\int_{t}^{\infty} qe^{-qx}\,dx] = \frac{e^{-q(t+h)}}{e^{-qt}} = e^{-qh}.$$

$$= P[\tau_i > h].$$

Ein ab dem Zeitpunkt t beobachtetes Verweilen in einem Zustand verhält sich also so, als ob dieses Verweilen erst zur Zeit t begonnen worden wäre, unabhängig davon, wie lange vor t der Zustand bereits erreicht wurde. Dies impliziert die Markoveigenschaft des Prozesses, da die künftige Entwicklung des Prozesses von der Vergangenheit nur über den erreichten Zustand im Zeitpunkt t abhängt.

Da der durch (i) und (ii) beschriebene Prozeß also ein Markovprozeß mit stetiger Zeit und diskretem Zustandsraum ist, so genügt es nachzuweisen, daß seine Intensitätsmatrix mit der gegebenen Matrix Q übereinstimmt. Es seien $P(h) = \{p_{ij}(h)\}$ die Übergangsmatrizen dieses Prozesses. Es ist zu zeigen, daß

$$\lim_{h \to 0} \frac{1}{h}\,(P(h) - I) = Q \qquad (1.21)$$

gilt. O.B.d.A. starte der Prozeß zur Zeit 0 im Zustand i. Es sei $A(0,h)$ die Anzahl der Sprünge im Intervall [0,h].
Dann gilt mit $q_i = -\,q_{ii}$

$$p_{ii}(h) = P[A(0,h) = 0] = P[\tau_1 > h] = \int_{h}^{\infty} q_i\,e^{-q_i\,x}\,dx = e^{-q_i\,h} \qquad (1.22)$$

und

$$P[A(0,h) = 1] = \sum_{j \neq i} \frac{q_{ij}}{q_i}\,P\,[\tau_1 \leqslant h\,,\,\tau_1 + \tau_2 > h] =$$

$$= \sum_{j \neq i} q_{ij} \int_{0}^{h} \int_{h-s}^{\infty} e^{-q_i\,s}\,q_j\,e^{-q_j\,u}\,du\,ds =$$

$$= \sum_{\substack{j \neq i \\ q_i = q_j}} h \cdot q_{ij}\,e^{-q_i\,h} + \sum_{\substack{ \\ q_i \neq q_j}} \frac{q_{ij}}{q_j - q_i}\,(e^{-q_i\,h} - e^{-q_j\,h}) =$$

$$= \sum_{\substack{j \neq i \\ q_j = q_i}} h \cdot q_{ij} \cdot e^{-q_i h} + \sum_{q_j \neq q_i} q_{ij} h \cdot e^{-\min(q_i, q_j) \cdot h} + o(h)$$

$$= h \sum_j q_{ij} + o(h) = q_i h + o(h).$$

Hier wurde verwendet, daß $\dfrac{e^{-ah} - e^{-bh}}{b - a} = h \cdot e^{-\min(a,b)} \cdot h + o(h)$.

Das Symbol $o(h)$ bezeichnet eine nicht näher spezifizierte kleine Restfunktion, für die $\lim_{h \to 0} h^{-1} o(h) = 0$ gilt.

Wegen des soeben Bewiesenen und wegen $e^{ax} = 1 + ax + o(x)$ gilt

$$P\{A(0,h) > 1\} = 1 - P\{A(0,h) = 0\} - P\{A(0,h) = 1\} =$$

$$= 1 - e^{-q_i h} - q_i h + o(h) = o(h)$$

Also folgt

$$p_{ij}(h) = \sum_{k=1}^{\infty} P\{X(h) = u_j \text{ und } A(0,h) = k\} = \frac{q_{ij}}{q_i} P\{A(0,h)=1\} +$$

$$+ \sum_{k=2}^{\infty} P\{X(h) = u_j \text{ und } A(0,h) = k\} = q_{ij} h + o(h) + o(h) \qquad (1.23)$$

und damit wegen (1.22) und (1.23)

$$\lim_{h \to 0} h^{-1} p_{ij}(h) = q_{ij} \quad \text{und} \quad \lim_{h \to 0} h^{-1}(p_{ii}(h) - 1) = - q_i = q_{ii}$$

Also ist (1.21) gezeigt und der Beweis des Satzes beendet.

Wir fassen noch einmal den Hauptsatz zusammen: Wenn ein Intensitätsgraph einer Markovkette gegeben ist, so gilt für jeden Knoten:

> (i) Die Verweilzeit an jedem Knoten ist nach einer Exponentialverteilung mit der Summe der wegführenden Kantenwerte als Parameter verteilt.
> (ii) Die Übergangswahrscheinlichkeiten sind proportional zu den wegführenden Kantenwerten.

Auf diese Weise sind alle Markovketten mit stetiger Zeit und beschränkter Intensitätsmatrix gekennzeichnet. Ein Spezialfall eines solchen Prozesses, der in vielen Anwendungen auftritt, wird noch gesondert im nächsten Abschnitt behandelt: der Poissonprozeß.

1.2.3.1 Der Poissonprozeß

Definition. Der Markovprozeß $\Pi(t)$ mit stetiger Zeit und Zustandsraum $N_0 =$ {0} $\cup$ **N**, welcher zum Intensitätsgraph

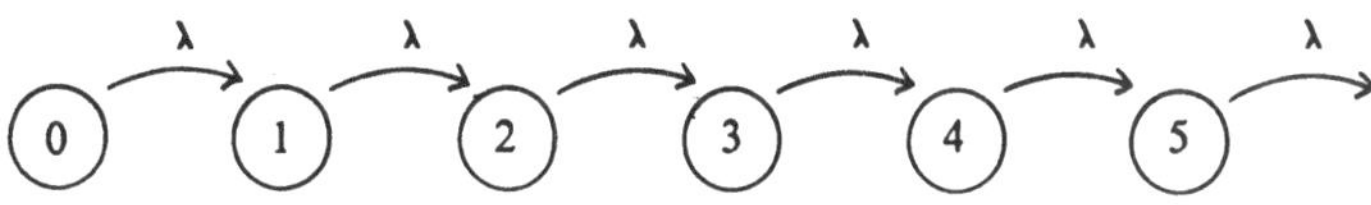

Abb. 1.12

gehört, heißt **Poissonprozeß mit Intensität** λ. Ein typischer Pfad dieses Prozesses verweilt eine exponential verteilte Zeit bei jedem Zustand und springt sodann um 1 höher (siehe Abb. 1.13):

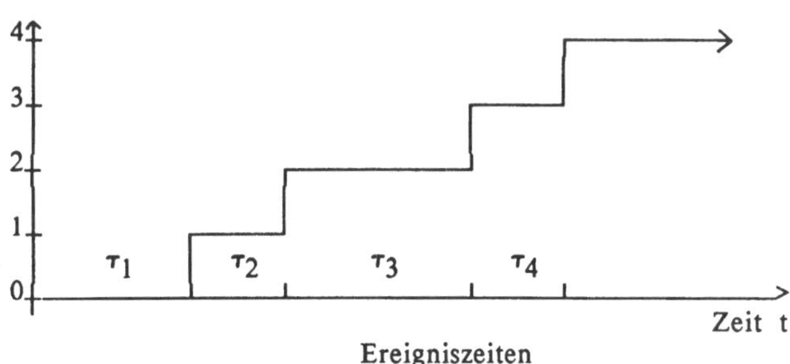

Abb. 1.13

Da jeder Sprung nur zur nächsthöheren natürlichen Zahl erfolgen kann, genügt die Angabe der Sprungzeiten zur Festlegung des Prozesses. Wir nennen diese Sprungzeiten auch **Ereigniszeiten** ("event times") und die Sprünge auch **Ereignisse** ("events"). Poissonprozesse eignen sich zur Modellierung von Phänomenen, die in unregelmäßigen Abständen auf der Zeitachse auftreten können (wie z.B. Ankünfte von Fahrzeugen an einer Kreuzung, das Auftreten von Hochwasser, Erdbeben, etc.). Ein solcher Ergebnisprozeß heißt auch **Punktprozeß**, weil er durch die **Zeitpunkte** der Ereignisse festgelegt ist.

Falls $\Pi(t)$ ein Poissonprozeß ist, der im Punkt 0 startet, so bezeichne $A(a,b)$ die Anzahl der Sprünge, die im Intervall $(a,b]$ stattfinden. Offensichtlich gilt $\Pi(t) = A(0,t)$. Da die Übergangsintensität in jedem Zustand gleich λ ist, haben $A(0,t)$ und $A(a,a+t)$ für jedes $a > 0$ dieselbe Verteilung. Der nächste Satz rechtfertigt den Namen Poissonprozeß.

<u>**Satz über den Poissonprozeß**</u>. Für einen Poissonprozeß $\Pi(t)$ gilt

(i) die Anzahl von Ereignissen im Intervall (a,b) ist nach einer Poissonverteilung mit Erwartungswert $\lambda \cdot$ (b-a) verteilt, d.h.

$$P\{A(a,b) = k\} = e^{-\lambda(b-a)} \frac{[\lambda(b-a)]^k}{k!} \qquad k = 0,1,....$$

(ii) für disjunkte Intervalle sind die zugehörigen Ereignisanzahlen $A(\cdot,\cdot)$ unabhängig

Umgekehrt ist der Poissonprozeß durch die Eigenschaften (i) und (ii) charakterisiert.

<u>Beweis.</u> Die Eigenschaft (ii) ergibt sich direkt aus der Markoveigenschaft. Zum Beweis von (i) betrachtet man

$$p_k(t) = P\{A(0,t) = k\} = P\{\Pi(t) = k\}.$$

Aus dem Beweis des Hauptsatzes für Markovketten mit stetiger Zeit folgt, daß

$$p_0(h) = e^{-\lambda h} = 1 - \lambda h + o(h)$$

$$p_1(h) = \lambda h + o(h) \tag{1.24}$$

$$P\{A(0,h) > 1\} = \sum_{k=2}^{\infty} p_k(h) = o(h).$$

Wegen (ii) und (1.24) gilt

$$p_k(t+h) = P\{A(0,t+h) = k\} = P\{A(0,t) + A(t,t+h) = k\} =$$

$$= \sum_{j=0}^{k} P\{A(0,t) = j, A(t,t+h) = k-j\} = \sum_{j=0}^{k} P\{A(0,t) = j\} \cdot P\{A(0,h) = k-j\}$$

$$= \sum_{j=0}^{k} p_j(t) \cdot p_{k-j}(h) =$$

$$= p_k(t) \cdot p_0(h) + p_{k-1}(t) \cdot p_1(h) + o(h) =$$

$$= p_k(t) \cdot (1-\lambda h) + p_{k-1}(t) \cdot \lambda \cdot h + o(h).$$

Aus dieser Gleichung folgt

$$[p_k(t)]' = \lim_{h \to 0} \frac{p_k(t+h) - p_k(t)}{h} = -\lambda \cdot p_k(t) + \lambda \cdot p_{k-1}(t) \tag{1.25}$$

Die Gleichungen (1.25) stellen ein System von gekoppelten Differentialgleichungen dar.

Zusammen mit der Anfangsbedingung (Start im Wert 0)

$$p_k(0) \quad = \quad \begin{cases} 1 & k = 0 \\ 0 & k > 0 \end{cases}$$

sind diese eindeutig lösbar und ergeben

$$p_k(t) \quad = \quad e^{-\lambda t}\ \frac{(\lambda t)^k}{k!}\ . \qquad\qquad (1.26)$$

Der Leser möge sich durch Differenzieren von (1.26) von der Richtigkeit überzeugen. Da A(a,b) dieselbe Verteilung wie A(0,b-a) besitzt, ist damit der Satz gezeigt.

Der Poissonprozeß hat noch weitere Eigenschaften, die in der Anwendung eine wichtige Rolle spielen:

Satz von der Überlagerung und der Aufspaltung von Poissonprozessen.

(i) Sind $\Pi_1(t)$ bzw. $\Pi_2(t)$ zwei unabhängige Poissonprozesse mit Intensitäten λ_1 bzw. λ_2, so ist ihre Überlagerung (Summe) $\Pi_1(t) + \Pi_2(t)$ ein Poissonprozeß mit Intensität $\lambda_1 + \lambda_2$.

(ii) Ist $\Pi(t)$ ein Poissonprozeß und wird jedes Ereignis dieses Prozesses unabhängig mit der Wahrscheinlichkeit p bzw. (1-p) dem neuen Prozeß $\Pi_1(t)$ bzw. $\Pi_2(t)$ zugeordnet (Aufspaltung), so sind Π_1 und Π_2 unabhängige Poissonprozesse mit Intensitäten $p\lambda$ bzw. $(1-p)\lambda$.

Die Situation ist in Abb. 1.14 verdeutlicht.

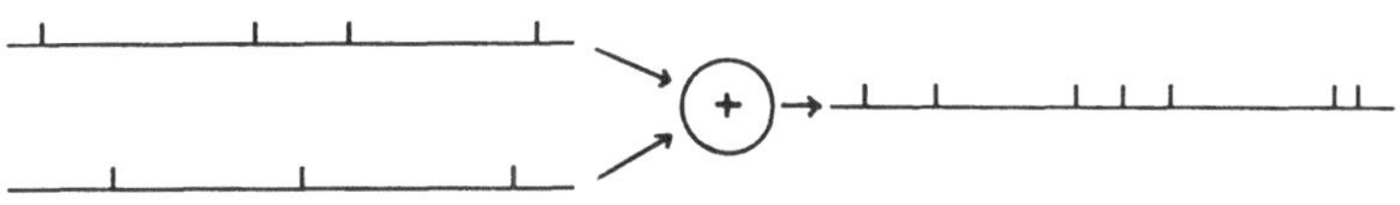

Überlagerung von Poissonprozessen

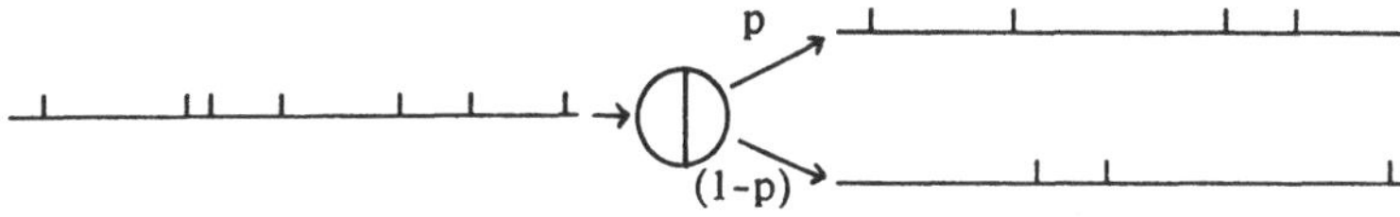

Aufspaltung von Poissonprozessen

Abb. 1.14

Der <u>Beweis</u> von (i) beruht darauf, daß $\Pi_1(t) + \Pi_2(t)$ unabhängige Zuwächse hat und daß die Summe zweier Poissonverteilungen mit Parameter λ_1 bzw. λ_2 eine Poissonverteilung mit Parameter $\lambda_1 + \lambda_2$ ist. Zum Beweis von (ii) genügt es zu zeigen, daß $\Pi_1(t+h) - \Pi_1(t)$ bzw. $\Pi_2(t+h) - \Pi_2(t)$ unabhängig nach Poisson $(p\lambda)$ bzw. Poisson $((1-p)\lambda)$ verteilt sind. Es seien $\nu = \Pi(t+h) - \Pi(t)$ und X_i unabhängige Zufallsvariable mit $P\{X_i = 1\} = 1 - P\{X_i = 0\} = p$. Solche zufällige Größen mit Werten in $\{0,1\}$ heißen auch **Bernoullivariable**. Sei

$$S_1 := \Pi_1(t+h) - \Pi_1(t) = \sum_{i=1}^{\nu} X_i \; ; \; S_2 := \Pi_2(t+h) - \Pi_2(t) = \sum_{i=1}^{\nu} (1-X_i)$$

Die gemeinsame wahrscheinlichkeitserzeugende Funktion von S_1 und S_2 ist

$$G_{S_1,S_2}(x,y) = E(x^{S_1} y^{S_2}) = \sum_{n=0}^{\infty} E(x^{S_1} y^{S_2} \mid \nu = n) \cdot \frac{(\lambda h)^n}{n!} e^{-\lambda h} =$$

$$= \sum_{n=0}^{\infty} (px + (1-p) y)^n \frac{(\lambda h)^n}{n!} e^{-\lambda h} = e^{\lambda p h(x-1)} \cdot e^{\lambda(1-p)h(y-1)}$$

Da dieses Produkt zweier wahrscheinlichkeitserzeugender Funktionen von Poissonverteilungen mit den Parametern λp bzw. $\lambda(1-p)$ ist, folgt die Behauptung (ii)

<u>Weiterführende Literatur:</u> [CHU60], [FER70], [FRE71], [NOL81]

Übungsaufgaben zu Kapitel 1

1. Die Suche im Baum von Abb. 1.2 kann als (inhomogene) Markovkette aufgefaßt werden. Für jeden inneren Knoten gibt es drei mögliche Nachfolgezustände: Stoppen, Verzweigen zum linken Unterknoten, Verzweigen zum rechten Unterknoten. Man berechne die Übergangswahrscheinlichkeiten für die Gleichverteilung und die angegebene empirische Verteilung.

2.Eine Liste wird linear nach einem ihrer Elemente durchsucht. Man gebe den schlechtesten Fall, den Mittelwert und den Median der Anzahl der Suchschritte an, falls alle Positionen des gesuchten Elements in der Liste die gleiche Wahrscheinlichkeit haben.

3. Es sei ein binärer Baum mit n Knoten gegeben: Beispiel

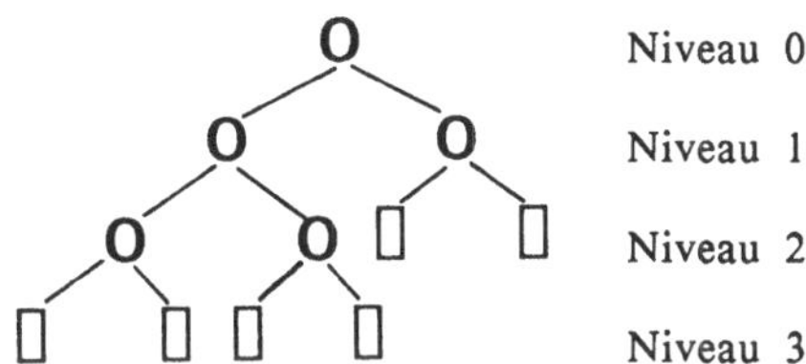

O   interner Knoten

▢   externer Knoten

Der Baum heißt **optimal**, falls die Niveau's externer Knoten sich höchstens um 1 unterscheiden. Er heißt **ausgeglichen** (oder AVL-Baum), falls die Höhen je zweier Unterbäume desselben Knotens sich höchstens um 1 unterscheiden. (Die Höhe eines Baumes ist das maximale Niveau seiner Knoten).

Ein binärer Suchbaum habe n Knoten, nach denen jeweils mit der Wahrscheinlichkeit $1/n$ gesucht wird. Man zeige

a.) n ist notwendigerweise ungerade, $n = 2s + 1$, wobei s = Anzahl der internen Knoten und s+1 = Anzahl der externen Knoten.

b.) Falls der Baum optimal ist, so ist die worst-case Suchtiefe gleich $\lfloor \log_2 n \rfloor + 1$
Die average-case Suchtiefe ist $n^{-1} [(n+1) \lfloor \log_2 n \rfloor - 2^{\lfloor \log_2 n \rfloor + 1} + 2]$.

c.) Falls der Baum ausgeglichen ist, so ist die worst-case Suchtiefe gleich k, wobei F_{k+2} die größte Fibonacci-Zahl ist, die $2F_{k+2} \leqslant n-1$ erfüllt. (Die Fibonacci-Zahlen sind durch die Rekursion $F_k = F_{k-1} + F_{k-2}$ und die Anfangswerte $F_0 = 0$, $F_1 = 1$ definiert , vgl. [KNUTH], Vol. 3, Seite 451).

4. Programmflußanalyse. Ein Programm bestehe aus 5 Blöcken $B_1, B_2, ..., B_5$, zwischen denen die Exekution (durch bedingte Sprünge) mit gewissen Wahrscheinlichkeiten umschaltet. Wir nehmen an, daß die Übergangswahrscheinlichkeiten zeitlich invariant sind, daß also eine homogene Markovkette vorliegt.

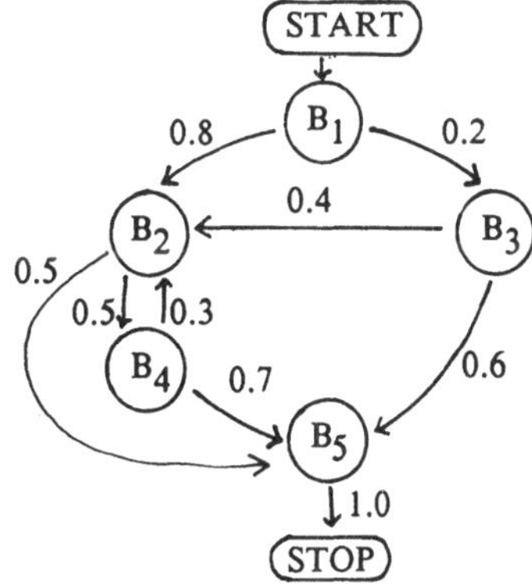

a) Man finde das Erreichbarkeitsdiagramm und die zugehörige Klasseneinteilung.
b) Man berechne die mittlere Anzahl von "Besuchen" des Programmzeigers in den Blöcken B_i.

5. Zufällige Auswahl aus einem Array. Aus einem Array der Länge n sollen <u>verschiedene</u> Elemente zufällig ausgewählt werden. In jedem Schritt j wird mit Wahrscheinlichkeit 1/n eines der Elemente herausgegriffen. Falls dieses Element schon bei einem früheren Schritt ausgewählt wurde, wird es verworfen. Man zeige: X_j = "Anzahl der verschiedenen ausgewählten Elemente bis zum j-ten Schritt" ist eine homogene Markovkette. Man stelle das Übergangsdiagramm auf und zeige, daß gilt:

$$E(X_j) = n \left(1 - (1 - \tfrac{1}{n})^j \right).$$

6. Man zeige, daß die Markoveigenschaft einer Folge auch so ausgesprochen werden kann:

"Die Vergangenheit und die Zukunft sind bedingt unabhängig,
gegeben die Gegenwart"

7. Man beweise die Formel (1.12)

8. Ein System bestehe aus n identischen Komponenten, von denen jeweils genau eine arbeitet und die anderen für Ausfälle bereitstehen. Eine ausgefallene Komponente wird sofort repariert. Die Ausfallsrate sei λ und die Reparaturrate sei μ . Demnach ist der Intensitätsgraph

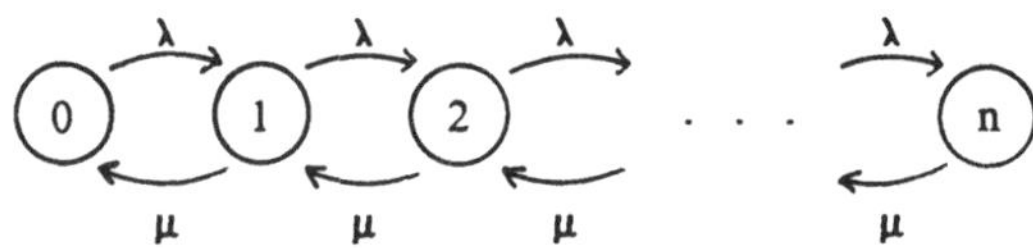

wobei der Zustand die Anzahl der intakten Komponenten beschreibt. Man ermittle die stationären Wahrscheinlichkeiten und die Wahrscheinlichkeit für einen Totalausfall (d.h. $P[0]$).

9. Es sei $\Pi(t)$ ein nichtnegativer, ganzzahliger Zufallsprozeß mit den Eigenschaften

(a) $\Pi(t_2) - \Pi(t_1)$ ist unabh. von $\Pi(s_2) - \Pi(s_1)$, falls $s_1 \leqslant s_2 \leqslant t_1 \leqslant t_2$

(b) $P(\Pi(t+h) - \Pi(t) = 1) = \lambda \cdot h + o(h)$
$P(\Pi(t+h) - \Pi(t) > 1) = o(h)$

Dann ist $\Pi(t)$ ein Poissonprozeß.
(Anleitung: Man zeige, analog wie beim Satz auf Seite 38, daß $A(a,b)$ poissonverteilt ist. Daraus leite man ab, daß das Zeitintervall zwischen zwei Sprüngen exponentialverteilt ist).

2. Bedienungssysteme

Bedienungssysteme treten in elektronischen Rechenanlagen und Kommunikationssystemen in vielfältiger Weise auf. Das gemeinsame Grundprinzip besteht darin, daß ein Strom von Anforderungen von einem (oder mehreren) kapazitätsbeschränkten Bedienungselement(en) bearbeitet wird und die abgearbeiteten Anforderungen sodann das System verlassen. Um einen einheitlichen Ausdruck zu gebrauchen, nennen wir die Anforderungen : **Kunden** ("customers") des Bedienungssystems. Beispiele für Bedienungssysteme sind in der Tabelle 2.1 angeführt.

Bedienungssystem	Kunden
Batch-Betriebssystem	abgesetzte Jobs, bzw. gestartete Prozesse
Terminal-Betriebssystem	interaktive Kommandos
Plattenspeicher	Schreib/Leseanforderung
(verteilte) Datenbanken	Datenzugriff
Kommunikationsnetzwerk	zu vermittelnde Nachrichten
Computernetzwerk	abgesandte Prozesse
Parallelcomputer	auszuführende Teilaufgaben

Tabelle 2.1

Das "Innere" eines Bedienungssystems mag sehr kompliziert sein und aus mehreren auch vernetzten Bedienungsstellen mit verschiedenen Warteschlangen bestehen. Von "außen" gesehen stellt es sich jedenfalls als Input-Outputsystem (mit Kästchenstruktur) dar.

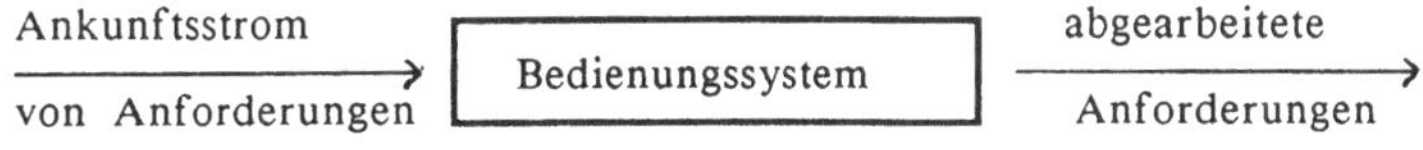

Abb. 2.1

Zur Charakterisierung eines Bedienungssystems müssen die folgenden Komponenten näher spezifiziert werden:
  (i) die Eigenschaften des Ankunftsstroms (Ankunftsprozeß),
  (ii) die Anforderungen an Bedienungszeit (Bedienungszeitverteilung),
  (iii) die Bedienungsstrategie.

ad(i): **Ankunftsprozeß** ("arrival process").

Es sei a_n der Zeitpunkt der Ankunft des n-ten Kunden. Mit $\tau_n := a_{n+1} - a_n$ bezeichnen wir das Zeitintervall zwischen je zwei Ankünften ("interarrival time"). Die Anzahl der Ankünfte bis zum Zeitpunkt t sei A(t); d.h. $A(t) = \#\{a_i \mid 0 < a_i \leqslant t\}$. Die Situation wird durch die Abbildung 2.2 verdeutlicht.

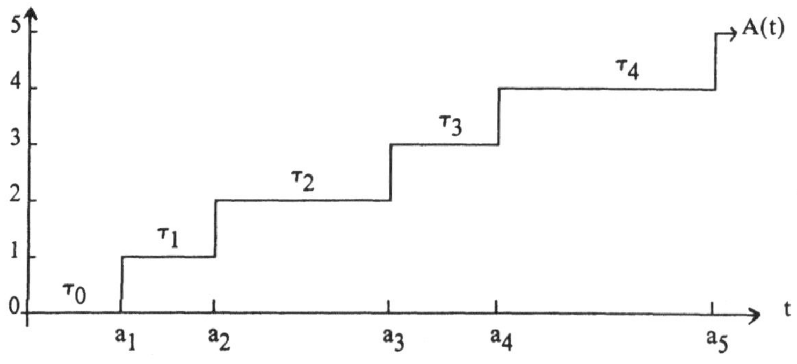

Abb. 2.2: Ankunftsprozeß

Man sagt, der Ankunftsprozeß hat **stationäre Zuwächse** ("stationary increments"), falls die Verteilung der Anzahl der Ankünfte im Zeitraum [t,t+h] nicht von t abhängt, d.h. A(t+h) - A(t) dieselbe Verteilung wie A(s+h) - A(s) für alle s,t hat. In diesem Falle bezeichnet man die mittlere Anzahl der Ankünfte in einer Zeiteinheit als **Intensität** ("intensity") λ des Ankunftsprozesses, also

$$\lambda = E(A(t+1) - A(t)). \tag{2.1}$$

Der Ankunftsprozeß heißt **ergodisch**, falls mit Wahrscheinlichkeit 1 gilt

$$\lim_{t\to\infty} \frac{A(t)}{t} = \lambda. \tag{2.2}$$

Bei einem ergodischen Prozeß kann man die Intensität durch genügend langes Beobachten eines Pfades (einer Trajektorie) erschließen. Der Ankunftsprozeß hat **unabhängige Zwischenankunftszeiten**, wenn die Zeitintervalle $\{\tau_i\}$ zwischen je zwei aufeinanderfolgenden Ankünften unabhängig, identisch verteilt sind. Falls diese Zeitintervalle τ_i die identische Verteilungsfunktion F mit endlichem Erwartungswert besitzen, so gilt folgender

<u>Satz</u> Ist die Zeit τ_0 vom Beobachtungsbeginn (Zeitpunkt 0) bis zur Ankunft des ersten Kunden nach der Verteilungsfunkion F_0 verteilt, wobei

$$F_0(x) = \frac{\int_0^x (1-F(u))\, du}{\int_0^\infty (1-F(u))\, du}, \tag{2.3}$$

so hat der Ankunftsprozeß A(t) stationäre Zuwächse. Seine Intensität λ ist

$$\lambda = \frac{1}{E(\tau_i)} = \left[\int_0^\infty u\ dF(u) \right]^{-1} = \left[\int_0^\infty (1-F(u))\ du \right]^{-1} \qquad (2.4)$$

Dieser Satz wird im Abschnitt 2.2.2 bewiesen.

Ganz besonders wichtig ist jener Ankunftsprozeß, bei dem die Zwischenankunftszeiten unabhängig nach einer Exponentialverteilung mit der Verteilungsfunktion $F(x) = 1-e^{-\lambda x}$ verteilt sind. Aus dem Abschnitt 1.2.3.1 wissen wir, daß dies der **Poissonprozeß** $\Pi(t)$ mit Intensität λ ist. Dieser Prozeß ist ein Markovprozeß mit stationären Zuwächsen. Man beachte, daß deshalb die Zeit τ_0 von Beobachtungsbeginn bis zur ersten Ankunft im stationären Fall dieselbe Verteilung wie τ_i; $i \geqslant 1$ besitzt. Der Leser möge nachprüfen, daß für die Exponentialverteilung tatsächlich $F(x)$ mit $F_0(x)$ (gegeben durch (2.3)) übereinstimmt und daß die Intensität λ auch (2.4) erfüllt.

(ii) **Bedienungszeitverteilung** ("service time distribution").

Jeder Kunde fordert eine gewisse Bedienungszeit vom Bedienungssystem. Es sei B_n die vom n-ten Kunden geforderte Zeit. Man spricht von einem **stationären** Bedienungsprozeß, falls $\{B_n\}$ eine Folge unabhängiger, identisch verteilter Zufallsvariabler ist.

(iii) **Bedienungsstrategie** ("scheduling")

Da das Bedienungssystem beschränkte Kapazität aufweist, können nicht alle Anforderungen gleichzeitig bedient werden. Wenn die Menge der zum Zeitpunkt t im System verweilenden Kunden mit $K_s(t)$ bezeichnet wird (das sind jene Kunden, die zwar angekommen aber nicht abgefertigt sind) so kann man $K_s(t)$ weiter in die zum Zeitpunkt t bedienten $K_b(t)$ und die zum Zeitpunkt t nicht bedienten (d.h. wartenden) Kunden $K_w(t)$ zerlegen. Es gilt also

$$K_s(t) = K_b(t)\ \cup\ K_w(t).$$

Jener Systemteil, der die Zuordnung der Kunden zu den Mengen $K_b(t)$ und $K_w(t)$ trifft heißt **Scheduler** (wir verwenden hier den englischen Ausdruck); die Vorschrift, nach der der Scheduler arbeitet heißt **Bedienungsstrategie** ("service strategy"). Scheduler können sehr komplizierte Strategien haben und auch Kunden hintereinander Bedienungselementen zuweisen und diese wieder entziehen (**vernetztes Bedienungssystem**). Werden die Kunden nur einmal einem Bedienungselement zugewiesen, spricht man von einem **einfachen Bedienungssystem**. Aus der Sicht des i-ten Kunden sieht sein Verweilen in einem Bedienungssystem so aus :

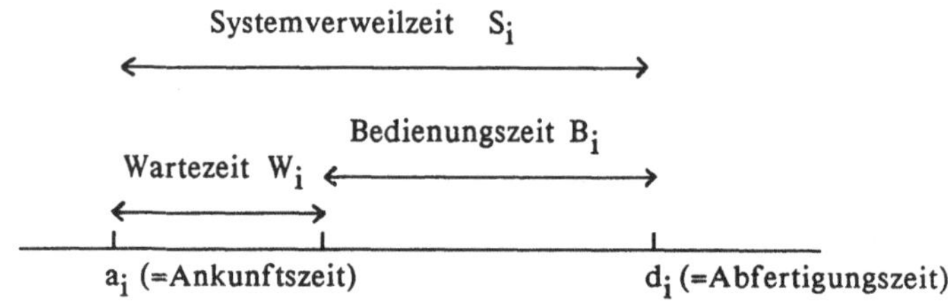

Einfaches Bedienungssystem

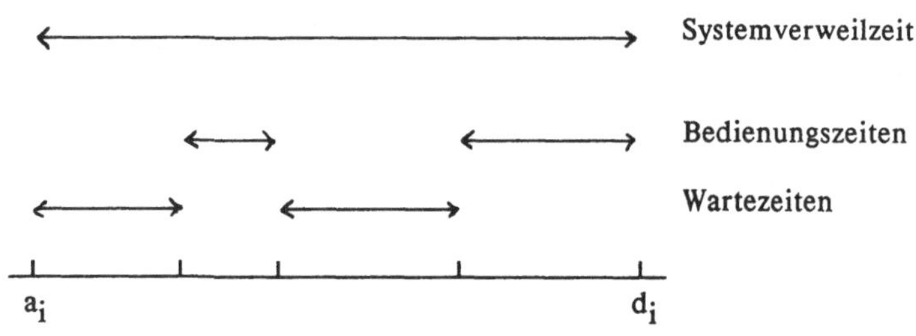

Vernetztes Bedienungssystem

Abb. 2.3

Wir fassen die verwendeten Symbole hier zusammen

a_i	Ankunftszeitpunkt des i-ten Kunden
d_i	Abfertigungszeitpunkt des i-ten Kunden
s_i	System(verweil)zeit ("system time") des i-ten Kunden im System
w_i	Wartezeit ("waiting time") des i-ten Kunden
B_i	Bedienungszeit ("service time") des i-ten Kunden
$K_s(t)$	Menge der im System verweilenden Kunden zum Zeitpunkt t
$K_w(t)$	Menge der wartenden Kunden zum Zeitpunkt t
$K_b(t)$	Menge der bedienten Kunden zum Zeitpunkt t
$N_s(t)$	Anzahl der im System verweilenden Kunden zum Zeitpunkt t: $N_s(t) = \#\{K_s(t)\}$
$N_w(t)$	Anzahl der wartenden Kunden zum Zeitpunkt t: $N_w(t) = \#\{K_w(t)\}$
$N_b(t)$	Anzahl der bedienten Kunden zum Zeitpunkt t: $N_b(t) = \#\{K_b(t)\}$
$A(t)$	Ankunftsprozeß: $A(t) = \#\{i \mid a_i \leqslant t\}$

Zwischen den eben definierten Größen gibt es einige grundlegende Beziehungen, wie:

$$S_i = W_i + B_i \qquad (2.5)$$

(Systemzeit = Wartezeit + Bedienungszeit)

$$d_i = a_i + S_i \qquad (2.6)$$

(Abfertigungszeit = Ankunftszeitpunkt + Systemzeit)

$$B_i = \int_{a_i}^{d_i} 1_{\{i \in K_b(t)\}} \, dt \qquad (2.7)$$

(Gesamtbediendauer = Summe der Einzelbediendauern).

Eine weitere wichtige Beziehung - das Gesetz von Little - stellt den Zusammenhang zwischen Ankunftsintensität λ , mittlerer Systemverweildauer $E(S)$ und mittlerer Kundenanzahl im System $E(N_s(\cdot))$ her.

Gesetz von Little.
Es sei $A(t)$ ein ergodischer Ankunftsprozeß mit stationären Zuwächsen und Intensität λ . Es sei $N_s(t)$ die (stationäre) Anzahl von Kunden im System und S_n die Systemzeit des n-ten Kunden. Dann gilt

$$E(N_s(t)) = \lambda \cdot E(S_n) \qquad (2.8)$$

für alle Zeitpunkte t und alle Kunden n. Kurz kann dies auch als

$$E(N_s) = \qquad \lambda \qquad \cdot \qquad E(S)$$

| mittlere Anzahl von Kunden im System | = | Ankunfts-intensität | × | mittlere Verweidauer |

geschrieben werden.

Beweis. Es sei $D(t)$ der Abfertigungsprozeß, d.h.

$$D(t) = \# \{i \mid d_i \leqslant t \}.$$

Klarerweise gilt
$$N_s(t) = A(t) - D(t) \, ,$$

da alle Kunden, die angekommen, aber nicht abgefertigt sind, im System verweilen müssen. Die Fläche zwischen $A(\cdot)$ und $D(\cdot)$ gibt die insgesamt (von allen Kunden) verbrauchte Verweilzeit an. Hierbei ist es belanglos, ob die Kunden in der Reihenfolge ihrer Ankunft das System verlassen oder nicht.

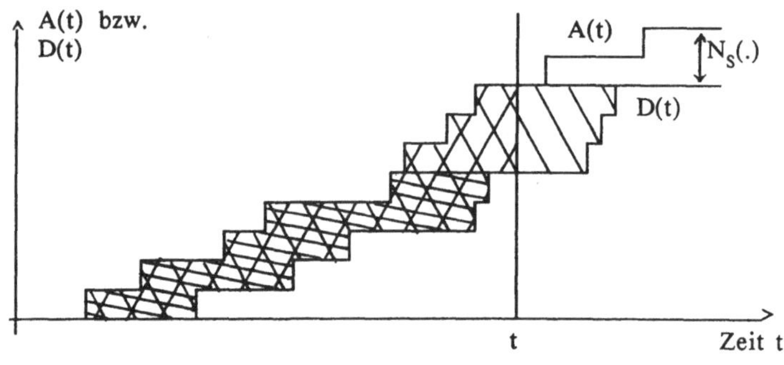

Abb. 2.4

Aus der Zeichnung erkennt man, daß

$$\sum_{n=1}^{D(t)} S_n \leqslant \int_0^t N_S(u)\,du \leqslant \sum_{n=1}^{A(t)} S_n \qquad (2.9)$$

weil

-schraffierte Fläche $\leqslant$ -schraffierte Fläche $\leqslant$ -schraffierte Fläche

Nun folgt nach Voraussetzung über die Ergodizität von $A(t)$ und $N_S(t)$

$$\frac{1}{A(t)} \int_0^t N_S(u)\,du = \frac{t}{A(t)} \cdot \frac{1}{t} \int_0^t N_S(u)\,du \rightarrow \frac{1}{\lambda} \cdot E(N_S) . \qquad (2.10)$$

Andererseits gilt

$$\frac{1}{A(t)} \cdot \sum_{n=1}^{A(t)} S_n \rightarrow E(S) \qquad (2.11)$$

und da $A(t)$ gegen ∞ strebt, jedoch $A(t) - D(t) = N_S(t)$ beschränkt (in Wahrscheinlichkeit) bleibt, so gilt

$$\frac{1}{A(t)} \sum_{n=1}^{D(t)} S_n = \frac{1}{A(t)} \sum_{n=1}^{A(t)} S_n - \frac{1}{A(t)} \sum_{n=D(t)+1}^{A(t)} S_n \rightarrow E(S) . \qquad (2.12)$$

(2.9) - (2.12) zusammengenommen ergeben jedoch die Formel (2.8).

Bemerkung. Für einfache Bedienungssysteme kann man dieselbe Überlegung wie für die Kunden im Gesamtsystem auch nur für die wartenden Kunden anstellen. Dies führt zu der folgenden Variante des Gesetzes von Little:

$$E(N_w) = \lambda \quad E(W) \tag{2.13}$$

| mittlere Anzahl von wartenden Kunden | = | Ankunfts-intensität | x | mittlere Wartezeit. |

Bedienungssysteme werden - insbesondere wenn sie vernetzt sind - oft graphisch dargestellt. Man bedient sich dabei meistens folgender Symbole:

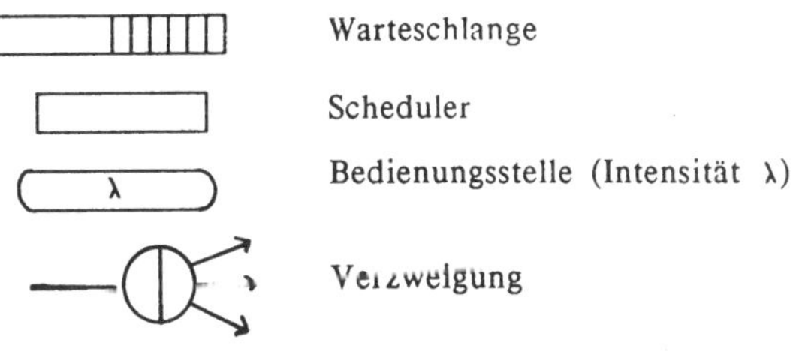

Abb. 2.5

Ein einfaches Bedienungssystem mit einer Warteschlange und c parallel arbeitenden Bedienungsstellen wird beispielsweise so dargestellt: (Wir wagen jetzt einen Blick in das black-box Kästchen von Abb. 2.1)

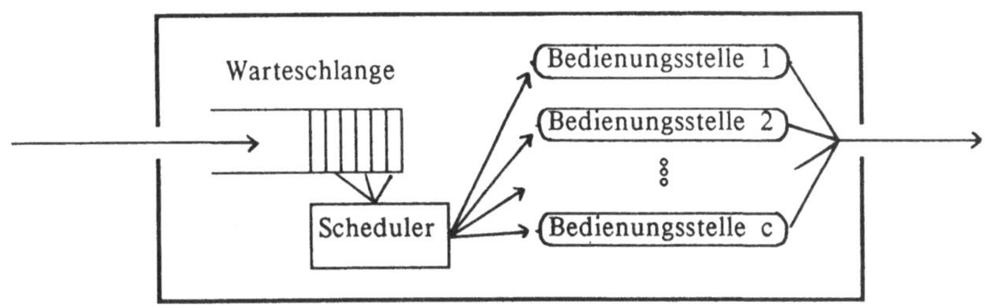

Abb.2.6

Die Scheduler-Strategien können hierbei die folgenden sein:

FCFS   (first come - first serve) oder auch
FIFO   (first in - first out): Der jeweils erste Kunde in der Warteschlange wird der Bedienung zugeteilt, Neuankömmlinge werden am Ende der Warteschlange eingereiht (Schlange, "queue"). Kurzsymbol:

LCFS   (last come - first serve) oder auch
LIFO   (last in - first out): Der jeweils Letztangekommene wird als erster bedient. (Stack, "stack") Kurzsymbol

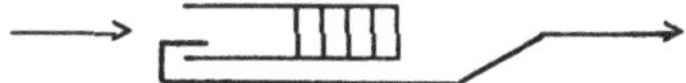

RANDOM: Der nächste zu bedienende Kunde wird nach einer Zufallsverteilung aus der Warteschlange entnommen.

PRIORITY: Für die Entnahme aus der Warteschlange werden Prioritätsregeln (nach Kundenklassen) herangezogen.

Während man für vernetzte Bedienungssysteme die graphische Darstellung verwendet, so zieht man zur Kennzeichnung einfacher Bedienungssysteme meist einen Buchstabencode heran, der auf Kendall zurückgeht ("**Kendall's classification**"):
Das Symbol

$$F_1/F_2/c - CODE$$

bezeichnet ein einfaches Bedienungssystem mit unabhängigen Zwischenankunftszeiten und unabhängigen Bedienungszeiten.

F_1 steht für den Verteilungstyp der Zwischenankunftszeiten
F_2 steht für den Verteilungstyp der Bedienungszeiten,

wobei folgende Symbole Verwendung finden:

M Exponentialverteilung
E_k Erlangverteilung
D Punktverteilung (deterministisch)
H_k Hyperexponentialverteilung
G allgemeine Verteilung.

CODE   ist das Symbol für die Bedienungsstrategie (z..B. FCFS, LCFS, etc.).
Beispielsweise bedeutet M/D/3 - LCFS das folgende System:

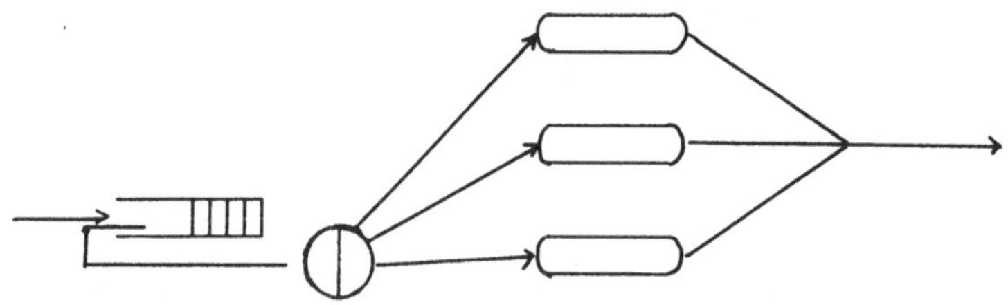

Abb. 2.7

mit einem Poisson - Ankunftsstrom und deterministischen Bedienungsdauern.

<u>Weiterführende Literatur:</u> [HAJ83], [KLE76], [KOS73], [SCH73]

2.1 Markov'sche Bedienungssysteme

Unter dem **Zustand** eines Bedienungsystems versteht man die jeweiligen Anzahlen der Kunden in der/den Warteschlange/n. Ist die Kapazität einer Warteschlange (d.i. die erlaubte Höchstzahl von wartenden Kunden) endlich, so ist auch der Zustandsraum endlich. Andernfalls ist der Zustandsraum unendlich.

Das Bedienungssystem heißt Markov'sch, falls die Zustandsübergänge einen Markovprozeß mit stetiger Zeit bilden. Wie aus Abschnitt 1.2.3. bekannt, müssen dann die jeweiligen Verweildauern exponentialverteilt sein. Dies gilt aber nur, falls

(i)   alle Ankunftsströme Poissonprozesse sind
(ii)   alle Bedienungszeiten exponentialverteilt sind.

Umgekehrt ist auch jedes Bedeinungssystem das (i) und (ii) erfüllt, Markov'sch. Dies folgt daraus, daß das Minimum zweier exponentialverteilter Verweildauern mit den Parametern λ_1 bzw. λ_2 , wiederum exponentialverteilt mit Parameter $\lambda_1 + \lambda_2$ ist. (Siehe auch den Satz über die Überlagerungen von Poissonprozessen, Abschnitt 2).
Markov'sche Bedienungssysteme sind durch die Angabe der Intensitätsmatrix vollständig charakterisiert Dies macht diese Modelle sehr attraktiv, da ihre Analyse relativ einfach ist.

2.1.1 Stationäre Verteilungen

2.1.1.1 M/M/c - Systeme

Nach der Kendall'schen Klassifikation bezeichnet M/M/c ein Bedienungssystem mit einem Poissonprozeß als Ankunftsstrom, exponentialverteilten Bedienungszeiten und c Bedienungsstellen (siehe Abb. 2.8).

* Kunden im System

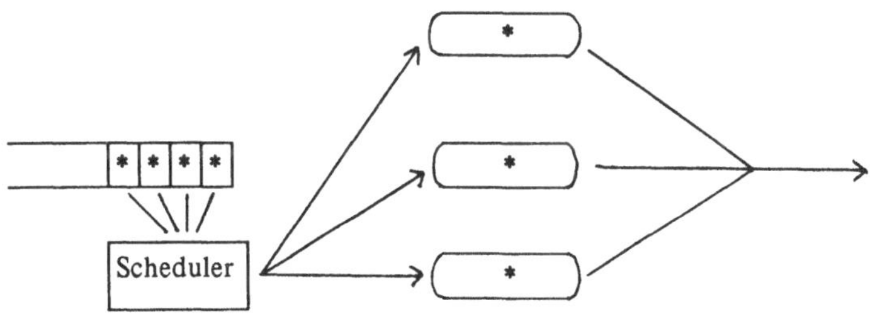

Abb. 2.8

Wird der Zustand dieses Systems durch die Größe N_S , d.i. die Anzahl der Kunden im System, beschrieben, so ergibt sich eine Markovkette mit stetiger Zeit. Da Kunden nur dann warten müssen, wenn alle Bedienungsstellen besetzt sind, so bedeutet

$N_S \leqslant c$: N_S Bedienungsstellen sind besetzt
$N_S > c$: c Bedienungsstellen sind besetzt
$\quad\quad\quad\quad$ $N_S - c$ Kunden sind in der Warteschlange.

Beispielsweise ist in Abb. 2.8 c=3, N_S=7 und es sind vier Kunden in der Warteschlange. Es sei λ die Ankunftsintensität des Poissonstromes und die Bedienungszeit sei exponentialverteilt mit Erwartungswert $1/\mu$). Je nach der erlaubten Maximallänge der Warteschlange (Wartekapazität) ergeben sich folgende Intensitätsdiagramme:

(i) Wartekapazität = 0 (= Blockierungssystem, d.h. sind alle Bedienungsstellen besetzt, so wird ein neuankommender Kunde abgewiesen. Solche Systeme treten z.B. im Telefonverkehr auf):

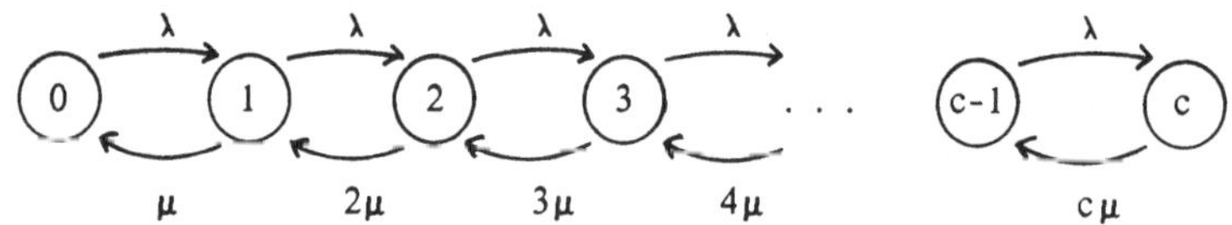

(ii) Wartekapazität = m (d.h. ist N_W, die Anzahl der wartenden Kunden, gleich m, so wird jeder neuankommende Kunde abgewiesen):

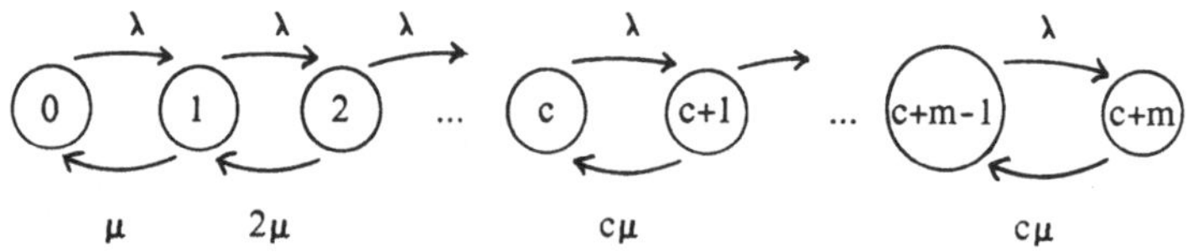

(iii) unbeschränktes Wartesystem:

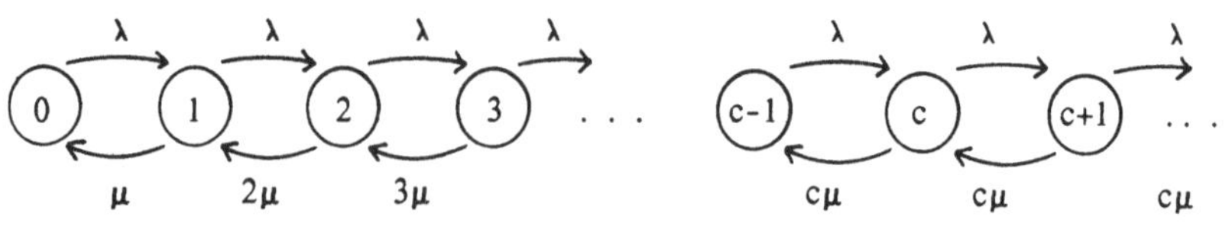

Abb.2.9

Die stationären Verteilungen $\underline{\pi}$ dieser Zustände ergeben sich durch Lösung der Gleichung (1.20) für die entsprechende Intensitätsmatrix Q.

ad (i) Blockierungssystem: Das Blockierungssystem besitzt die Q-Matrix

$$Q = \begin{bmatrix} -\lambda & \lambda & 0 & \cdot & \cdot & 0 \\ \mu & -(\mu-\lambda) & \lambda & \cdot & \cdot & 0 \\ 0 & 2\mu & -(2\mu+\lambda) & \cdot & \cdot & 0 \\ \cdot & & & & & \lambda \\ 0 & & \cdot & \cdot & c\mu & -c\mu \end{bmatrix}$$

Die Gleichung $\underline{\pi}Q = \underline{0}$ führt zu den Komponentengleichungen

$$\begin{aligned} \lambda \cdot \pi_0 &= \mu \cdot \pi_1 \\ \pi_k(k\mu + \lambda) &= \pi_{k-1} \cdot \lambda + \pi_{k+1}(k+1) \cdot \mu \qquad k=1,\ldots,c-1 \\ \pi_c \cdot c \cdot \mu &= \pi_{c-1} \end{aligned} \qquad (2.14)$$

Durch Aufsummieren der ersten j+1 dieser Gleichungen und anschließendes Umformen erhält man die Rekursion

$$\pi_{j+1} = \frac{\rho}{(j+1)} \pi_j \qquad j=0,\ldots,c-1$$

wobei $\rho = \lambda/\mu$ gesetzt wurde. Daraus ergibt sich wegen $\sum_{i=0}^{c} \pi_i = 1$

die endgültige Form

$$\pi_k = \frac{\rho^k}{k!} \cdot \left[\sum_{j=0}^{c} \frac{\rho^j}{j!} \right]^{-1}.$$

Insbesondere gilt:

$$P\,\{\text{Kunde wird abgewiesen}\} = P\,\{N_s = c\} = \pi_c = \frac{\rho^c}{c!} \cdot \left[\sum_{j=0}^{c} \frac{\rho^j}{j!} \right]^{-1} =: E_1(\rho,c).$$

Diese Funktion heißt auch **"erste Erlangfunktion"** $E_1(\rho,c)$. Sie ist in Abb. 2.10 in Abhängigkeit von ρ für verschiedene Werte von c dargestellt.

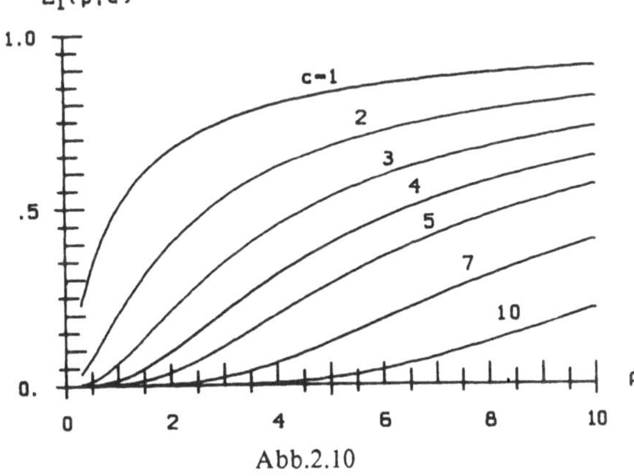

Abb.2.10

Aus ihr lassen sich weitere Größen ableiten:

$E_1(\rho,c) \cdot \lambda$ mittlere Anzahl der abgewiesenen Anforderungen pro Zeiteinheit

$(1-E_1(\rho,c)) \cdot \lambda$ mittlere Anzahl der erfüllten Anforderungen pro Zeiteinheit

$e = \dfrac{(1 - E_1(\rho,c))\cdot\lambda}{\mu \cdot c}$ Effizienz des Bedienungssystems (=mittlerer Anteil der aktiven Zeit der Bedienungsstellen).

wobei jeweils $\rho = \dfrac{\lambda}{\mu}$.

ad (ii)   **siehe Übungsaufgabe 1.**

ad (iii)   **unbeschränkte Wartekapazität.**

Hier lauten die Gleichungen für die stationäre Verteilung:

$$\pi_k(k\mu + \lambda) = \pi_{k-1} \cdot \lambda + \pi_{k+1}\cdot(k+1)\cdot\mu \qquad k = 0,1,\dots,c-1$$

$$\pi_k(c \cdot \mu + \lambda) = \pi_{k-1} \cdot \lambda + \pi_{k+1}\cdot c\cdot\mu \qquad k = c,c+1,\dots$$

$(\pi_{-1} = 0)$. Durch Umformen erhält man daraus mit $\rho = \dfrac{\lambda}{\mu}$

$$\pi_{k+1} = \frac{\rho}{k+1}\,\pi_k \qquad\qquad k = 0,1,\dots,c-1$$

$$\pi_{k+1} = \frac{\rho}{c}\,\pi_k \qquad\qquad k = c,c+1,\dots \qquad (2.15)$$

und schließlich unter Beachtung von $\Sigma\, \pi_i = 1$

$$\pi_0 = \left[\, 1 + \frac{\rho}{1!} + \dots + \frac{\rho^{c-1}}{(c-1)!} + \frac{\rho^c}{c!}\,\frac{c}{c-\rho}\,\right]^{-1}$$

$$\pi_k = \begin{cases} \dfrac{\rho^k}{k!}\,\pi_0 & k = 0,1,\dots,c-1 \\[2em] \left(\dfrac{\rho}{c}\right)^{k-c}\dfrac{\rho^c}{c!}\,\pi_0 & k = c,c+1,\dots \end{cases} \qquad (2.16)$$

Man beachte, daß $\pi_k \leqslant 1$ für alle k nur gilt, *falls $\rho < c$ ist*. Dies ist die Bedingung für die Rekurrenz des Bedienungsprozesses. Falls $\rho \geqslant c$ gilt, so wächst die Warteschlange immer mehr an, ohne sich abbauen zu können.

Ist nur eine Bedienungsstelle vorhanden, so ist die stationäre Verteilung die geometrische: $\pi_k = \rho^k(1-\rho)$.

Ein neuankommender Kunde muß warten, falls alle Bedienungsstellen belegt sind, also gilt

$$P \{\text{Kunde muß warten}\} = P\{W > 0\} = P\{N_s \geq c\} = \sum_{k=c}^{\infty} \pi_k =$$

$$= \pi_0 \cdot \frac{\rho^c}{c!} \sum_{k=c}^{\infty} \left[\frac{\rho}{c}\right]^{k-c} = \frac{\dfrac{\rho^c}{c!}\,\dfrac{c}{c-\rho}}{1 + \dfrac{\rho}{1} + \dfrac{\rho^2}{2!} + \ldots + \dfrac{\rho^{c-1}}{(\rho-1)!} + \dfrac{\rho^c}{c!}\,\dfrac{c}{c-\rho}}$$

$$=: E_2(\rho,c) \tag{2.17}$$

Die soeben eingeführte Funktion $E_2(\rho,c)$ heißt **zweite Erlangfunktion**. Sie ist in Abb. 2.11 dargestellt.

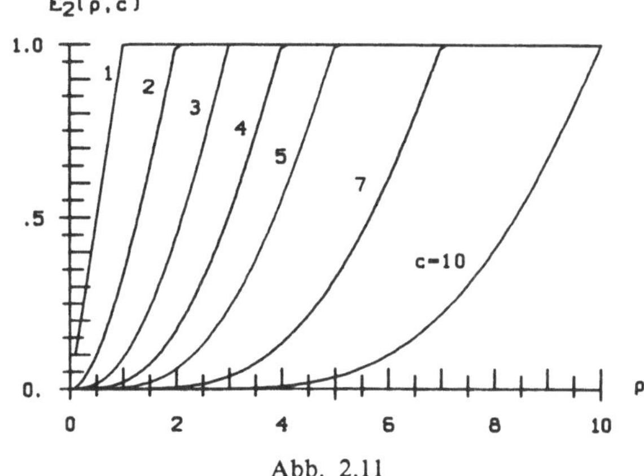

Abb. 2.11

Basierend auf der zweiten Erlangfunktion können noch weitere wichtige Größen für das M/M/c-System abgeleitet werden:

E(W) = mittlere Wartezeit pro bediente Einheit =

$$= \frac{\text{mittlere Anzahl der Wartenden pro Zeiteinheit}}{\text{mittlere Anzahl der Ankünfte pro Zeiteinheit}} =$$

$$= \frac{1}{\lambda} \sum_{k=c}^{\infty} (k-c)\,\pi_k = \frac{\pi_c}{\mu} \cdot \frac{c}{(c-\rho)^2} = \frac{1}{\mu}\,\frac{E_2(\rho,c)}{c-\rho} \;. \tag{2.18}$$

$E(W|W > 0)$ = mittlere Wartezeit pro wartender Einheit =

$$= \frac{\text{mittlere Anzahl der Wartenden pro Zeiteinheit}}{\text{mittlere Anzahl der Ankommenden pro Zeiteinheit, die warten müssen}}$$

$$= \frac{\sum_{k=c}^{\infty} (k-c)\, \pi_k}{\lambda \cdot P(W > 0)} = \frac{E(W)}{E_2(\rho,c)} = \frac{1}{\mu}\; \frac{1}{c-\rho} \cdot \tag{2.19}$$

Für den Spezialfall des M/M/1 System ergibt sich

$$E(W) = \frac{\rho}{\mu\,(1 - \rho)} \tag{2.20}$$

bzw.

$$E(W|W > 0) = \frac{\rho}{1 - \rho} \cdot \tag{2.21}$$

2.1.1.2 Systeme mit beschränktem Zugang

Nicht immer ist die Situation so, daß alle Kunden auch alle Bedienungsstellen benutzen können. Manchmal sind einige Bedienungsstellen auf bestimmte "Kundentypen" spezialisiert. In einem solchen Fall haben diese Stellen **beschränkten Zugang** ("restricted access"). Betrachten wir etwa die Situation in Abb. 2.12. Im linken System (a) können nur Kunden das Typs (A) die Bedienungsstellen (1) und (3) benutzen, jene des Typs (B) nur die Stellen (2) und (3). Die Kundenströme haben jeweils Ankunftsintensität ρ und die Bedienungsintensität ist 1. Wie aus Abschnitt 1.2.3 bekannt ist, lassen sich die Poisson-Ankunftsströme (A) und (B) zu einem gemeinsamen Ankunftsstrom (A+B) mit Intensität 2ρ vereinigen. Dabei geht jedoch die spezielle Struktur des beschränkten Zugangs verloren, sodaß (a) und (b) nicht das selbe System darstellen.

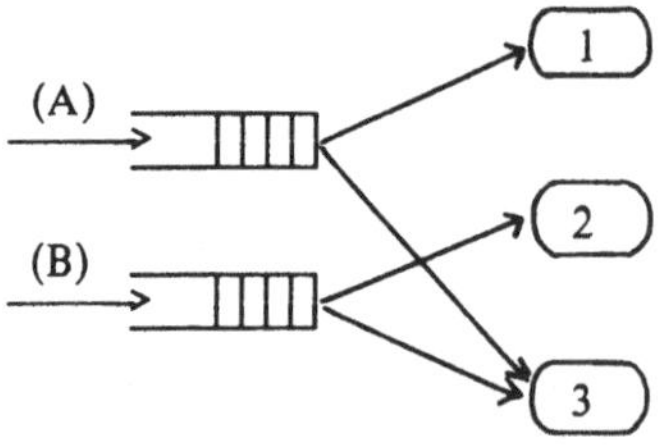

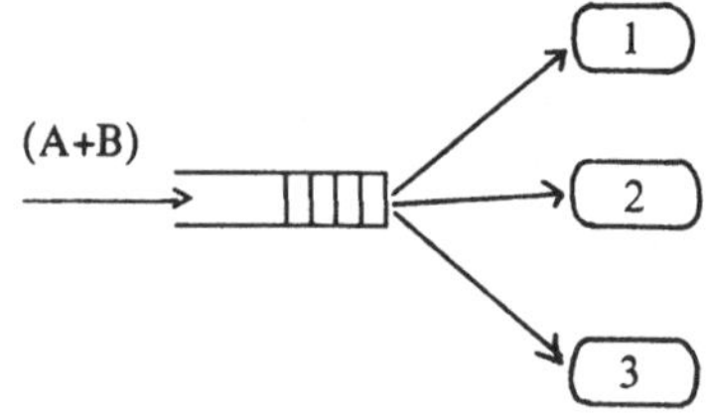

(a) beschränkter Zugang   (b) unbeschränkter Zugang

Abb.2.12

Der Zustand des Systems (a) wird durch die Anzahl der Kunden jeden Typs im System, sowie durch die Angabe des augenblicklich in (3) befindlichen Kundentyps (A oder B) beschrieben. Der Zustandsraum ist also $\mathbf{N}_0 \times \mathbf{N}_0 \times \{A,B\}$. Für diesen Zustandsraum kann man die Intensitätsmatrix Q und daraus die stationäre Verteilung -wie schon in einigen Beispielen gezeigt- ermitteln. Betrachten wir hier bloß den Fall des Blockierungssystems. Dann läßt sich der Systemzustand durch einen Vektor (x_1,x_2,x_3) beschreiben, wobei $x_i = 0$ (frei) oder 1 (besetzt) den Zustand der i-ten Bedienungsstelle beschreibt. Aus Symmetriegründen fassen wir die Zustände (1,0,0) und (0,1,0) sowie (1,0,1) und (0,1,1) zusammen. Es ergibt sich folgender Intensitätsgraph:

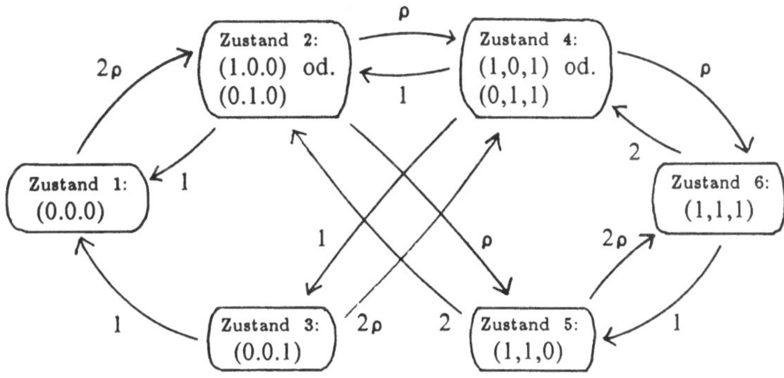

Abb.2.13

Daraus kann man die stationären Wahrscheinlichkeiten $\pi_1,...,\pi_6$ in Abhängigkeit von ρ berechnen. Das System ist für (A) in den Zuständen (1,1,1) und (1,0,1) und für (B) in den Zuständen (1,1,1) und (0,1,1) blockiert. Also gilt

$$P[\text{Blockierung}] = \frac{1}{2}\pi_4 + \pi_6 = \frac{16\rho^6 + 48\rho^5 + 52\rho^4 + 22\rho^3 + 3\rho^2}{16\rho^6 + 72\rho^5 + 140\rho^4 + 154\rho^3 + 108\rho^2 + 38\rho + 6},$$

wie sich nach mühevoller Rechnung ergibt. Hingegen hat das System aus Abb. 2.12 (b) mit unbeschränktem Zugang die Blockierungswahrscheinlichkeit gleich der ersten Erlangfunktion

$$E_1(2\rho,3) = \frac{8\rho^3}{8\rho^3 + 24\rho^2 + 12\rho + 6}.$$

Diese Blockierungswahrscheinlichkeiten in Abhängigkeit von ρ sind in Abb. 2.14 aufgetragen. Selbstverständlich sind die Werte für den unbeschränkten Zugang niedriger, da hier die Kapazitäten des Systems besser ausgenützt werden.

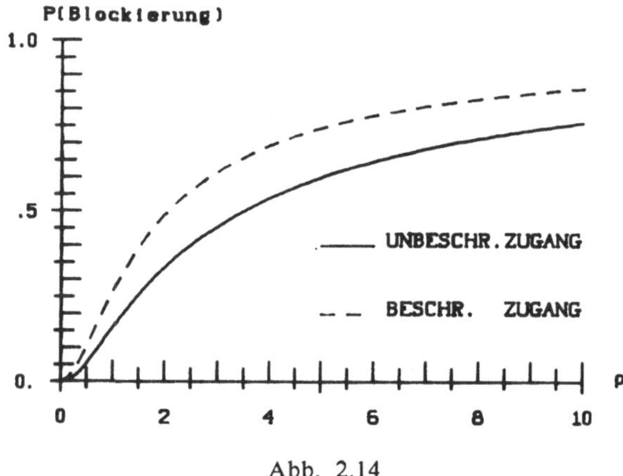

Abb. 2.14

2.1.1.3 Mehrphasensysteme und Erlangverteilungen

Die Voraussetzung eines Poisson'schen Ankunfts- oder Bedienungsstromes ist für
die mathematische Behandlung sehr praktisch. Allerdings muß man bedenken,
daß die Zwischenankunftsintervalle eines Poissonprozesses an der Stelle 0 ihre
größte Dichte haben, da es sich um Exponentialverteilungen handelt. Bei
empirischen Untersuchungen (etwa im Straßen-, Telefonverkehr oder bei
Computerinformationssystemen) stellt man jedoch häufig fest, daß der
Modalwert (=häufigster Wert) der Ankunftsintervalle nicht bei Null liegt. Eine
Möglichkeit dies zu berücksichtigen besteht darin, nicht jeden, sondern nur
jeden zweiten, dritten oder k-ten Punkt eines Poissonprozesses als realen
Ankunftszeitpunkt zu betrachten. Anders als beim zufälligen Aufspalten eines
Poissonprozesses (siehe Abschnitt 1.2.3.1) entsteht beim deterministischen
Auswählen jedes k-ten Punkts eines Poissonprozesses mit Intensität (λk) ein
Erlang(k) - Prozeß mit Intensität (λ). Die Zwischenankunftszeiten dieses
Prozesses sind die Summen von k unabhängigen Exponential (λk) -
Verteilungen und besitzen die folgenden Dichten und Momente:

Dichte der Erlang(k,λ) *Verteilung:*

$$\frac{(\lambda k)^k \cdot x^{k-1} \cdot e^{-\lambda k x}}{(k-1)!}$$

Momente der Erlang(k,λ) *Verteilung:*

$$E = \frac{1}{\lambda} \qquad Var = \frac{1}{k\lambda^2}$$

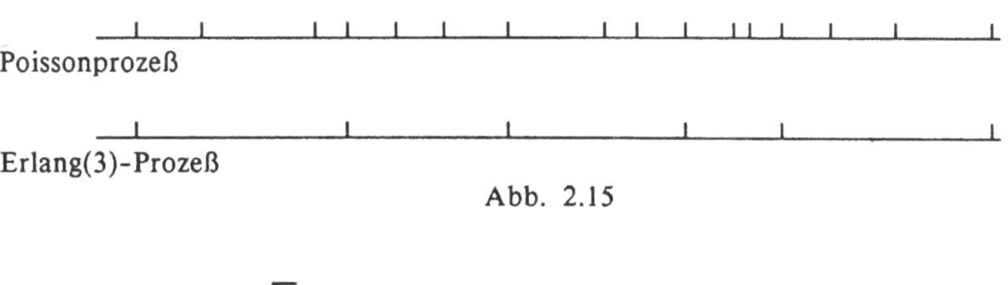

Abb. 2.15

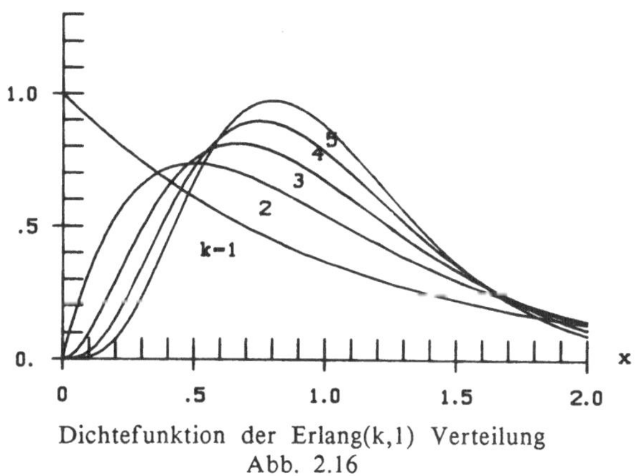

Dichtefunktion der Erlang(k,1) Verteilung
Abb. 2.16

Selbstverständlich kann man die Erlangverteilung auch als Verteilung der Bedienungszeiten einsetzen und so die Modelle $E_k/M/c$, $M/E_k/c$ und $E_{k_1}/E_{k_2}/c$ (nach Kendall's Klassifikation) bilden. Obwohl diese Modelle keine

Markovprozesse sind, läßt sich die Analyse durch einen Trick auf die von Markovprozessen zurückführen.
Dazu betrachten wir das System $M/E_k/1$. Eine Bedienung mit erlangverteilter Bedienungszeit kann man auch als Hintereinanderausführung von k Teilphasen mit jeweils exponentialverteilter Bedienungszeit deuten:

Erlang(k,λ)-verteilte Bedienungszeit

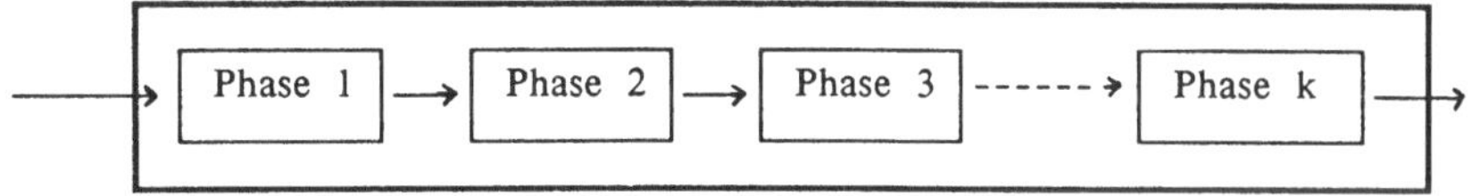

jeweils Exponential(kλ)-verteilt
Abb. 2.17

Wenn man daher den Zustand des Systems durch ein Paar (i,j) beschreibt, wobei i = Anzahl der Kunden in der Warteschlange und j = Phase der Bedienung, so ergibt sich das Intensitätsdiagramm eines Markovprozesses.

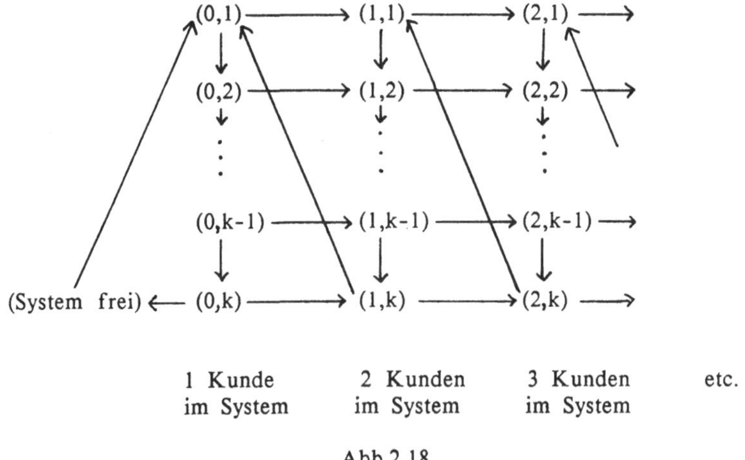

Abb.2.18

Die Analyse dieses Systems ist natürlich mühevoller als für das M/M/1-System, weil hier die Anzahl der Zustände um den Faktor k zugenommen hat. Nach einiger Rechnung findet man für die Wartezeit W

$$P\{W > 0\} = \rho$$

$$E(W \mid W > 0) = \frac{1}{1-\rho} \cdot \frac{k+1}{2k}$$

(vgl.Kosten [KOS73], Seite 66). Man vergleiche dies auch mit den Werten für das M/M/1- System aus Abschnitt 2.1.1.1.
Die Erlangverteilungen besitzen zwei Parameter und gestatten dadurch flexiblere Anpassungen an die Realität als die einparametrigen Exponentialverteilungen. Spezialfälle sind die Exponentialverteilung (k=1) und die deterministische Dauer (k → ∞). Wählt man die Anzahl der Phasen, die bei einer Bedienung durchlaufen werden, als zufällig, so erhält man eine noch größere Klasse von Verteilungen (Cox-Verteilungen). Durch Cox-Verteilungen kann jede beliebige andere Verteilung auf $[0,\infty)$ angenähert werden (vgl. Schaßberger [SCH73], Seite 31-32).

2.1.1.4 Netzwerke und zyklische Systeme

Viele Wartesysteme und -wie im Kapitel 3 ausgeführt wird- viele Modelle für Computersysteme und -netze sind derart, daß die "Kunden" verschiedene Bedienungsstellen hintereinander durchlaufen. In einem solchen Fall sprechen wir von einem **vernetzten Wartesystem** ("network of queuing systems"). Das System heißt **offen** ("open system") falls es eine Quelle (von der aus neuankommende Kunden das System betreten) und eine Senke (durch die die fertig bedienten Kunden das System verlassen) gibt. Andernfalls -wenn also weder Neuzugänge noch Abgänge von Kunden möglich sind, heißt das Netz **geschlossen** ("closed system") In geschlossenen Systemen ist die Kundenanzahl konstant.

Betrachten wir zunächst ein offenes System von hintereinanderliegenden Bedienungssystemen (serielles System), wobei der Ankunftsstrom ein Poissonstrom ist und alle Knoten M/c Bedienungsstellen mit unbegrenzter Wartekapazität sind.

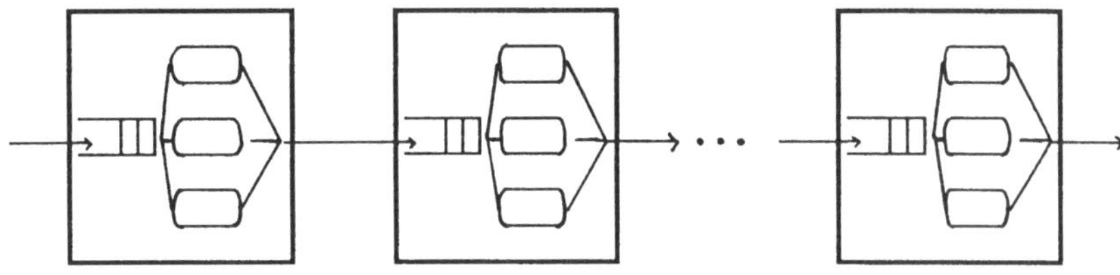

Abb. 2.19

Da der Output des einen Bedienungssystems gleich dem Input für das nächste System ist, stellt sich die Frage, nach welchem Gesetz der Outputstrom eines M/M/c Bedienungssystems verteilt ist. Überraschenderweise stellt sich heraus, daß dieser Outputstrom identisch wie der Inputstrom verteilt ist.

<u>Satz</u> (Burke [BUR66]). Der Prozeß der Abfertigungen nach einem stationären M/M/c- Wartesystem mit Ankunftsintensität λ und Bedienungsintensität μ ist, falls $\lambda < \mu c$ gilt, wieder ein Poissonprozeß mit Intensität λ.

Man beachte, daß der Prozeß der Abfertigungen die Intensität λ hat, obwohl die Bedienungsintensität μ ist. Allerdings ist gerade diese Tatsache logisch, wenn man bedenkt, daß genauso viele Kunden im Mittel ein stationäres Bedienungssystem verlassen müssen, wie dort im Mittel ankommen.

Zum <u>Beweis</u> des Satzes betrachtet man den Markovprozeß $X(t)$ des M/M/c Systems mit umgekehrter Zeitachse. Man läßt also wie im Film die Männchen rückwärts laufen. Dabei wird aus dem Ankunftsstrom der abgefertigte Strom und umgekehrt. Wir werden zeigen, daß $\hat{X}(t)$, der zeitumgekehrte Prozeß, dieselbe Verteilung wie $X(t)$ besitzt, daß also $X(t)$ ein **reversibler Prozeß** ("reversible process") ist. Denn dann folgt offensichtlich die Behauptung des Satzes.

Es sei $X(t)$ ein *stationärer ergodischer* Markovprozeß und für ein großes T

$\hat{X}(t) := X(T-t)$. Da die Markoveigenschaft auch so ausgesprochen werden kann:

"Vergangenheit und Zukunft sind bedingt unabhängig, gegeben die Gegenwart"

(vgl. Übungsaufgabe 1.6), ist offensichtlich $\hat{X}$ ebenfalls ein Markovprozeß.

Die Übergangswahrscheinlichkeiten von $\hat{X}(t)$ sind für $s < t$

$$\hat{p}_{ji}(t-s) := P\{\hat{X}(t)=i \mid \hat{X}(s)=j\} = \frac{P\{\hat{X}(t)=i,\ \hat{X}(s)=j\}}{P\{\hat{X}(s)=j\}} =$$

$$= \frac{P\{X(T-t)=i,\ X(T-s)=j\}}{P\{X(T-s)=j\}} = \frac{P\{X(T-s)=j \mid X(T-t)=i\} \cdot P\{X(T-t)=i\}}{P\{X(T-s)=j\}}$$

$$= p_{ij}(t-s) \cdot \frac{\pi_i}{\pi_j} , \tag{2.22}$$

wobei $P(t) = (p_{ij}(t))$ die Übergangsmatrizen und $\pi = (\pi_i)$ die stationären Wahrscheinlichkeiten von $X(\cdot)$ sind. Für die Intensitätsmatrix $\hat{Q}$ von $\hat{X}$ ergibt sich durch Differenzieren von (2.22)

$$\hat{q}_{ji} = q_{ij} \cdot \frac{\pi_i}{\pi_j} .$$

Mit anderen Worten: *Ein Markovprozeß X(t) mit Intensitätsmatrix Q und stationärer Verteilung $\underline{\pi} = (\pi_i)$ ist genau dann reversibel, falls*

$$q_{ji} \cdot \pi_j = q_{ij} \cdot \pi_i \tag{2.23}$$

gilt. Nun betrachte man den Intensitätsgraph des M/M/c Systems (Abb. 2.9) und die Gleichungen (2.15) für π_i .

Es gilt

$$q_{ij} = \begin{cases} \rho & \text{für} \quad j=i+1 \\ i & \text{für} \quad j=i-1 < c \\ c & \text{für} \quad j=i-1 \geqslant c \\ 0 & \text{sonst, falls } i \neq j \end{cases}$$

und

$$\frac{\pi_{i+1}}{\pi_i} = \begin{cases} \dfrac{\rho}{i+1} & \text{für} \quad i < c \\ \dfrac{\rho}{c} & \text{für} \quad i \geqslant c \end{cases}$$

Es ist also (2.23) erfüllt, der Prozeß reversibel und der Satz von Burke gezeigt.
Insbesondere folgt aus dem Satz von Burke, daß für das serielle Bedienungssystem jeder Knoten für sich ein M/M/c System darstellt, dessen Eigenschaften ja bekannt sind.

Betrachten wir nun ein allgemeineres vernetztes Wartesystem, das aus N Knoten besteht, die alle nach einem M/M/1-Prinzip arbeiten. Es sei

γ_i die Ankunftsrate von Kunden am Knoten i, die "von außen" neu dazukommen (autonomer Zufluß)

μ_i die Bedienungsintensität am i-ten Knoten (exponentialverteilte Bedienungszeit)

r_{ij} die Wahrscheinlichkeit mit der ein am Knoten i abgearbeiteter Kunde sich als nächstes am Knoten j einreiht. Diese Neuzuordnung sei unabhängig vom Systemzustand. Mit der Wahrscheinlichkeit $1 - \sum_j r_{ij}$ verläßt der Kunde unmittelbar nach der Bedienung bei Knoten i das System.

Ein solches Netz ist *offen* , falls die γ_i nicht alle gleich Null sind. Es heißt dann <u>Jackson-Netz</u>. Ein Beispiel für ein Jackson-Netz ist in Abb. 2.20 wiedergegeben.

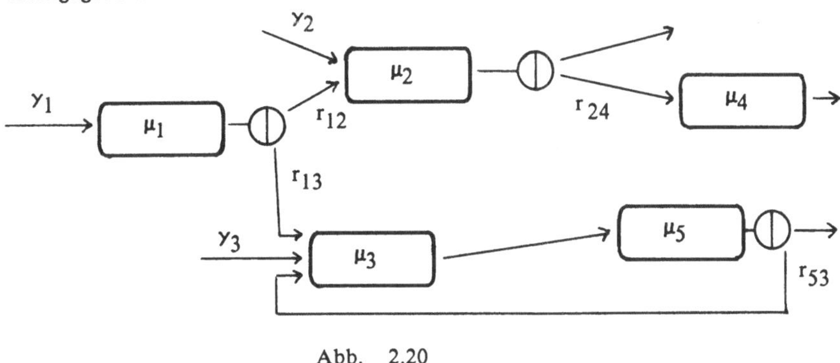

Abb. 2.20

Der zugehörige Markovprozeß ist nur dann rekurrent, falls für die Lösungen $\lambda_1,...,\lambda_N$ der Gleichungen

$$\lambda_i = \gamma_i + \sum_{j=1}^{N} \lambda_j \cdot r_{ji} \tag{2.24}$$

gilt $\lambda_i < \mu_i$. Jeder Zustand dieses Prozesses wird durch einen N-Vektor

$$\underline{k} = (k_1,...,k_N)$$

beschrieben, wobei k_i die Anzahl der im Knoten i befindlichen (wartenden oder bedienten) Kunden ist. Der Zustandsgraph dieses Markovprozesses ist relativ kompliziert.

Ein "Ausschnitt" aus diesen Graphen, der die Situation am i-ten Knoten beschreibt, hat folgendes Aussehen:

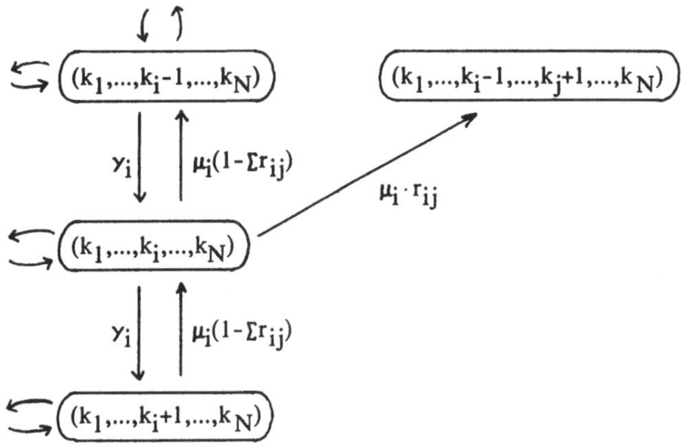

Abb. 2.21

Satz (Jackson [JAC57]).Die stationäre Verteilung des beschriebenen vernetzten Wartesystems ist

$$p(k_1,...,k_N) = \prod_{i=1}^{N} p_i(k_i) \ , \tag{2.25}$$

wobei

$$p_i(k) = (\frac{\lambda_i}{\mu_i})^k \ (1 - \frac{\lambda_i}{\mu_i}) \tag{2.26}$$

(geometrische Verteilung) und die λ_i durch (2.24) bestimmt sind.

Dieser Satz zeigt die für stationäre Verteilungen von vernetzten Systemen typische **Produktform** ("product form"): Die gemeinsam stationäre Verteilung aller Knoten ist das Produkt der Randverteilungen der einzelnen Knoten und diese sind gleich wie beim einfachen M/M/1 System. Dies gilt *obwohl der Zustrom zu den einzelnen Knoten i.a. kein Poissonstrom ist und die Zustände verschiedener Knoten auch i.a. nicht voneinander unabhängig sind.* Die Produktform gilt auch für komplizierter strukturierte Netze mit mehreren Kundenklassen und nicht-exponential-verteilte Bedienungen.
Zum <u>Beweis</u> des Satzes von Jackson muß gezeigt werden, daß mit der Verteilung (2.25) die Intensität einen Zustand zu verlassen gleich der Intensität ist, diesen Zustand zu erreichen. Es sei

$$\epsilon(k) \ = \ \begin{cases} 0 & k=0 \\ 1 & k \geqslant 1 \end{cases} \tag{2.27}$$

Zu zeigen ist, daß

$$\left(\sum_i \gamma_i + \sum_i \mu_i \cdot \epsilon(k_i) \right) p_1(k_1) \cdots p_N(k_N) =$$

$$= \sum_i \gamma_i \, \epsilon(k_i) \, p_1(k_1) \cdots p_i(k_i-1) \cdots p_N(k_N) +$$

$$+ \sum_i \mu_i \left(1 - \sum_j r_{ij} \right) p_1(k_1) \cdots p_i(k_i+1) \cdots p_N(k_N) +$$

$$+ \sum_i \sum_j r_{ij} \, \mu_i \, \epsilon(k_j) \, p_1(k_1) \cdots p_i(k_i + 1) \cdots p_j(k_j-1) \cdots p_N(k_N) \, ,$$

was sich nach Einsetzen von (2.26)   als richtig erweist.

Für die gesamte bisherige Betrachtung war entscheidend, daß das Netz *offen* war. Betrachten wir nun ein *geschlossenes* Netz, also ein solches, für das $\gamma_i=0$ und $\sum_j r_{ij} = 1$ gilt. Nach den Autoren, die diese Netze zum ersten Mal betrachtet haben, heißen sie auch **Gordon-Newell** Netze.

Die Gesamtanzahl der Kunden in einem geschlossenen Netz muß konstant bleiben. Es sei K diese Anzahl. Dann kommen als mögliche Zustände des Netzes nur Vektoren aus

$$Z(N,K) = \{(k_1,...,k_N) \mid \sum k_i = K \, , \quad k_i=0,1,2,... \, \} \tag{2.28}$$

in Frage. $Z(N,K)$ ist eine endliche Menge, die aus genau

$$\binom{N + K - 1}{K} = \frac{(N + K - 1)!}{K ! \, (N-1) !}$$

Zuständen besteht. Denn dies ist die Anzahl der Kombinationen von K Elementen aus N mit Wiederholung. Selbstverständlich haben für diese geschlossenen Netze die stationären Wahrscheinlichkeiten nicht die Gestalt (2.25) da in (2.25) die k_i nicht die Zusatzbedingung $\sum k_i = K$ erfüllen. Es läßt sich jedoch zeigen, daß die stationären Wahrscheinlichkeiten mit den bedingten Wahrscheinlichkeiten (2.25) auf der Menge $Z(N,K)$ übereinstimmen:

<u>Satz (Gordon & Newell [GORD77])</u>. Die stationären Wahrscheinlichkeiten des geschlossenen Netzes sind

$$p(k_1,...,k_N) = \frac{\prod_{i=1}^{N} x_i^{k_i}}{\sum_{\underline{k} \,\in\, Z_{(N,K)}} \prod_{i=1}^{N} x_i^{k_i}} \tag{2.29}$$

wobei $x_1,...,x_N$ die Gleichungen

$$\mu_i \cdot x_i = \sum_j \mu_j x_j r_{ji} \qquad\qquad (2.30)$$

erfüllen.

Beweis. Die Gleichungen (2.24) sind für $\gamma_i = 0$ und $\sum_i r_{ji} = 1$ unterbestimmt. Durch Multiplikation einer beliebigen Lösung mit einem Faktor kann man erreichen, daß $\lambda_i < \mu_i$ gilt. Sei $x_i = \frac{\lambda_i}{\mu_i}$. Dann erfüllen die x_i die Gleichungen (2.30) und aus dem Beweis des Satzes von Jackson folgt, daß $\prod_i x_i^k (1-x_i)$ die Stationaritätsgleichungen erfüllt. Normiert man diese Werte zu einer Wahrscheinlichkeitsverteilung über $Z(N,K)$, so ergibt sich gerade (2.29).

Die stochastische Beschreibung von Timesharing- und Mehrbenutzersystemen geschieht meist durch geschlossene Netze der beschriebenen Art. Dabei spielt das Entdecken von Engpässen ("bottlenecks") eine wichtige Rolle. Die Formel (2.29) gestattet es, jenen Knoten i als Engpaß zu identifizieren, für den x_i am größten ist. Denn für großes K konzentriert sich die Masse immer mehr in der Menge

$$\{k_i = \max\ k_j\}$$

wobei

$$x_i = \max\ x_j\ .$$

Dies ist für das richtige Einstellen ("tuning") eines Bedienungssystems von großer Bedeutung.

Einen Spezialfall der geschlossenen Netze bilden die geschlossenen zyklischen Netze ("closed cyclic networks") bei denen die Kunden immer reihum eine Anzahl von Bedienungsstellen passieren.

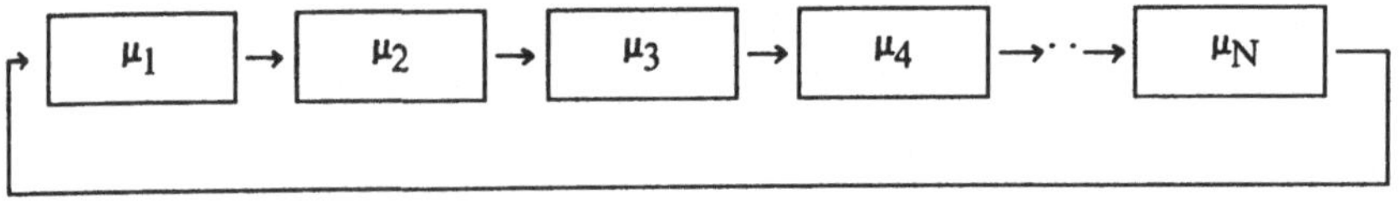

Abb. 2.22

Für zyklische Netze mit N Knoten gilt

$$r_{ij} = \begin{cases} 1 & \text{falls}\quad j = i + 1 \quad \text{mod}(N) \\ 0 & \text{sonst.} \end{cases}$$

Setzt man dies in die Gleichungen (2.30) ein, so erhält man

$$\mu_i \cdot x_i = \mu_{i+1} \cdot x_{i+1} \qquad\qquad i = 1,...,N-1$$

also (bis auf einen Faktor)

$$x_i = \frac{1}{\mu_i} \ .$$

Demnach sind die stationären Wahrscheinlichkeiten in einem zyklischen Netz gleich

$$p(k_1,...,k_N) = \frac{\prod\limits_{i=1}^{N} \left(\frac{1}{\mu_i}\right)^{k_i}}{\sum\limits_{\underline{k}\epsilon Z(N,K)} \prod\limits_{i=1}^{N} \left(\frac{1}{\mu_i}\right)^{k_i}} \qquad\qquad (2.31)$$

wie es sich sofort aus (2.24) ergibt.

<u>Weiterführende Literatur zu Netzwerken von Wartesystemen:</u> [BOX84], [CHA80]
[CHA83], [DAD82], [KEL83], [SCH83], [SUR83]

2.1.2. Wartezeitenverteilungen

Durch die Scheduling-Strategie wird jeweils ein Kunde aus der Warteschlange ausgewählt und der Bedienung zugeführt. Diese Auswahl soll in Unkenntnis der jeweils angeforderten Bedienungszeit geschehen. (Diese Einschränkung wird in Abschnitt 2.2.2 fallengelassen). Es ist klar, daß auch durch eine noch so ausgeklügelte Scheduling-Strategie keine Wunder bewirkt werden können: Die Gesamtzahl der Wartenden und das Gesamtausmaß der unerledigten Arbeit sind für alle Strategien gleich. Man spricht in diesem Zusammenhang auch von einem **Erhaltungssatz** ("conservation law") für Bedienungssysteme: Der Scheduler entscheidet, <u>welcher</u> Kunde an die Reihe kommt, jedoch nicht, <u>wieviele</u> Kunden warten müssen. Aus diesem Grunde konnten wir auch die mittlere Wartezeit bei M/M/c System *unabhängig von der Scheduling Strategie* als

$$E(W \mid W > 0) = \frac{1}{c-\rho}$$

berechnen (vgl. (2.18). Hingegen ist die Verteilungsfunktion der Wartezeiten

$$P(W \leqslant t \mid W > 0)$$

strategieabhängig, weil sich diese Größe nicht allein auf Grund der stationären Zustandswahrscheinlichkeiten berechnen läßt. Im folgenden werden die Strategien FCFS, LCFS und RANDOM gesondert behandelt (zur Definition siehe Seite 49-50).

2.1.2.1. Die Strategien FCFS, LCFS und RANDOM bei M/M/c-Systemen

Wir betrachten ein einfaches M/M/c-Bedienungssystem mit unbegrenztem Warteraum, Ankunftsintensität λ und Bedienungsintensität μ. Es ergeben sich folgende

Wartezeitenverteilungen:

(i) Für M/M/c - FCFS:

$$P(W \leqslant t \mid W > 0) = 1 - e^{-(c\mu-\lambda)t} \tag{2.32}$$

also eine Exponentialverteilung.

(ii) Für M/M/c - LCFS:

$$P(W \leqslant t \mid W > 0) = \int\limits_{o}^{\mu t} \frac{c\mu}{\lambda} e^{-(\frac{\lambda}{\mu} + c)u} I_1(2\rho cu)du \tag{2.33}$$

wobei I_1 die modifizierte erste Besselfunktion ist, d.i. die Funktion

$$I_1(x) = \sum_{k=0}^{\infty} \frac{(\frac{x}{2})^{2k+1}}{k!\,(k+1)!} \ .$$

I_1 ist Lösung der Differentialgleichung

$$x^2 y'' + xy' - (x^2 + 1)y = 0$$

mit den Anfangsbedingungen $I_1(0) = 0$, $I_1'(0) = 1/2$.

(iii) Für M/M/c - RANDOM:

$$P(W \leqslant t \mid W > 0) = (1 - \frac{\rho}{c}) \sum_{s=0}^{\infty} (\frac{\rho}{c})^S Q_s(t) \tag{2.34}$$

wobei $Q_s(\cdot)$ die Lösungen des folgenden Systems von gekoppelten Differentialgleichungen

$$Q_s'(t) = \rho \cdot Q_{s+1} - (\rho+c) \cdot Q_s + \frac{c \cdot s}{s+1} \cdot Q_{s-1} + \frac{c}{s+1} \qquad s=0,1,2,\ldots \tag{2.35}$$

mit den Anfangsbedingungen
$$Q_s(0) = 0 \qquad\qquad s = 0,1,2,\ldots$$
sind.

Alle drei erwähnten Verteilungen besitzen Dichten. Ein typisches Bild dieser Dichten (für $c=1$ und $\rho=0.9$) ist in Abbildung 2.23 wiedergegeben. Man erkennt, daß die Dichte der LCFS-Strategie im unteren Bereich kleiner und im oberen Bereich größer als die der FCFS-Strategie ist. Die RANDOM-Dichte liegt etwa in der Mitte (wie zu erwarten).

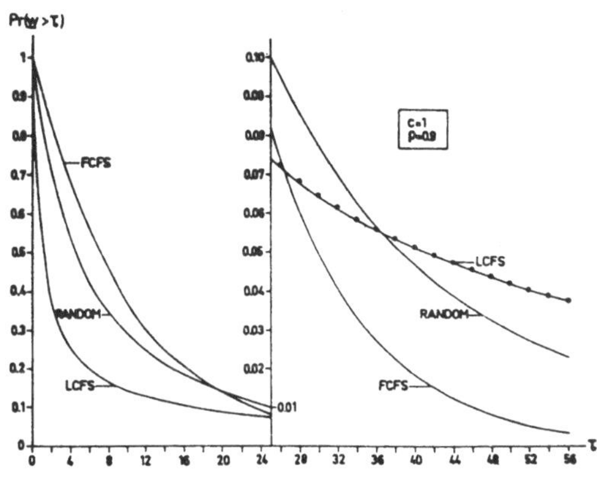

Abb. 2.23

(entnommen aus L. Kosten [KOS73] mit freundl. Genehmigung des Pergamon-Verlages).

Der <u>Beweis</u> wird für (i)-(iii) getrennt geführt.

ad (i). Wir setzen der Einfachheit halber die Zeiteinheit so fest, daß $\mu=1$ gilt. Wir greifen irgendeinen Kunden heraus und interessieren uns für dessen Wartezeit W. Es sei L = die Länge der Warteschlange zum Zeitpunkt seiner Ankunft. Dann gilt

$$P\{W \leqslant t \mid L = s\} = P\{\text{mindestens } s+1 \text{ Anforderungen werden in}$$
$$\text{einem Zeitintervall der Länge } t \text{ erfüllt}\} = \sum_{k=s+1}^{\infty} \frac{e^{-ct}(ct)^k}{k!}$$

da der Bedienungsprozeß ein Poissonprozeß mit Intensität c ist.

Andererseits gilt

$$P\{L = s\} = \pi_{c+s} \qquad \text{und} \qquad P\{W > 0\} = \sum_{k=c}^{\infty} \pi_k$$

wobei π_k die stationären Wahrscheinlichkeiten (2.16) sind.

Demnach folgt

$$P\{L = s \mid W > 0\} = \frac{P\{L=s\}}{P\{W>0\}} = \frac{\pi_{c+s}}{\sum\limits_{k=c}^{\infty} \pi_k} = \left(\frac{\rho}{c}\right)^s \left(1 - \frac{\rho}{c}\right) \qquad (2.36)$$

wie man leicht nachrechnet. *Die Länge der Warteschlange hat also eine geometrische Verteilung mit Erwartungswert*

$$E(L \mid W > 0) = \frac{\left(\frac{\rho}{c}\right)}{1 - \left(\frac{\rho}{c}\right)} = \frac{\rho}{c-\rho} \qquad . \qquad (2.37)$$

Der Satz über die totale Wahrscheinlichkeit (Anhang B.1) liefert

$$P\{W \leqslant t \mid W > 0\} = \sum_{s=0}^{\infty} P\{W \leqslant t \mid L = s\} \cdot P\{L = s \mid W > 0\} =$$

$$= \sum_{s=0}^{\infty} \left(1 - \frac{\rho}{c}\right) \cdot \left(\frac{\rho}{c}\right)^s \cdot \sum_{k=s+1}^{\infty} \frac{e^{-ct}(ct)^k}{k!} = e^{-ct} \cdot \sum_{k=1}^{\infty} \frac{(ct)^k}{k!} \sum_{s=0}^{k-1} \left(1 - \frac{\rho}{c}\right)\left(\frac{\rho}{c}\right)^s =$$

$$= e^{-ct} \cdot \sum_{k=1}^{\infty} \frac{(ct)^k}{k!}\left(1 - \frac{\rho}{c}\right)^k = 1 - e^{-ct} \cdot \sum_{k=1}^{\infty} \frac{(\rho t)^k}{k!} = 1 - e^{-(c-\rho)t} \qquad .$$

Um (2.32) zu bekommen, muß nur noch die Zeiteinheit wieder rücktransformiert werden, also das Argument t mit μ multipliziert werden.

ad (ii). Der Prozeß starte zum Zeitpunkt 0 mit der Neuankunft eines Kunden und es sei W dessen Wartezeit. Die Länge der Warteschlange zum Ankunftszeitpunkt ist für die LCFS-Strategie ohne Bedeutung und man kann annehmen, daß diese zur Zeit leer ist. Es sei X(t) der Zustand des Prozesses zum Zeitpunkt t (d.i. die Anzahl der Neuankünfte minus die Anzahl der Abfertigungen). Wir bezeichnen mit

$$F_k(u) = P\{W \leqslant t + u \mid X(t) = k\}$$

die Verteilung der Restwartezeit, wenn zur Zeit t k weitere Kunden im System sind. Es gilt, da $X(t)$ ein Poissonprozeß mit Intensität ρ ist,

$$1 - F_k(u + h) = P\{W > t + h + u \mid X(t) = k\} =$$

$$= \sum_{i} P\{W > t + h + u \mid X(t + h) = i\} \cdot P\{t + h) = i \mid X(t) = k\} =$$

$$= (1 - F_k(u))(1 - \rho \cdot h - c \cdot h + o(h)) +$$

$$+ (1 - F_{k-1}(u))(c \cdot h + o(h)) +$$

$$+ (1 - F_{k+1}(u))(\rho \cdot h + o(h)) + o(h).$$

Läßt man h gegen 0 streben, so ergeben sich die gekoppelten Differentialgleichungen

$$F_k'(u) = - (\rho + c) F_k(u) + c \cdot F_{k-1}(u) + \rho \cdot F_{k+1}(u) \qquad (2.38)$$

mit den Anfangsbedingungen

$$F_0'(0) = c \qquad\qquad F_k'(0) = 0 \qquad\qquad k \geqslant 1.$$

Die Lösungen dieser Gleichungen lassen sich durch die modifizierten Besselfunktionen $I_{k+1}(x)$ ausdrücken

$$F_k'(u) = e^{-(\rho+c)u} \cdot (\tfrac{c}{\rho})^{k+1} \cdot I_{k+1} (2 \cdot c \rho \cdot u) , \qquad (2.39)$$

denn die Besselfunktionen erfüllen die Rekursionsbeziehung

$$2 \, I_k'(u) = I_{k-1}(u) + I_{k+1}(u).$$

Von der Richtigkeit von (2.39) kann man sich leicht überzeugen, indem man (2.39) in die einmal nach u abgeleitete Gleichung (2.38) einsetzt und die Rekursionsbeziehung für I_k ausnützt. Uns interessiert

$$P[W \leqslant t \mid W > 0] = P[W \leqslant t \mid X(0) = 0] = F_0(t)$$

Die Funktion $F_0(t)$ ist jedoch ident mit dem Ausdruck in (2.33).

ad (iii). Es sei L die Länge der Warteschlange und $Q_s(t) = P[W \leqslant t \mid L = s+1]$. Die Gleichungen

$$Q_s(t+h) = \rho \cdot h \cdot Q_{s+1}(t) + c \cdot h \, \frac{s}{s+1} \, Q_{s-1}(t) + c \cdot h \, \frac{1}{s+1} +$$
$$+ (1 - \rho \cdot h - c \cdot h) \, Q_s(t) + o(h)$$

ergeben sich aus der Betrachtung aller möglichen Zustandsänderungen in einem kleinen Zeitintervall der Länge h. Der Grenzübergang $h \to 0$ führt zu den Differentialgleichungen (2.35) und der endgültige Ausdruck folgt aus

$$P[W \leqslant t \mid W > 0] = \sum_{s=0}^{\infty} P[W \leqslant t \mid L = s+1] =$$
$$= (1 - \frac{\rho}{c}) \sum_{s=0}^{\infty} (\frac{\rho}{c})^s Q_s(t)$$

Hier wurde (2.36) benützt.

2.1.2.2. Verweildauern und Passagezeiten

Die Verweildauer S eines Kunden an einer Bedienungsstelle setzt sich aus seiner Wartezeit W und seiner Bedienungszeit B zusammen (vgl. (2.5)).

$$S = W + B \tag{2.40}$$

In Markov'schen Bedienungssystemen sind W und B voneinander unabhängig. Zur Berechnung der Verteilung von S verwenden wir die Methode der Laplacetransformation. Wenn L_S, L_W und L_B jeweils die Laplacetransformierten der zufälligen Größen S, W und B bezeichnen, so gilt wegen (2.40)

$$L_S(s) = L_W(s) \cdot L_B(s). \tag{2.41}$$

(Zur Definition der Laplacetransformierten und ihren Eigenschaften, siehe Anhang B.3).

Betrachten wir ein einfaches M/M/1 - FCFS System mit Ankunftsintensität λ und Bedienungsintensität μ. Wie wir bereits wissen, gilt in diesem System für die Wartezeit W

$$P(W = 0) = E_2\left(\frac{\lambda}{\mu}, 1\right) = 1 - \frac{\lambda}{\mu} \quad (\text{vgl.}(2.17))$$

und

$$P(W < t \mid W > 0) = 1 - e^{-(\mu-\lambda)t} \,.$$

Also folgt für die Laplacetransformierte

$$
\begin{aligned}
L_W(s) &= E(e^{Ws}) = \\
&= 1 \cdot P(W = 0) + E(e^{Ws} \mid W > 0) \cdot P(W > 0) = \\
&= \left(1 - \frac{\lambda}{\mu}\right) + \frac{\lambda}{\mu} \cdot \int_0^\infty e^{st}\, d(1 - e^{-(\mu-\lambda)t}) = \\
&= \left(1 - \frac{\lambda}{\mu}\right) + \frac{\lambda}{\mu}\, \frac{\mu - \lambda}{\mu - \lambda + s} \quad (\text{vgl. B.23}) \\
&= \frac{(\mu - \lambda)(\mu + s)}{\mu(\mu - \lambda + s)} \,. \tag{2.42}
\end{aligned}
$$

Für die Laplacetransformierte der Verweildauer S ergibt sich wegen

$$L_B(s) = \int_0^\infty e^{st} \cdot \mu \cdot e^{-\mu t}\, dt = \frac{\mu}{\mu + s}$$

und wegen (2.41)

$$L_S(s) = \frac{(\mu - \lambda)(\mu + s)}{\mu(\mu - \lambda + s)} \cdot \frac{\mu}{(\mu + s)} = \frac{\mu - \lambda}{\mu - \lambda + s} \ .$$

Der Eindeutigkeitssatz für Laplacetransformierte läßt also den Schluß zu, daß *die Verweildauer in einem M/M/c - FCFS System nach einer Exponentialverteilung mit dem Erwartungswert* $\frac{1}{\mu - \lambda}$ *verteilt ist.*

Schaltet man N M/1 - FCFS Systeme seriell hintereinander

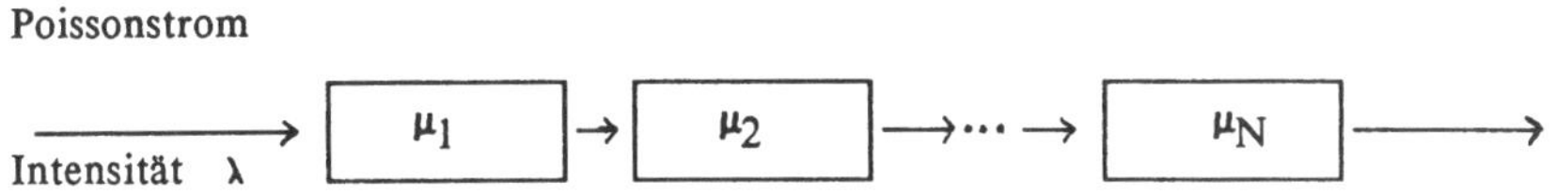

Poissonstrom

Abb. 2.24

so sind die Verweildauern S_i in den einzelnen Knoten (Bedienungsstellen) voneinander unabhängig und nach dem Satz von v. Burke (Abschn. 2.1.1.4) verhält sich jeder Knoten wie ein M/M/1 - FCFS System. Die Verweildauer in dem Gesamtsystem S_{gesamt} bezeichnet man auch als **Passagezeit** ("passage time"), weil sie eben die Zeit ist, die ein Kunde zum passieren der N aufeinanderfolgenden Knoten benötigt. Ist μ_i die Bedienungsintensität am i-ten Knoten, so gilt für die Passagezeit S_{gesamt}

$$S_{gesamt} = S_1 + \dots + S_N$$

$$L_{S_{gesamt}}(s) = \prod_{i=1}^{N} \frac{\mu_i - \lambda}{\mu_i - \lambda + s} \qquad (2.43)$$

Damit ist die Verteilung von S_{gesamt} festgelegt. Die explizite Form der Verteilungsfunktion ist kompliziert. Sie läßt sich mit Hilfe des Umkehrsatzes für Laplacetransformierte angeben. Sind jedoch alle Bedienungsintensitäten gleich groß ($\mu_i = \mu$), so ist die Verteilung von S_{gesamt} eine

Erlang (N, $(\mu - \lambda)N^{-1}$) -Verteilung, denn dann gilt

$$L_{S_{gesamt}}(s) = \left[\frac{\mu - \lambda}{\mu - \lambda + s} \right]^N$$

und dies ist die Laplacetransformierte der Erlangverteilung (siehe B.25)

2.1.2.3 Zykluszeiten bei zyklischen Systemen

In vernetzten Bedienungssystemen versteht man unter Passagezeiten die Zeiten, die ein Kunde benötigt, um eine gewisse Folge von Knoten zu durchlaufen. Können die Kunden einen Knoten auch mehrmals durchlaufen, so sind die Verweildauern an den einzelnen Knoten im allgemeinen *nicht voneinander unabhängig,* auch wenn das System einen Markovprozeß bildet. Es ist daher für vernetzte Wartesysteme eine nicht leichte Aufgabe, die gemeinsame Verteilung der Verweilzeiten an den einzelnen Knoten und daraus Passagezeiten zu berechnen.

Für den wichtigen Spezialfall eines geschlossenen zyklischen Systems wird im folgenden eine solche Berechnung durchgeführt. Es sei ein zyklisches System mit N Knoten und K Kunden gegeben. Die Bedienungsintensitäten seien $\mu_1,...,\mu_N$ (siehe Abb. 2.25).

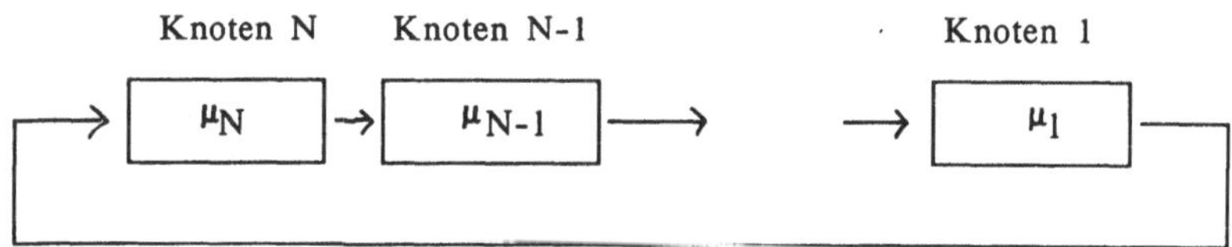

Abb. 2.25

Es sei $L_{N,K}(s)$ die Laplacetransformierte der Passagezeit eines ausgewählten Kunden A vom Einreihen in die Warteschlange bei Knoten N bis zum Verlassen des Knotens 1 (das ist ein Zyklus - man spricht daher auch von Zykluszeit ("cycle time")).

Zum Ankunftszeitpunkt von A beim Knoten N befinden sich K-1 weitere Kunden im System. Es seien $(k_N,k_{N-1},..,k_2,k_1)$ die Anzahlen dieser weiteren Kunden an den Knoten $N,N-1,...,1$. Aus dem Resultat (2.31) aus Abschnitt 2.1.1.4 folgt, daß die stationären Wahrscheinlichkeiten für diesen Zustand gleich

$$\tilde{p}(k_N,...,k_1) = P(k_N+1 \ , k_{N-1},...,k_1) =$$

$$= G(N,K-1)^{-1} \prod_{i=1}^{N} \mu_i^{-k_i} \tag{2.44}$$

sind, wobei

$$G(N,K-1) = \sum_{\underline{k} \,\epsilon\, Z(N,K-1)} \prod_{i=1}^{N} \mu_i^{-k_i}$$

und

$$Z(N,K-1) = \{\underline{k} = (k_1,...,k_N) \mid \Sigma\, k_i = K-1,\ k_i = 0,1,2,...\}$$

ist (vgl. (2.28)).

Es gilt folgender

<u>Satz.</u> <u>(Schassberger and Daduna [SCH83]</u>. Die Laplacetransformierte für eine Zykluszeit ist gleich

$$L_{N,K}(s) = \sum_{\underline{k} \in Z(N,K-1)} \tilde{p}(k_N,...,k_1) \prod_{i=1}^{N} (\frac{\mu_i}{\mu_i + s})^{k_i+1} \qquad (2.45)$$

wobei $\tilde{p}(k_N,...,k_1)$ durch (2.44) gegeben ist. Sind alle Bedienungsintensitäten gleich groß $(\mu_i \equiv \mu)$, so gilt

$$L_{N,K}(s) = (\frac{\mu}{\mu + s})^{N+K-1}.$$

In diesem Falle ist die Zykluszeit eine Erlang $(N+K-1, \mu \cdot (N+K-1)^{-1})$ -Verteilung.

Zum <u>Beweis</u> des Satzes definieren wir die Laplaceverteilung der Passagezeit des Kunden A unter der Bedingung, daß bei seiner Ankunft beim Knoten N genau k_i weitere Kunden am i-ten Knoten sind, als $L_{N,K}(k_N,...,k_1)$ (s). Klarerweise gilt dann für die Laplacetransformierten der unbedingten Zykluszeit

$$L_{N,K}(s) = \sum_{\underline{k} \in Z(N,K-1)} \tilde{p}(k_N,...,k_1) \cdot L_{N,K}(k_N,...,k_1) \text{ (s)} \qquad (2.46)$$

Für die Funktionen $L_{N,K}(k_N,...,k_1)$ (s) werden wir eine Rekursionsbeziehung angeben. Dazu betrachte man die erste Zustandsänderung nach der Ankunft von A am Knoten N. Diese Zustandsänderung kann sein:

1. Ein Kunde verläßt Knoten i und reiht sich in Knoten i-1 ein $(i > 1)$,

2. Ein Kunde verläßt Knoten 1 und reiht sich hinter A bei Knoten N ein. Diesen Kunden braucht man im folgenden nicht mehr zu berücksichtigen, da er A nicht überholen kann,

3. Der Kunde A fand die Warteschlange von N bei seiner Ankunft leer, wurde sofort bedient und verläßt nun Knoten N um sich bei N-1 einzureihen.

Die Verweildauer im Zustand $(k_N,k_{N-1},...,k_1)$ ist exponentialverteilt mit Intensität

$$\lambda(\underline{k}) = \mu_N + \sum_{i=1}^{N-1} \mu_i \cdot \epsilon(k_i), \quad \text{wobei}$$

$$\epsilon(k_i) = \begin{cases} 0 & k_i = 0 \\ 1 & k_i \geqslant 1 \end{cases}$$

für $i = 1,2,\ldots,N$ ist. Unter Berücksichtigung der obigen Fallunterscheidung nach der nächsten Zustandsveränderung ergibt sich

$$L_{N,K}(k_N,\ldots,k_1)\,(s) = \frac{\lambda(\underline{k})}{\lambda(\underline{k}) + s} \quad \times$$

$$\times \left[\sum_{i=2}^{N} \frac{\mu_i\,\epsilon(k_i)}{\lambda(\underline{k})} \; L_{N,K}\,(k_N,\ldots,k_i-1,k_{i-1}+1,\ldots,k_1)\,(s) \; + \right.$$

$$+ \frac{\mu_1 \cdot \epsilon(k_1)}{\lambda(\underline{k})} \; L_{N,K-1}\,(k_N,\ldots,k_1-1)\,(s) \; +$$

$$\left. + \frac{\mu_N \cdot (1- \epsilon(k_N))}{\lambda(\underline{k})} \; L_{N-1,K}\,(k_{N-1},\ldots,k_1)\,(s) \right] \qquad (2.47)$$

wobei die drei Summanden in der eckigen Klammer jeweils zu einem der Fälle 1-3 gehören. Es sei

$$\Phi_{N,K}(s) = \sum_{\underline{k}\in Z(N,K-1)} L_{N,K}(k_N,\ldots,k_1)\,(s) \; \prod_{i=1}^{N} \mu_i^{-k_i}. \qquad (2.48)$$

Aus (2.47) ergibt sich

$$(s + \mu_N)\;\Phi_{N,K}(s) + \sum_{\underline{k}\,\in\,Z(N,K-1)} L_{N,K}(k_N,\ldots,k_1)\,(s) \cdot \prod_{i=1}^{N} \mu_i^{-k_i} \sum_{i=1}^{N-1} \mu_i\,\epsilon(k_i) =$$

$$= \sum_{i=2}^{N} \mu_i \sum_{\underline{k}\,\in\,Z(N,K-1)} \epsilon(k_i)\,L_{N,K}\,(k_N,\ldots,k_i-1,k_{i-1}+1,\ldots,k_1)\,(s) \cdot \prod_{i=1}^{N} \mu_i^{-k_i} \; +$$

$$+ \mu_1 \sum_{\underline{k}\,\in\,Z(N,K-1)} \epsilon(k_1)\,L_{N,K-1}\,(k_N,\ldots,k_2,k_1-1)\,(s) \cdot \prod_{i=1}^{N} \mu_i^{-k_i}$$

$$+ \mu_N \sum_{\underline{k}\,\in\,Z(N,K-1)} (1-\epsilon(k_N))\,L_{N-1,K}(k_{N-1},\ldots,k_1)\,(s) \cdot \prod_{i=1}^{N} \mu^{-k_i}$$

Der zweite Summand auf der linken Seite ist gleich dem ersten Summanden auf der rechten Seite und beide können gestrichen werden. Der zweite bzw. dritte rechte Summand sind gleich $\Phi_{N,K-1}(s)$ bzw. $\mu_N \Phi_{N-1,K}(s)$. Daraus folgt die Rekursion für Φ

$$(\mu_N + s)\, \Phi_{N,K}(s) = \Phi_{N,K-1}(s) + \mu_N\, \Phi_{N-1,K}(s)\,.$$

Wegen (2.44), (2.46) und (2.48) gilt

$$L_{N,K}(s) = [G(N,K-1)]^{-1}\Phi_{N,K}(s)$$

und daraus folgt die folgende Rekursion für $L_{N,K}$

$$(\mu_N + s)\cdot G(N,K-1)\, L_{N,K}(s) =$$

$$G(N,K-2)L_{N,K-1}(s) + \mu_N \cdot G(N-1,K-1)\, L_{N-1,K}(s)\,. \qquad (2.49)$$

Die Anfangswerte dieser Rekursion sind

$$L_{1,K}(s) = \left(\frac{\mu_1}{\mu_1 + s} \right)^{K} \qquad \text{(ein Knoten)}$$

$$\text{und} \qquad L_{N,1}(s) = \prod_{i=1}^{N} \frac{\mu_i}{\mu_i + s} \qquad \text{(ein Kunde, vgl. 2.43)}.$$

Die Funktionen (2.45) erfüllen diese Rekursion und genügen den Anfangsbedingungen, wie man sich leicht überzeugt. Also ist der Satz gezeigt.

2.2. Allgemeinere Bedienungssysteme

Bis jetzt haben wir nur Markov'sche Bedienungssysteme betrachtet, bei denen notwendigerweise der Ankunftsstrom ein Poissonprozeß ist und die Bedienungsdauern exponentialverteilt sind. Bei allgemeinen Bedienungssystemen können die Zwischenankunftszeiten τ_i beliebig verteilt und auch voneinander abhängig sein (Abhängigkeit modelliert z.B. eine Ankunft im Pulk). Ebenso können die geforderten Bedienungszeiten B_i beliebig verteilt und voneinander oder den Ankunftszeiten abhängig sein.

Wir betrachten ein einfaches Bedienungssystem mit einer Bedienungsstelle und FCFS Disziplin. Es sei a_i die Ankunftszeit des i-ten Kunden und B_i seine geforderte Bedienungszeit. Der stochastische Prozeß

$$F(t) = \sum_{\{a_i < t\}} B_i \qquad (2.50)$$

charakterisiert das Ankunfts- und Bedienungsverhalten des Systems vollständig. F(t) springt zu jedem Ankunftszeitpunkt um die geforderte Bedienungszeit höher. Eine typische Trajektorie von F(t) ist in Abb. 2.26 dargestellt. Eine noch größere Bedeutung als der Prozeß F(t) hat der Prozeß $X(t) = F(t) - t$, der auch als **Basisprozeß** ("governing process") des Bedienungssystems bezeichnet wird. Mit Hilfe des Basisprozesses kann man den hypothetischen Warteprozeß $W(t) = X(t) - \min_{u \leq t} X(u)$ definieren. W(t) gibt die (hypothetische) Wartezeit an, die ein zusätzlicher Kunde, der zur Zeit t ankommt, bis zu seiner Bedienung benötigen würde. $W_n = W(a_n)$ ist die Wartezeit des n-ten Kunden.

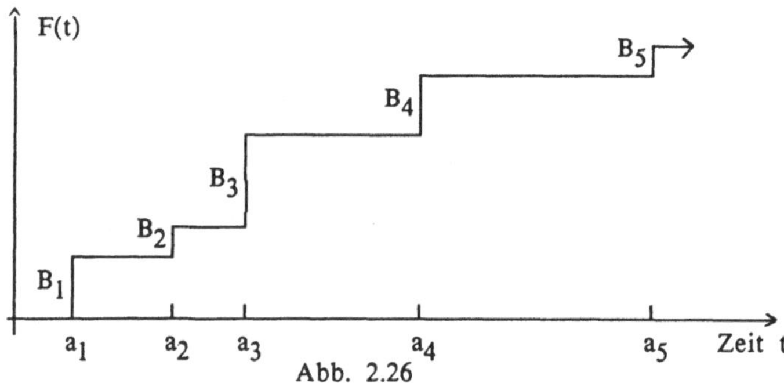

Abb. 2.26

Die Verteilung von W(t) kann direkt aus der Verteilung von X(t) berechnet werden. Es gilt nämlich die **Beneš-Gleichung**

$$P[W(t) < x] = \frac{\partial}{\partial x} \int_0^{t+x} P[X(t) - X(u) < x \mid X(u) = \min_{v \leq u} X(v)]\, du \qquad (2.51)$$

(Zum <u>Beweis</u> siehe Borovkov [BOR76] , Seite 29). Im Prinzip ist mit dieser Gleichung die Frage der Wartezeitenverteilung bei allgemeinen Bedienungssystemen mit FCFS-Strategie vollständig beantwortet, wenn auch die Berechnung von (2.51) meist keine leichte Aufgabe ist.

Betrachtet man nur $W_n = W(a_n)$, d.h. die Wartezeiten für den n-ten Kunden, so kann man eine einfachere Rekursion ableiten. Es gilt (siehe (2.50))

$$F(a_n) = \sum_{i=1}^{n-1} B_i$$

und deshalb

$$W_n = W(a_n) = X(a_n) - \min_{i \leqslant n} X(a_i) =$$

$$= \max\ (0, X(a_n) - X(a_{n-1}) + X(a_{n-1}) - \min_{i \leqslant n-1} X(a_i)) =$$

$$= \max\ (0, B_{n-1} - (a_n - a_{n-1}) + W_{n-1})$$

Führt man die Bezeichnung

$$\xi_n = B_n - (a_{n+1} - a_n)$$

ein, so gilt

$$W_n = \max(0, W_{n-1} + \xi_{n-1}). \tag{2.52}$$

Daraus kann man W_n explizit berechnen:

$$W_n = \max\ (0, \xi_{n-1}, \xi_{n-1} + \xi_{n-2}, \ldots, \xi_{n-1} + \ldots + \xi_1). \tag{2.53}$$

Ist die Folge ξ_n insbesondere <u>stationär</u>, so besitzt W_n für $n \to \infty$ eine Grenzverteilung, nämlich

$$\lim_{n} P\{W_n < x\} = P\{\max_{n \geqslant 0} \sum_{i=1}^{n} \xi_i < x\} \tag{2.54}$$

Dies ist dann die <u>stationäre</u> Wartezeitenverteilung dieses Systems.

Oftmals setzt man voraus, daß die Zwischenankunftszeiten $\tau_n = a_{n+1} - a_n$ und die Bedienungszeiten B_n jeweils unabhängig und identisch verteilt sind. In diesem Falle sind auch die Größen $\xi_n = B_n - \tau_n$ unabhängig und identisch verteilt. Dies impliziert, daß die Folge $\{W_n\} = \{W(a_n)\}$ wegen (2.52) eine homogene Markovkette mit stetigem Zustandsraum R^+ ist. Solche Systeme lassen sich mit Methoden aus der Theorie der Markov-Prozesse behandeln.

Im folgenden betrachten wir ein derartiges System, nämlich M/G/1, bei dem der Ankunftsprozeß ein Poissonprozeß ist, die Bedienungszeiten jedoch beliebig verteilt sind. Wie es sich zeigen wird, kann man Markov-Methoden erfolgreich für die Berechnung solcher Systeme einsetzen.

2.2.1 M/G/1 - Systeme

Das M/G/1-System ist dadurch charakterisiert, daß der Ankunftsstrom ein Poissonstrom mit Intensität λ ist und die Bedienungsdauern B_i unabhängig, identisch mit der Dichte $b(x)$ und den Momenten

$$m = E(B_i) = \int x\, b(x)\, dx \quad \text{bzw.} \quad \sigma^2 = \text{Var}(B_i) = \int (x-m)^2\, b(x)\, dx \quad (2.55)$$

verteilt sind.

Wir betrachten den Prozeß $N_s(t)$ = Anzahl der Kunden im System. Eine typische Trajektorie ist in Abb. 2.27 zu sehen

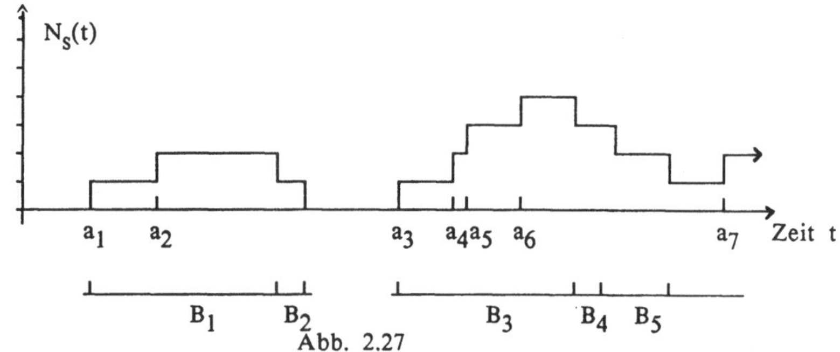

Abb. 2.27

Der Prozeß $N_s(t)$ ist kein Markovprozeß, da eine allgemeine Dichte $b(x)$ nicht die "Gedächtnislosigkeit" der Exponentialverteilung (siehe Beweis des Hauptsatzes, Abschn. 1.2.3) besitzt. Nimmt man jedoch die Dauer der bisherigen Bedienung des zur Zeit t bedienten Kunden $L(t) := t - \max\ \{d_j \mid d_j \leqslant t\}$ zur Zustandsbeschreibung hinzu, so wird der Prozeß

$$(N_s(t)\ ,\ L(t)) \quad \text{ein Markovprozeß mit Zustandsraum}$$

$$\mathbf{N}_0 \times \mathbf{R}^+.$$

Dieser Prozeß kann mit Markov-Methoden behandelt werden. Man beachte allerdings, daß er stetigen Zeitparameter und stetigen Zustandsraum besitzt.

Die Analyse wird vereinfacht, wenn man den Prozeß $N_s(t)$ nur zu den Abfertigungszeitpunkten d_n von Kunden betrachtet, also setzt

$$X_n := N_s(d_n). \quad (2.56)$$

Man bezeichnet X_n als eine **eingebettete Markovkette** ("embedded Markov chain"). Dieser Name wird durch den folgenden Satz gerechtfertigt.

<u>Satz.</u> Der Prozeß X_n ist eine Markovkette mit Zustandsraum $\mathbf{N}_0$ und der Übergangsmatrix

$$
P = \begin{bmatrix}
\alpha_0 & \alpha_1 & \alpha_2 & \alpha_3 & \cdot & \cdot \\
\alpha_0 & \alpha_1 & \alpha_2 & \alpha_3 & \cdot & \cdot \\
0 & \alpha_0 & \alpha_1 & \alpha_2 & \cdot & \cdot \\
0 & 0 & \alpha_0 & \alpha_1 & \cdot & \cdot \\
\cdot & \cdot & \cdot & \cdot & \cdot & \cdot
\end{bmatrix}
$$

wobei $\quad \alpha_k = \displaystyle\int_0^\infty \frac{(\lambda x)^k}{k!} \cdot e^{-\lambda x} \cdot b(x) dx.$

<u>Beweis.</u> Es sei V_n die Anzahl der Ankünfte im n-ten Bedienungsintervall, also $V_n = \Pi(d_n) - \Pi(d_{n-1})$ wobei Π der Poisson (λ) - Ankunftsprozeß ist. Wegen der (starken) Markoveigenschaft von Π gilt, daß die zufälligen Größen V_n unabhängig voneinander und von $X_{n-1} = N_s(d_{n-1})$ und identisch verteilt sind. Offensichtlich gilt

$$X_n = X_{n-1} - \epsilon(X_{n-1}) + V_n \, , \tag{2.58}$$

wobei

$$
\epsilon(k) = \begin{cases}
1 & k \geqslant 1 \\
0 & k = 0
\end{cases}
$$

Wegen der Poisson-Eigenschaft des Ankunftsstromes gilt

$$P\{V_n = k \mid B_n = x\} = P\{\Pi(x) = k\} = \frac{(\lambda x)^k}{k!} e^{-\lambda x}$$

und daraus

$$P\{V_n = k\} = \int_0^\infty P\{V_n = k \mid B_n = x\} \ b(x) \ dx = \alpha_k \ .$$

Dies, zusammen mit (2.58) ergibt jedoch die behauptete Übergangsmatrix (2.57).

Aus der soeben abgeleiteten Übergangsmatrix läßt sich die stationäre Verteilung von $\{X_n\}$ durch Lösen der Gleichung (1.7) ableiten. Von besonderer Bedeutung ist der nächste Satz, der zeigt, daß der stationäre Erwartungswert von $\{X_n\}$ nur von den ersten beiden Momenten von B abhängt.

Mittelwertsformel von Pollaczek-Khinchin

Für die stationäre Verteilung $\underline{v} = (v_0, v_1, ...)$ von $[X_n]$ gilt

$$E(X_n) = \sum_{i=0}^{\infty} i\, v_i = \rho + \rho^2 \cdot \frac{1 + (\frac{\sigma}{m})^2}{2(1-\rho)} \qquad (2.59)$$

wobei $\rho = \lambda \cdot m$ und m und σ^2 durch (2.55) definiert sind.

Zum <u>Beweis</u> von (2.59) nimmt man den Erwartungswert auf beiden Seiten der Gleichung (2.58), berücksichtigt, daß $E(\epsilon(X_n)) = P[X_n > 0]$ gilt, und erhält

$$E(X_n) = E(X_{n-1}) - P[X_{n-1} > 0] + E(V_n).$$

Aus Gründen der Stationarität gilt $E(X_n) = E(X_{n-1})$ und daraus folgt

$$P[X_n > 0] = E(V_n). \qquad (2.60)$$

Quadriert man beide Seiten von (2.59) und nimmt dann der Erwartungswert

$$\begin{aligned}
E(X_n^2) &= E(X_{n-1}^2) + P[X_{n-1} > 0] + E(V_n^2) \\
&\quad - 2E(X_{n-1}\,\epsilon(X_{n-1})) - 2E(\epsilon(X_{n-1})V_n) + 2E(X_{n-1}V_n)) \\
&= E(X_{n-1}^2) + P[X_n > 0] + E(V_n^2) \\
&\quad - 2E(X_n) - 2 \cdot P[X_n > 0] \cdot E(V_n) + 2E(X_n) \cdot E(V_n)
\end{aligned}$$

so folgt daraus unter Berücksichtigung der Stationarität und (2.55)

$$E(X_n) \cdot (2 - 2E(V_n)) = E(V_n) + E(V_n^2) - 2[E(V_n)]^2$$

oder umgeformt

$$E(X_n) = E(V_n) + \frac{E(V_n^2) - E(V_n)}{2(1-E(V_n))}. \qquad (2.61)$$

Da V_n bedingt gegeben $B_n = x$ nach Poisson (λx) verteilt ist, gilt

$$E(V_n) = \int_0^{\infty} E(V_n | B_n = x)\, b(x)\, dx = \int_0^{\infty} \lambda \cdot x \cdot b(x)\, dx = \lambda \cdot m = \rho$$

und

$$E(V_n^2) = \int_0^\infty E(V_n^2 \mid B_n = x)b(x)\ dx = \int_0^\infty [(\lambda x)^2 + \lambda x]\ b(x)\ dx =$$

$$= \int_0^\infty [\lambda^2(x-m)^2 + \lambda^2 m^2 + \lambda x]\ b(x)\ dx = \lambda^2(\sigma^2 + m^2) + \lambda m.$$

Dies, in (2.61) eingesetzt, liefert

$$E(X_n) = \rho + \frac{\lambda^2(\sigma^2 + m^2)}{2(1 - \rho)} = \rho + \frac{\rho^2(1 + (\frac{\sigma}{m})^2)}{2(1-\rho)}$$

und damit ist (2.59) gezeigt.

Die Berechnung der stationären Verteilung selbst geschieht am einfachsten, wenn man zunächst die wahrscheinlichkeitserzeugende Funktion dieser Verteilung ermittelt.

Satz von Pollaczek-Khinchin:

Die wahrscheinlichkeitserzeugende Funktion G_X der stationären Verteilung von $\{X_n\}$ ist gegeben durch

$$G_X(z) = b^*(\lambda - \lambda z)\frac{(1-\rho)\ (1-z)}{b^*(\lambda-\lambda z) - z}\ , \tag{2.62}$$

wobei $b^*(\cdot)$ die Laplacetransformierte von b

$$b^*(z) = \int_0^\infty e^{-xz}\ b(x)\ dx \tag{2.63}$$

und $\rho = \lambda \cdot m$ ist.

<u>Beweis.</u> Es sei $G_V(z)$ die wahrscheinlichkeitserzeugende Funktion von V_n (zur Definition siehe vorigen Beweis). Es gilt

$$G_V(z) = E(z^{V_n}) = \int_0^\infty E(z^{V_n} \mid B_n = x)\ b(x)\ dx =$$

$$= \int_0^\infty e^{-\lambda x} \sum_{k=0}^\infty \frac{(\lambda x)^k}{k!}\ z^k\ b(x)\ dx =$$

$$= \int_0^\infty e^{-(\lambda-\lambda z)x}\ b(x)\ dx = b^*(\lambda-\lambda z)$$

wobei b^* durch (2.63) gegeben ist. Für die wahrscheinlichkeitserzeugende Funktion von X gilt wegen (2.58)

$$G_X(z) = E(z^{X_n}) = E(z^{X_{n-1} - \epsilon(X_{n-1})}) \, E(z^{V_n}).$$

Nun ist

$$E(z^{X_{n-1} - \epsilon(X_{n-1})}) = z^0 \, P\{X_n = 0\} + \sum_{k=1}^{\infty} z^{k-1} \, P\{X_n = k\} =$$

$$= (1 - P\{X_n > 0\}) + \frac{1}{z} \, [\sum_{k=0}^{\infty} z^k \, P\{X_n = k\} - (1 - P\{X_n > 0\})] =$$

$$= (1-\rho) + \frac{1}{z} \, [G_X(z) - (1-\rho)]$$

Benutzt man dies und den Ausdruck für $E(z^{V_n})$ in der Gleichung für $G_X(z)$ so ergibt sich nach leichter Umformung

$$G_X(z) = b^*(\lambda - \lambda z) \, \frac{(1-\rho)\,(1-z)}{b^*(\lambda - \lambda z) - z} \; .$$

<u>Bemerkung.</u> Der Satz von Pollaczek-Khinchin macht eine Aussage über die stationäre Verteilung von $X_n = N_S(d_n)$. Allerdings kann man zeigen, daß diese Verteilung mit der stationären Verteilung von $N_S(a_n)$ (= Verteilung der Anzahl der Kunden im System bei einer Neuankunft) und mit der stationären Verteilung von $N_S(t)$ übereinstimmt.
Dies hat zur Folge, daß für das M/G/1 System gilt

$$P\{W > 0\} = P\{N_S(t) > 0\} = P\{X_n > 0\} = E(V_n) = \rho \qquad (2.64)$$

(vgl. 2.55). Außerdem folgt aus dem Gesetz von Little

$$E(S_n) = \frac{1}{\lambda} \, E(N_S(t)) = \frac{1}{\lambda} \, E(X_n) = m + \frac{\rho \cdot m(1 + (\frac{\sigma}{m})^2)}{2(1-\rho)} \qquad (2.65)$$

und weiters wegen (2.5)

$$E(W) = E(S) - E(B) = \frac{\rho \cdot m(1 + (\frac{\sigma}{m})^2)}{2(1-\rho)} \; . \qquad (2.66)$$

Ist die Bedienungszeit exponentialverteilt (μ), liegt also ein M/M/1-System vor, so gilt

$$m = E(B) = \frac{1}{\mu} \quad \text{bzw.} \quad \sigma^2 = \text{Var}(B) = \frac{1}{\mu^2}$$

und damit spezialisiert sich (2.66) zu

$$E(W) = \frac{\lambda(1 + 1)}{\mu^2 \cdot 2(1-\rho)} = \frac{1}{\mu} \frac{\rho}{(1 - \rho)} \cdot$$

Dies ist in Übereinstimmung mit (2.20)

2.2.2 Systeme mit Prioritätsregelung

Systeme mit Prioritätsregelung sind dadurch gekennzeichnet, daß es verschiedene Benutzerklassen gibt und der Scheduler Kunden aus Klassen mit niedriger Ordnungsnummer stets vorzieht.
Es gebe k Benutzerklassen, die von 1 bis k durchnummeriert sind. Wir treffen hier die Vereinbarung, daß *Klassen mit niedrigerer Ordnungsnummer die höhere Priorität haben.* Die Klasse 1 hat höchste Priorität.

Je nachdem, wie der Scheduler auf das Eintreffen eines Kunden höherer Priorität reagiert, unterscheidet man folgende Wirkungen der Priorität:

a) <u>nicht abbrechende Wirkung</u> ("non-preemptive priority")
   Die aktuelle Bedienung wird beim Eintreffen eines neuen Kunden nicht unterbrochen. Erst nach Beendigung dieser Bedienung erfolgt die neue Bedienungszuteilung nach Priorität.

b) <u>abbrechende Wirkung</u> ("preemptive priority")
   Die Ankunft eines neuen Kunden höherer Priorität unterbricht die aktuelle Bedienung. Man unterscheidet weiter

   ba) <u>aufschiebende Wirkung</u> ("preemptive-resume"),
   falls die unterbrochene Bedienung zu einem späteren Zeitpunkt wieder aufgenommen werden kann;

   bb) <u>vernichtende Wirkung</u> ("preemptive-repeat"),
   falls die Unterbrechung der Bedienung die bisherige geleistete Arbeit vernichtet und die unterbrochene Bedienung zu einem späteren Zeitpunkt wieder von vorne begonnen werden muß.

In den meisten realen Betriebssystemen kommen alle drei Varianten von Prioritätswirkungen vor. Ein Prozeß, der Priorität mit abbrechender Wirkung hat, setzt eine <u>interrupt-Bedingung</u> für den Prozessor. Ein spezielles Verwaltungsprogramm, der <u>Interrupthandler</u> sorgt hierauf für die weitere Verarbeitung. Werden Programmstatus und Registerinhalte gerettet, so hat der interrupt aufschiebende Wirkung. Andernfalls hat er vernichtende Wirkung. Wird kein interrupt gesetzt, sondern der nächste Scheduler-Aufruf abgewartet, so liegt nicht-abbrechende Wirkung vor.

Bei nicht abbrechender Wirkung muß ein vorrangiger Neuankömmling mindestens von seinem eigenen Ankunftszeitpunkt bis zur Beendigung der aktuellen Bedienung warten. Man nennt das Zeitintervall von einem festen Zeitpunkt t bis zur nächsten Beendigung einer Bedienung "Restwartezeit" R_t.

Die Verteilung der Restwartezeit R_t wird im folgenden berechnet. Falls der Bedienungsprozeß stationär ist, so ist diese Verteilung unabhängig von t.

Dazu betrachten wir die folgende Abbildung.

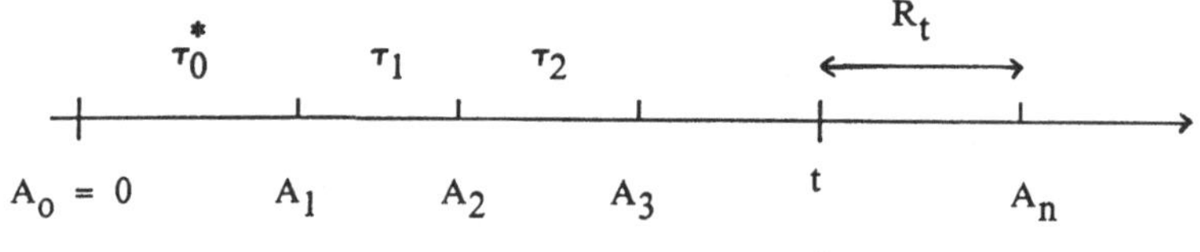

Abb. 2.28

Es seien τ_i unabhängig, identisch nach der Verteilungsfunktion $B(\cdot)$ mit Dichte $b(\cdot)$ verteilt und

$$A_n := \tau_0^* + \sum_{i=1}^{n-1} \tau_i \qquad n \geqslant 1 \qquad \text{"Abfertigungszeitpunkte"}$$

$$N_t := \max \{n \mid a_n \leqslant t\} \qquad \text{Anzahl der "Ereignisse" in } [0,t]$$

$$R_t := A_{N_t+1} - t \qquad \text{"Restwartezeit".}$$

Wenn der Prozeß stationär ist, so müssen τ_0^* und R_t für alle t in Verteilung übereinstimmen.

Diese Verteilung wird durch den folgenden Satz explizit angegeben.

<u>Satz.</u> Es sei τ_0^* verteilt nach B_0 mit

$$B_0(x) = \frac{\int_0^x (1-B(u))\,du}{\int_0^\infty (1-B(u))\,du} \tag{2.67}$$

Dann gilt auch $R_t \sim B_0$, für alle t. Da diese Verteilung unabhängig von t ist, so ist dies die Verteilung der Restwartezeit im stationären Fall.

<u>Beweis.</u> Es sei $\quad m := \int_0^\infty u\, b(u)\,du = \int_0^\infty (1-B(u))\,du.$ (Diese und die

folgende Gleichung ergeben sich durch partielle Integration). Es gilt

$$B_0(x) = \frac{1}{m} \left(x + \int_0^x (u - x)\, b(u)\, du \right. \tag{2.68}$$

Wir zeigen zunächst, daß

$$\sum_{n=1}^{\infty} P\{A_n \leqslant u\} = \frac{1}{m}\, u\,. \tag{2.69}$$

Wegen $\quad A_n = A_{n-1} + \tau_{n-1} \qquad$ bzw. $\qquad A_1 = \tau_0^* \quad$ gilt

$$P\{A_n \leqslant x\} = \int_0^x P\{A_{n-1} \leqslant x-u\}\, b(u)\, du \quad \text{bzw.} \quad P\{A_1 \leqslant x\} = B_0(x). \tag{2.70}$$

Summiert man (2.70) für $n = 2,3,..$ so folgt

$$\sum_{n=1}^{\infty} P\{A_n \leqslant x\} = \int_0^x \sum_{n=1}^{\infty} P\{A_n \leqslant x - u\}\, b(u)\, du + B_0(x).$$

Vergleicht man dies mit (2.68), also

$$\frac{1}{m}\, x = \frac{1}{m} \int_0^x (x-u)\, b(u)\, du + B_0(x)$$

so sieht man, daß (2.69) folgt.

Die Verteilung der oben eingeführten Restwartezeit R_t kann wie folgt berechnet werden. Das Ereignis $\{R_t \leqslant x\}$ wird je nach dem Wert von $N_t = 0,1,2,...$ folgendermaßen aufgespaltet :

$$\{R_t \leqslant x\} = \{t < \tau_0^* \leqslant t + x\} = \bigcup_{n=1}^{\infty} \{N_t = n,\ \tau_n = u,\ 0 \leqslant u \leqslant x + t,$$

$$0 < A_n \leqslant t,\quad t - u < A_n \leqslant t - u + x\}$$

Durch eine einfache Skizze kann man sich von der Richtigkeit dieser Identität überzeugen. Betrachtet man die Wahrscheinlichkeiten dieser Mengen, so folgt wegen (2.68) und (2.69)

$$P\{R_t \leqslant x\} = B_0(t+x) - B_0(t) + \sum_{n=0}^{\infty} \left[\int_0^{x+t} P\{A_n \leqslant \min(t,t-u+x)\}\, b(u)\, du - \right.$$

$$\left. - \int_0^{x+t} P\{A_n \leqslant \max(0,t-u)\}\, b(u)\, du \right] =$$

$$= \frac{1}{m} \left[t + x + \int_0^{x+t} (u - x - t)\, b(u)\, du - t - \int_0^t (u-t) b(u)\, du + \right.$$

$$\left. + \int_0^x t\, b(u)\, du + \int_x^{x+t} (t-u+x)\, b(u)\, du - \int_0^t (t-u)\, b(u)\, du \right] =$$

$$= \frac{1}{m} \left(x + \int_0^x (u - x)\, b(u)\, du \right) = B_0(x).$$

<u>Bemerkung</u>. Aus dem eben bewiesenen Satz folgt für den Erwartungswert der Restwartezeit im stationären Fall

$$E(R_t) = \frac{1}{m} \int_0^\infty x\, (1-B(x))\, dx = \frac{1}{m} \int_0^\infty \frac{x^2}{2}\, b(x)\, dx = \frac{m}{2} + \frac{\sigma^2}{2m} \qquad (2.71)$$

wobei $m = E(B)$, $\sigma^2 = \mathrm{Var}(B)$. Man beachte, daß nur im deterministischen Fall (d.h. falls $\sigma^2 = 0$) $E(R_t) = \frac{m}{2}$ gilt. Im allgemeinen ist die *erwartete Restwartezeit größer als die halbe mittlere Bedienungszeit*. Im Extremfall der Exponentialverteilung ($b(x) = \lambda e^{-\lambda x}$) gilt sogar $m = \frac{1}{\lambda}$ und $\sigma^2 = \frac{1}{\lambda^2}$, also

$E(R_t) = \frac{1}{\lambda} = E(B)$ (!). Für exponentialverteilte Bedienungszeiten liegt somit die paradoxe Situation vor, daß die *erwartete Restwartezeit genauso groß wie die mittlere Bedienungszeit ist* (vgl. dazu auch Anhang B.5).

Nun wenden wir uns wieder dem Prioritätssystem zu.

In einem M/G/1-System gebe es k Prioritätsklassen. Es sei

λ_j Ankunftsintensität der j-ten Klasse

$b_j(x)$ Dichte der Bedienungszeit der j-ten Klasse

$m_j = \int x\, b_j(x)\, dx$ mittlere Bedienungszeit der j-ten Klasse

$\lambda = \Sigma\, \lambda_j$ Gesamtankunftsintensität

λ_j / λ relativer Anteil der j-ten Klasse

$m = \Sigma\, \frac{\lambda_j}{\lambda}\, m_j$ mittlere Bedienungszeit

$\rho_j = \lambda_j\, m_j$

$\rho = \lambda \cdot m = \Sigma\, \lambda_j\, m_j$

Falls das System eine stationäre Lösung haben und die Warteschlange sich nicht aufschaukeln soll, so muß $\rho < 1$ sein. Wenn ein neuer Kunde der Klasse j am Bedienungssystem ankommt, so muß man drei Komponenten unterscheiden, die zu seiner Wartezeit beitragen:

$W_j^{(1)}$ ... Restbedienungszeit des eben bedienten Kunden

$W_j^{(2)}$ ... Summe der Bedienungzeiten der in der Schlange vorhandenen Kunden der Klassen 1,2,...,j

$W_j^{(3)}$ ... Summe der Bedienungzeiten der Kunden der Klassen 1,2,...,j-1 die während der Wartezeit eintreffen.

Hat die Priorität abbrechende Wirkung, so sind nur $W_j^{(2)}$ und $W_j^{(3)}$ relevant.

Bei nicht abbrechender Wirkung ist die Wartezeit des betrachteten Kunden gleich

$$W_j := W_j^{(1)} + W_j^{(2)} + W_j^{(3)}. \tag{2.72}$$

Es gilt der folgende Satz.

<u>Satz.</u> Die mittlere Wartezeit für die j-te Klasse im M/G/1 - non preemptive priority System ist

$$E(W_j) = \frac{\sum\limits_{i=1}^{k} \lambda_i \int x^2 b_i(x)\, dx}{2(1 - \sum\limits_{i=1}^{j} \rho_i)\cdot(1 - \sum\limits_{i=1}^{j-1} \rho_i)}$$

<u>Beweis.</u> Aus (2.64) und (2.71) folgt

$$P\{W^{(1)} > 0\} = \rho$$

und

$$E(W^{(1)}) = \rho \cdot \frac{1}{m}\sum\limits_{i=1}^{k} \frac{\lambda_i}{\lambda} \int\limits_{0}^{\infty} \frac{x^2}{2} b_i(x)\, dx = \frac{1}{2}\sum\limits_{i=1}^{k} \lambda_i \int\limits_{0}^{\infty} x^2 b_i(x)\, dx \tag{2.73}$$

Das Gesetz von Little impliziert, daß

$$E(W_j^{(2)}) = \sum\limits_{i=1}^{j} m_i \cdot \{\text{mittlere Anzahl der Kunden der Klasse i in der Warteschlange}\} =$$

$$= \sum\limits_{i=1}^{j} m_i \cdot \lambda_i \cdot E(W_i) = \sum\limits_{i=1}^{j} \rho_i \cdot E(W_i), \tag{2.74}$$

Schließlich gilt

$$E(W_i^{(3)}) = \sum_{i=1}^{j-1} m_i \cdot \text{[mittlerer Anzahl der während der Wartezeit}$$
$$\text{neuangekommenen Kunden der Klasse i]} =$$

$$= \sum_{i=1}^{j-1} m_i \cdot E(W_j) \cdot \lambda_i \qquad (2.75)$$

Die Gleichungen (2.72) - (2.75) ergeben zusammengenommen

$$E(W_j) = \frac{1}{2} \sum_{i=1}^{k} \lambda_i \int_0^\infty x^2 b_i(x)\,dx + \sum_{i=1}^{j} \rho_i E(W_i) + E(W_j) \sum_{i=1}^{j-1} \rho_i.$$

Durch Differenzbildung je zwei aufeinanderfolgender Gleichungen erhält man

$$E(W_j)\,(1 - \sum_{i=1}^{j-1} \rho_i) = E(W_{j-1})\,(1 - \sum_{i=1}^{j-2} \rho_i)$$

und wegen der Anfangsbedingung

$$E(W_1) = \frac{\sum \lambda_i \int_0^\infty x^2 b_i(x)\,dx}{2(1 - \rho_1)}$$

folgt hieraus die Behauptung des Satzes.

<u>Bemerkung.</u> Die mit den relativen Anteilen $\dfrac{\lambda_j}{\lambda}$ gewichtete mittlere Wartezeit über alle Klassen ist

$$E(W_{ges}) = \sum_{j=1}^{k} \frac{\lambda_j}{\lambda} E(W_j) =$$

$$= \sum_{i=1}^{k} [\lambda_i \cdot \int x^2 b_i(x)\,dx] \cdot \sum_{j=1}^{k} \frac{\lambda_j}{2\lambda} (1 - \sum_{s=1}^{j} \rho_s)^{-1} (1 - \sum_{s=1}^{j} \rho_s)^{-1}. \qquad (2.76)$$

Es erhebt sich nun die Frage, wie die Zuteilung der Prioritäten zu den einzelnen Kundenklassen erfolgen muß, um $E(W_{ges})$ zu minimieren. Man sieht leicht, daß $E(W_{ges})$ abnimmt, falls λ_j mit λ_{j+1} und gleichzeitig ρ_j mit ρ_{j+1} ausgetauscht wird und falls $m_{j+1} < m_j$ ist. Dies hat zur Folge, daß $E(W_{ges})$ absolut minimal wird, falls $m_1 < m_2 < ... < m_k$, falls also die Prioritäten *nach absteigenden mittleren Bearbeitungsdauern geordnet sind*, so daß die Klasse mit der niedrigsten mittleren Bearbeitungsdauer die höchste Priorität hat. Man beachte, daß der relative Anteil der Klassen λ_j/λ dabei keine Rolle spielt.

2.2.2.1 Die SPTF-Regel

Das Ergebnis des vorigen Abschnitts kann man dazu benützen, die mittlere Wartezeit für die "shortest processing time first" - Scheduling Regel zu berechnen. Die Anwendung dieser Strategie setzt voraus, daß die angeforderten Bedienungszeiten schon zum Zeitpunkt des Einordnens in die (eventuelle) Warteschlange bekannt sind. Dann lautet die Regel

SPTF (shortest processing time first): Der Scheduler teilt jeweils jenem Kunden die Bedienungsstelle zu, der unter allen Wartenden die kürzeste angeforderte Bedienungszeit hat.

Wir setzen voraus, daß der gesamte Ankunftsstrom die Intensität λ hat und daß $b(t)$ die Dichte der angeforderten Bedienungszeit ist. Das SPTF-System kann als ein Prioritätssystem mit überabzählbar vielen Klassen angesehen werden. Ein Benutzer der Klasse "t" $(0 \leq t < \infty)$ benötigt deterministisch die Bedienungsdauer t und hat Priorität gegenüber allen Benutzern der Klassen "u" mit $u > t$.
Die Formel (2.76) muß sinngemäß wie folgt umgedeutet werden:

$$\int x^2\, b_i(x)\, dx \qquad\qquad \text{entspricht} \qquad\qquad t^2 \quad (\text{determin. Dauer})$$

$$\frac{\lambda_i}{\lambda} \qquad\qquad \text{entspricht} \qquad\qquad b(t)\, dt$$

$$\sum_{i=1}^{k} \lambda_i \int x^2\, b_i(x)\, dx \qquad\qquad \text{entspricht} \qquad\qquad \lambda \int t^2 b\,(t)\, dt$$

$$m_i \qquad\qquad \text{entspricht} \qquad\qquad t$$

$$\rho_i = \lambda_i\, m_i \qquad\qquad \text{entspricht} \qquad\qquad \lambda \cdot t \cdot b(t)\, dt$$

$$\sum_{i=1}^{j} \rho_i \qquad\qquad \text{entspricht} \qquad\qquad \lambda \cdot \int_0^t u\, b(u)\, du$$

Berücksichtigt man alle diese Entsprechungen so ergibt sich aus (2.76) die mittlere Wartezeit im M/G/1 - SPTF System zu

$$E(W) = \lambda \int_0^{\infty} t^2 \cdot b(t)\, dt \cdot \int_0^{\infty} \frac{b(t)}{2} \left[1 - \lambda \int_0^t u \cdot b(u)\, du\right]^{-2} dt \qquad (2.77)$$

Dieser Wert ist stets _niedriger_ als der für das entsprechende M/G/1 - FCFS System, welcher in (2.66) berechnet wurde (siehe Übungsaufgabe 8):

Die *mittlere Wartezeit gemittelt über alle Klassen wird also durch die Einführung des SPTF-Systems geringer als beim FCFS-System.* Dies ist unabhängig davon, wie die Bedienungszeitverteilung b(t) im einzelnen aussieht.

Im M/M/1-System gilt b(t) = $\mu \cdot e^{-\mu t}$. Damit spezialisiert sich die Formel (2.77) zu

$$E(W) = \lambda \cdot \frac{2}{\mu^2} \cdot \int_0^\infty \frac{\mu^2 \cdot e^{-\mu t}}{2\,[\mu - \lambda(1 - e^{-\mu t} - \mu t\, e^{-\mu t})]^2}\, dt \qquad (2.78)$$

und dies ist eben geringer als die mittlere Wartezeit im M/M/1-FCFS System (siehe 2.20)

$$\frac{1}{\mu} \frac{\rho}{1 - \rho} = \frac{\lambda}{\mu^2} \cdot \frac{\mu}{\mu - \lambda} \cdot$$

Zum Vergleich sind diese beiden Funktionen für $\mu = 1$ in Abhängigkeit von $\rho(= \lambda)$ in der Abbildung 2.29 wiedergegeben.

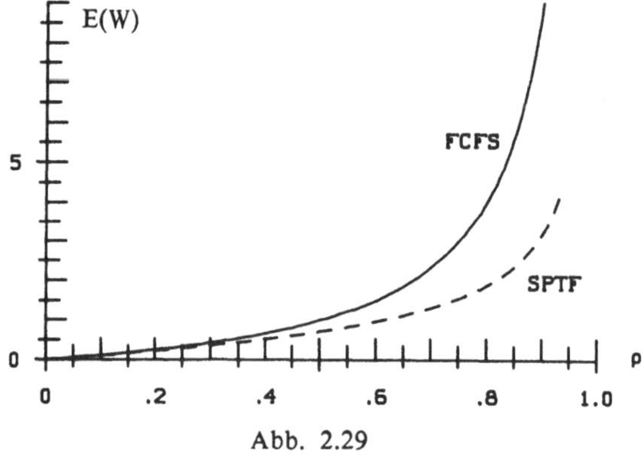

Abb. 2.29

Übungsaufgaben zu Kapitel 2

1. Man zeige, daß die stationären Wahrscheinlichkeiten für das beschränkte Wartesystem mit Wartekapazität m die Gleichungen (2.16) für $0 \leqslant k \leqslant c+m$ erfüllen, wobei

$$\pi_0 = \left[1 + \frac{\rho}{1!} + \ldots \frac{\rho^{c-1}}{(c-1)!} + \frac{\rho^c}{c!} \left(\frac{c^{m+1} - \rho^{m+1}}{c^{m+1} - \rho c^m} \right) \right]^{-1}$$

2. In einem M/M/c - Blockierungssystem werde ein neuankommender Kunde prinzipiell jener freien Bedienungsstelle zugeordnet, die die niedrigste Ordnungsnummer hat. In diesem Fall wird die Auslastung der Bedienungsstellen

nicht gleich sein. Man zeige, daß die Effizienz der k-ten Bedienungsstelle, das ist der mittlere relative Anteil ihrer aktiven Zeit gleich

$$e_k = \rho \cdot (E_1(\rho, k-1) - E_1(\rho, k))$$

ist. Weiters zeige man, daß $e_{k+1} \leqslant e_k$ ist und daß für die Gesamteffizienz des Bedienungssystems gilt

$$e = \frac{(1 - E_1(\rho, c)) \cdot \rho}{c} = \frac{1}{c} \sum_{k=1}^{c} e_k \ .$$

3. (Fortsetzung). Bestimmung der optimalen Anzahl von Bedienungsstellen. Es sei

α = der Gewinn für jede erfolgreiche Bedienung
β = die Kosten für eine Bedienungsstelle pro Zeiteinheit.

Man zeige, daß die kostenoptimale Anzahl von Bedienungsstellen gleich

$$c^* = \max \ \{k \mid e_k = \rho \ (E_1(\rho, k-1) - E_1(\rho, k)) \geqslant \frac{\beta}{\alpha} \ \}$$

ist und ermittle diese optimale Zahl für $\rho = 6$ und $\frac{\beta}{\alpha} = 0.75$
<u>Anleitung:</u> Man zeige, daß c^* den erwarteten Gewinn pro Zeiteinheit maximiert. Die Werte von E_1 können aus Abbildung 2.10 entnommen werden.

4. Bestimmung der optimalen Anzahl von Bedienungsstellen in einem M/M/c-Wartesystem. Es sei

α = die Kosten für das Warten eines Kunden in einer Zeiteinheit
β = die Kosten für eine Bedienungsstelle pro Zeiteinheit.

Man zeige, daß die kostenoptimale Anzahl von Bedienungsstellen gleich

$$c^* = \max(\rho, \ \max \ \{k \mid \rho \left[\frac{E_2(\rho, k-1)}{k - \rho - 1} - \frac{E_2(\rho, k)}{k - \rho} \right] \geqslant \frac{\beta}{\alpha} \ \})$$

ist und ermittle diesen Wert für $\rho = 3$ und $\frac{\beta}{\alpha} = 4$.

5. Man vergleiche die mittlere Wartezeit für folgende M/M/c-Systeme

$\lambda = 1, \ \mu = 2, \ c = 1$ (k völlig getrennte Systeme -
der Wert von k ist hier völlig belanglos)
$\lambda = k, \ \mu = 2, \ c = k$ (k Systeme mit gemeinsamer Warteschlange)
$\lambda = k, \ \mu = 2k, c = 1$ (ein großes System mit k-facher
Bedienungsintensität)
und interpretiere das Ergebnis.

6. Hypoexponentialverteilung. Während die Erlangverteilung durch die Summe von Exponentialverteilungen mit gleichem Erwartungswert gebildet wird, entsteht die Hypoexponentialverteilung durch die Summe *zweier* Exponentialverteilungen mit *möglicherweise verschiedenen* Erwartungeswerten $1/\lambda_1$ bzw. $1/\lambda_2$. Sie besitzt die Dichte

$$f(x) = \frac{\lambda_1 \lambda_2}{\lambda_2 - \lambda_1} \ (\ e^{-\lambda_1 x} - e^{-\lambda_2 x} \ ).$$

Man überlege, daß sich diese Verteilung auch zur Mehrphasenmethode eignet und zeige, daß für diese Verteilung gilt

$$\text{Erwartungswert} = \frac{1}{\lambda_1} + \frac{1}{\lambda_2} \ ; \ \text{Varianz} = \frac{1}{\lambda_1^2} + \frac{1}{\lambda_2^2}$$

und berechne die Laplacetransformierte (vgl. B.24)

6. Das offene Central-Server Modell. Zur Modellierung der abwechselnden Bearbeitung von Benutzerprozessen durch den Zentralprozessor (CPU) und periphere Prozessoren $IO_1,..,IO_k$ wurde von Buzen [BUZ71] das Central-Server Modell vorgeschlagen:

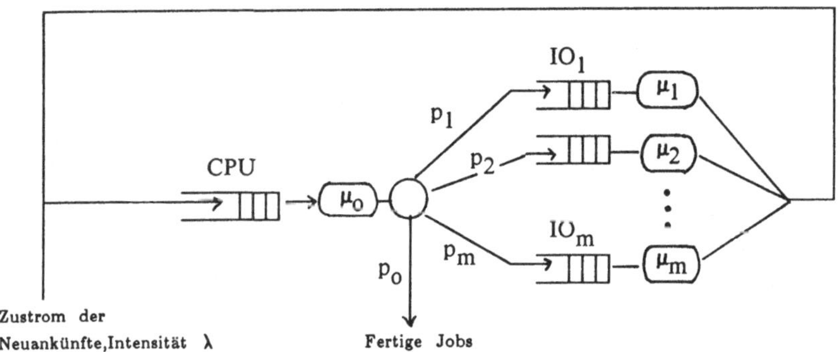

Alle Bedienungszeiten und die Ankunftszeitintervalle seien exponentialverteilt. Man ermittle die Lösungen λ_i der Gleichungen (2.24) in diesem Fall und berechne die stationären Wahrscheinlichkeiten nach (2.26).

7. (Fortsetzung). Man berechne die mittlere Anzahl von Besuchen eines Benutzerjobs in der Warteschlange der CPU.
<u>Anleitung:</u> Für die Lösung dieser Aufgabe können die Bedienungszeiten unberücksichtigt bleiben. Es genügt, die Übergangswahrscheinlichkeiten von einem Knoten zum nächsten zu betrachten. Die zugehörige Markovkette hat m+2 Zustände, davon ist einer absorbierend. Nun gehe man wie für das Beipiel (1.5) aus dem Kapitel 1 vor.

8. Man zeige, daß der Ausdruck (2.77) stets kleiner/gleich (2.66) ist.
<u>Anleitung.</u>

$$\text{Aus} \int_0^t u \, b(u) \, du \leqslant m \int_0^t b(u) \, du, \text{ wobei } m = \int_0^\infty u \, b(u) \, du \quad \text{(Beweis?)}$$

folgt

$$\int_0^\infty b(t) \, (1 - \lambda \int_0^t u \, b(u) \, du \,)^{-2} \, dt \leqslant \int_0^\infty b(t) \, (1 - \lambda \int_0^t b(u) \, du)^{-2} \, dt.$$

3. Rechenanlagen als Bedienungssysteme

Jede Rechenanlage und jeder Kleincomputer sind in natürlicher Weise Bedienungssysteme, in denen die "Kunden" **Prozesse** und die Bedienungsstellen **Prozessoren** heißen. Die Verwaltung des gesamten Systems übernimmt ein spezielles Programm, das **Betriebssystem** ("operating system").

Der Begriff des Prozesses als Kunde eines Betriebssystems ist dabei vom Begriff des Jobs zu unterscheiden. Während ein Job Gesamtheit der vom Benutzer geforderten Rechnerleistungen umfaßt (also die Aufgabe aus Benutzersicht darstellt), so wird aus der Sicht des Betriebssystems der Job in Einheiten zerlegt, die Prozesse heißen. Weiters gibt es auch spezielle Betriebssystemprozesse, welche Dienst- und Verwaltungsaufgaben versehen, die unabhängig von den Benutzern bereitstehen.

Da die Verwaltung des Systems auf denselben Prozessoren abläuft, wie die Benutzerroutinen, ist folgerichtig das Betriebssystem zugleich Kunde und Leitung des Bedienungssystems. Keine Verwaltungsaktion im System kann durchgeführt werden, ohne daß ein spezieller Kunde, eben ein Betriebssystemprozeß, bedient wird. Da jedoch diese reinen Bedienungssystemverwaltungen (z.B. Einfügen einer Warteschlange, Transfer zwischen Warteschlangen, Entleeren der Warteschlangen etc.) nur einen kleinen Bruchteil der Prozessorzeiten beanspruchen, werden diese "Kunden" in theoretischen Analysen oft unberücksichtigt gelassen.

Anders verhält es sich mit anderen Teilen des Betriebssystems (wie z.B. die Kontrollprozesse für die peripheren Geräte, die Konsolenkommunikation, der Nullprozeß (backstop-Prozeß etc.). Diese Prozesse sind zusammen mit den von den Benutzern gestarteten Prozessen die typischen Kunden des Bedienungssystems. Zu einem Betriebssystem gehört aber nicht nur die Verwaltung der zeitbeschränkten Betriebsmittel (Prozessoren), sondern auch die der größenbeschränkten Betriebsmittel (Haupt- und Hintergrundspeicher). Die mit diesem Problemkreis zusammenhängenden Fragen werden jedoch erst im 4. Kapitel behandelt.

<u>Weiterführende Literatur</u> zur Performanceanalyse von Betriebssystemalgorithmen: [BOL82], [COF73], [RIC85], [WECK82]

3.1. Prozessorbelegungsstrategien

Wenn immer mindestens zwei Prozesse oder zwei Prozessoren zur Verarbeitung bereitstehen, entsteht in natürlicher Weise das Problem der **Reihenfolgeplanung** ("Job-shop scheduling problem"). Dies bedeutet, daß festgelegt werden muß, *welcher* Prozeß auf *welchem* Prozessor zu *welcher* Zeit zur Verarbeitung gelangt. Gesucht ist jene Reihenfolge, die eine gegebene **Zielfunktion** ("objective function") minimiert. Diese Reihenfolge heißt dann optimal.

3.1.1. Optimale Reihenfolgen

Betrachten wir zunächst den Fall eines einzigen Prozessors und n Aufgaben, die jeweils die Bearbeitungszeit B_i benötigen.

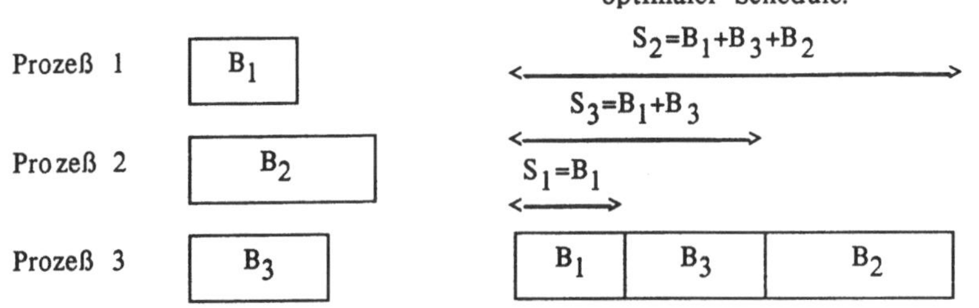

Abb. 3.1

Jede der n! Permutation der n Aufgaben ist ein möglicher Reihenfolgeplan. Es sei S_i die Fertigstellungszeit (Verweilzeit) der i-ten Aufgabe, d.i. die Summe der Wartezeit und der Bearbeitungszeit.

Es ist leicht einzusehen, daß für die Zielfunktion "Gesamtverweilzeit" Z_1

$$Z_1 := S_1 + S_2 + ... + S_n = min! \qquad (3.1)$$

die Reihenfolge $(k_1,...,k_n)$ mit

$$B_{k_1} \leqslant B_{k_2} \leqslant ... \leqslant B_{k_n} \qquad (3.2)$$

optimal ist. Denn für die Zielfunktion (3.1) gilt

$$Z_1 \geqslant nB_{k_1} + (n-1)B_{k_2} + ... + 2B_{k_n}$$

und Gleichheit gilt genau für die Reihenfolge (3.2).

Es müssen also die Aufgaben optimal **in der Reihenfolge der aufsteigenden Bearbeitungszeiten abgearbeitet werden** (siehe Abb. 3.1). Dieselbe Reihenfolge erweist sich als optimal für die Zielfunktion: "mittlerer Expansionsfaktor" Z_2

$$Z_2 = \frac{1}{n} \sum_{i=1}^{n} \frac{S_i}{B_i} = min!$$

Unter dem **Expansionsfaktor** ("expansion factor") einer Aufgabe (hier: eines Jobs) versteht man dabei den Quotienten

$$\frac{\text{Verweildauer}}{\text{Bearbeitungszeit}} = \frac{S_i}{B_i} \; .$$

Dieser Faktor gibt das Verhältnis zwischen tatsächlicher Verweildauer und minimal möglicher Verweildauer (= Bearbeitungszeit) an und ist daher stets $\geqslant 1$. Er ist eine wichtige Kennzahl für die Performance der Reihenfolgeplanung.

Komplizierter wird die Situation, wenn man weitere Verallgemeinerungen betrachtet, nämlich, daß
      (a) die Aufgaben in **Teilaufgaben** ("tasks") zerfallen
und (b) es mehrere Prozessoren gibt.

Für eine solche Situation unterscheiden wir zwei verschiedene Fälle

      (i) die Teilaufgaben sind explizit einem Prozessor zugeordnet und die Prozessoren sind nicht austauschbar (z.B. Zentralprozessor - periphere Prozessoren)
      (ii) die Prozessoren sind gegenseitig austauschbar. Die Teilaufgaben sind durch eine Abhängigkeitsstruktur miteinander verknüpft (z.B. parallele Prozessoren)

ad (i)
Beispielsweise könnte ein solches Reihenfolgeproblem die folgende Gestalt haben:

Symbolik : Teilaufgabe T_{ij}

benötigt Prozessor k.

T_{ij}
k

T_{11}	T_{12}	T_{13}
1	2	1

T_{21}	T_{22}
3	1

T_{31}	T_{32}	T_{33}	T_{34}
2	3	1	2

Abb. 3.2

Eine zulässige Lösung dieses Problems ist z.B.:

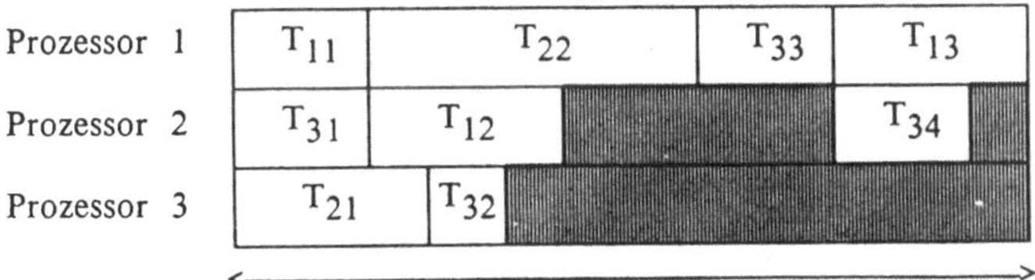

Gesamtfertigstellungszeit
Abb. 3.3

Die übliche Zielfunktion eines solchen Problems ist die Gesamtfertigstellungszeit ("Makespan") (siehe das sogenannte Gantt-Diagramm in Abb. 3.3). Leider ist die Berechnung der optimalen Reihenfolge unter dieser Zielfunktion eines der komplexesten Probleme der kombinatorischen Optimierung, das für größere Werte von n und p (= Anzahl der Prozessoren) nicht mehr in realistischer Zeit berechnet werden kann. Allerdings sind einige heuristische (= suboptimale) Verfahren bekannt (vgl. [MUE69], [WEC82]). Falls jede Aufgabe jeden Prozessor genau einmal und in derselben Reihenfolge benötigt und falls die Reihenfolge auf jedem Prozessor gleich sein muß, gibt es "nur" n! verschiedene Lösungen. Hier kann man die begrenzte Enumeration (Branch and Bound-Methode) anwenden.

ad (ii). Während im Fall (i) die Abhängigkeitsstruktur die spezielle Gestalt

$$
\begin{array}{llll}
T_{11} & T_{21} & T_{31} & \\
\downarrow & \downarrow & \downarrow & \\
T_{12} & T_{22} & T_{32} & A \rightarrow B \\
\downarrow & & \downarrow & \\
T_{13} & & T_{33} & \text{"B hängt von A ab"} \\
& & \downarrow & \\
& & T_{34} &
\end{array}
$$

hat, so betrachten wir nun einen beliebigen, kreislosen Graphen, der diese Struktur beschreibt, z.B.

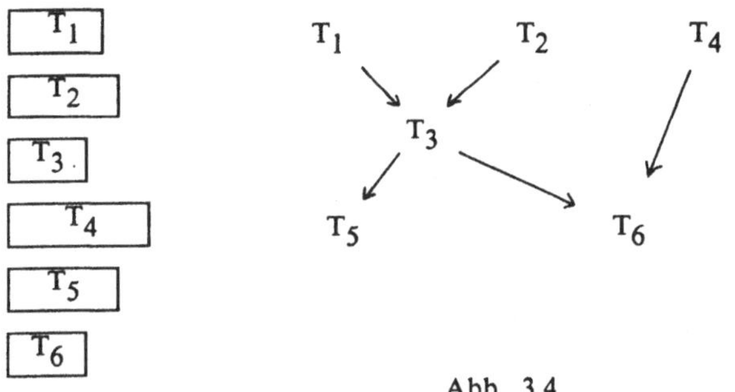

Abb. 3.4

Diese Aufgaben können auf p völlig gleichrangigen Prozessoren verarbeitet werden. Eine Reihenfolge ist zulässig, wenn zum Start jeder Teilaufgabe alle jene Aufgaben fertig sind, von denen diese abhängt, z.B. mit p = 3

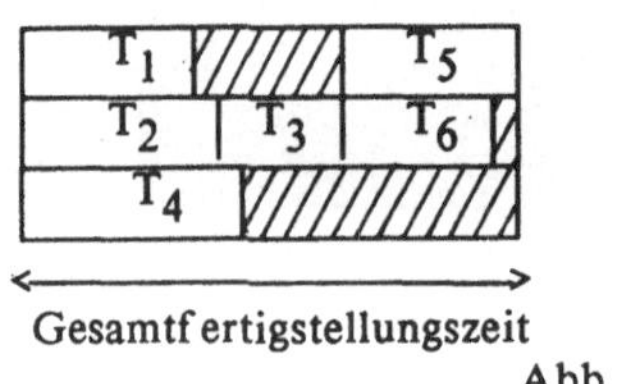

Gesamtfertigstellungszeit

Abb. 3.5

Die Berechnung der minimalen Gesamtfertigstellungszeit stellt wiederum ein sehr komplexes Problem der kombinatorischen Optimierung dar. Wiederum kann man sich mit heuristischen suboptimalen Algorithmen zufriedengeben. Solche sind z.B. der Levelalgorithms:

Dazu definiert man das Niveau ("level") eines Knoten T_i wie folgt: Man betrachtet alle Wege, die von T_i ausgehen und zu einem Endknoten führen und summiert auf jedem Weg die Dauern aller Teilaufgaben. Das Maximum dieser Summen ist das Niveau des Knoten T_i. Die level-Zuordnungsregel besagt, daß Teilaufgaben höheren Niveaus jeweils Priorität haben: Können zu einem Zeitpunkt mehrere Teilaufgaben theoretisch einem Prozessor zugeteilt werden, so wird jene mit dem höchsten Niveau vorgezogen. Dieser Algorithmus liefert eine gute, jedoch nicht notwendigerweise die beste Lösung des Reihenfolgeproblems. Allerdings kann man zeigen, daß der Levelalgorithmus für den Spezialfall von p = 2 Prozessoren sogar die **optimale** Reihenfolge liefert.

3.1.2. Zeitscheibensysteme

Das im vorigen Abschnitt behandelte deterministische Reihenfolgeproblem tritt in der dargestellten Form z.B. in der Produktionsplanung auf. Im Rahmen von Betriebssystemen kommen jedoch neue Schwierigkeiten hinzu, weil die Anforderungen weder in ihrer Anzahl (es herrscht ein ständiges "Kommen und Gehen") noch in ihrer Dauer im vorhinein bekannt sind. Es bleibt daher nichts anderes übrig, als die ablaufenden Prozesse zu beobachten und darauf für die richtige Reihenfolgeplanung Schlüsse zu ziehen (Selbstbeobachtung = "self monitoring").

Dazu wird jeder Prozeß nur ein maximales Zeitquantum lang (Zeitscheibe - "time slice") bedient. Ist die Bearbeitung am Ende der Zeitscheibe noch nicht fertig, so wird sie unterbrochen und der Prozeß muß bis zu seinem Wiederaufruf in einer Warteschlange (Readyliste - "readylist") warten. Hat ein Prozeß schon viele Zeitscheiben Bearbeitung benötigt, so ist er als Langjob erkannt und seine Priorität für den Wiederaufruf kann herabgesetzt werden.

Die Dauer einer Zeitscheibe ist für das Systemverhalten von großer Bedeutung. Sie kann deshalb vom Systemprogrammierer meist verändert und den herrschenden Verhältnissen angepaßt werden. Man unterscheidet

    a) fixe Zeitscheiben (etwa 0.01 - 10 Sekunden)
    b) variable Zeitscheiben
        Hier kann die Länge der einem Prozeß
        zugeordneten Zeitscheibe abhängen von der
        ba) Art des Prozesses (Prioritätsklasse)
        bb) Länge der Readyliste
        bc) Anzahl der bisherigen Prozessorzuteilungen.

Wir betrachten nun den Fall bc) für ein M/G/1 - FCFS-System. Es sei λ die Ankunftsintensität und $b(\cdot)$ die Dichte der geforderten Bedienungszeit. Jeder wegen Zeitscheibenüberschreitung gestoppte Prozeß, sowie jeder neuangekommene reiht sich am Ende der Readyliste ein.

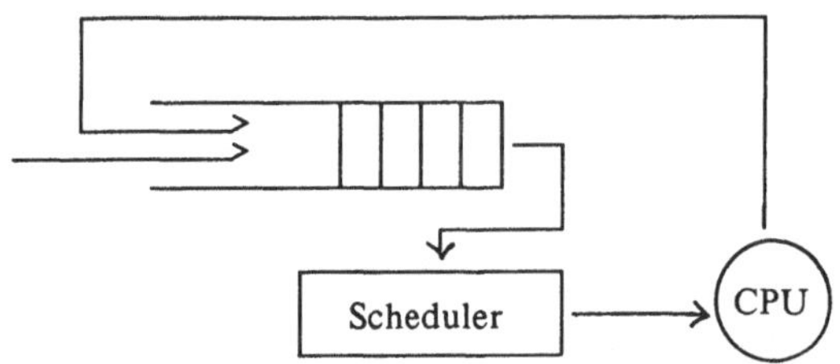

$$\text{Zeitscheiben: } q_1, q_2, \ldots$$

Abb. 3.6

Wir verwenden dieselben Symbole wie in in Kapitel 2:   B = Bedienungszeit, W = Wartezeit, S = Systemverweilzeit.

Definition. Unter der Expansionsfunktion eines Scheduling-Algorithmus versteht man

$$\xi(x) = \frac{E(S\mid B = x)}{x} = \frac{\text{erwartete Verweildauer, falls Bedienungszeit} = x}{x} \qquad (3.3)$$

Selbstverständlich gilt stets $\xi(x) \geqslant 1$.

Betrachten wir zunächst den Fall einer unendlich großen Zeitscheibe $q_1 = \infty$. Dann wird jeder Prozeß auf jeden Fall fertig abgearbeitet und nicht unterbrochen (kein feedback). Also ist dies ein normales M/G/1-FCFS-System, für das die Pollaczek-Khintchin Formel (2.65) gilt:

$$E(S\mid B = x) = E(W) + x = \frac{\rho \cdot m \cdot (1 + \frac{\sigma^2}{m^2})}{2(1 - \rho)} + x$$

wobei m, σ^2 durch (2.55) definiert sind und $\rho = \lambda \cdot m$ ist. Also folgt für die Expansionsfunktion ξ

$$\xi(x) = \frac{E(S)}{\lambda} = 1 + \frac{\rho \cdot m \cdot (1 + \frac{\sigma^2}{m^2})}{x \cdot 2(1 - \rho)} . \qquad (3.4)$$

Diese Funktion ist für $\rho = 0.8$ in Abb. 3.7 dargestellt. Durch die konstante Wartezeit werden die langen Jobs geringer expandiert.

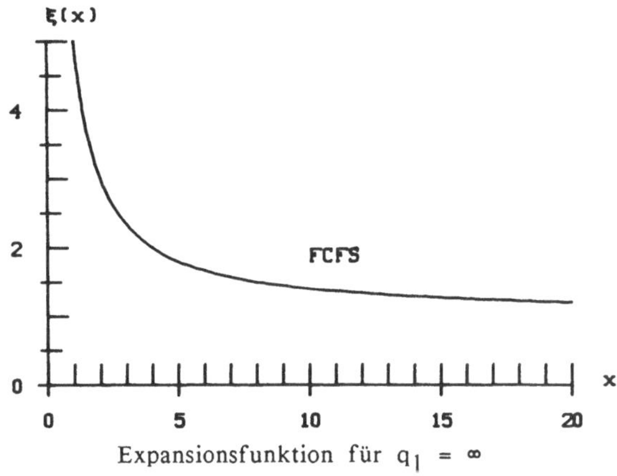

Expansionsfunktion für $q_1 = \infty$

Abb. 3.7

Nun untersuchen wir den Fall, daß die Zeitscheiben gleich

q_1 für die erste Bearbeitung
q_2 für die zweite Bearbeitung
       (erste Wiederaufnahme)
q_3 etc.

sind. Es sei $Q_n = \sum_{i=1}^{n} q_i$, das ist die verbrauchte Zeit für Prozesse, die bereits n

Mal bearbeitet wurden. Es sei weiters

N_n = {Anzahl der Kunden in der Readyliste, die schon n-Mal den Prozessor zugeteilt hatten}

und

w_n = E{Wartezeit für Kunden mit Bedienungszeit x: $Q_{n-1} < x \leqslant Q_n$}

(Diese Kunden müssen genau n-Mal bedient werden).

Betrachtet man nur jenes Subsystem, das aus den Kunden mit Bedienungszeit B > Q_n besteht, so gilt nach dem Gesetz von Little

$$E(N_n) = \lambda \cdot P\{B > Q_n\} \cdot (w_{n+1} - w_n) \qquad (3.5)$$

Denn $\lambda \cdot P\{B > Q_n\}$ ist die Ankunftsrate und $w_{n+1} - w_n$ ist die erwartete Wartezeit in diesem Subsystem.

Andererseits ist

$$E(N_n) = E(N_0) \cdot P\{B > Q_n\} \qquad (3.6)$$

denn dieser Prozentsatz der Gesamtkunden N_0 muß mindestens n-Mal zurück in die Readyliste.

Aus (3.5) und (3.6) folgt

$$E(N_0) = \lambda (w_{n+1} - w_n)$$

und wegen $w_0 = 0$ gilt daher

$$w_n = \frac{n \cdot E(N_0)}{\lambda} \qquad (3.7)$$

Die mittleren Wartezeiten für Kunden, die genau n-Mal bedient werden müssen, sind also stets proportional zu n. Nun betrachten wir den Spezialfall des Round-Robin Systems.

3.1.2.1. Die Round-Robin (RR-) Regel

Bei dieser Regel gilt einfach $q_1 = q_2 = \ldots = q$ (konstante Zeitscheibe). Es ist also $Q_n = n \cdot q$. Wir zeigen, daß in diesem Fall

$$w_n = \frac{n \cdot \rho \cdot q}{1 - \rho} \qquad (3.8)$$

gilt. Wegen (3.7) genügt es zu zeigen, daß

$$E(N_0) = \frac{\lambda \cdot \rho \cdot q}{1 - \rho} \cdot \qquad (3.9)$$

ist. Dazu betrachten wir für zu gegebenem $\epsilon > 0$ ein n, das so groß ist, daß $P\{B > \epsilon \cdot n \cdot q\} < \epsilon$ und $E(B|B \leq \epsilon \cdot n \cdot q) \geq m - \epsilon$ gilt. Sei s_n die erwartete Verweildauer eines Kunden mit geforderter Bedienungszeit $n \cdot q$. Dieser Kunde muß praktisch alle anderen Kunden vorlassen, die während seinem Verweilen ankommen. Es sind dies im Mittel $(s_n - \epsilon \cdot 0(1)) \lambda$ Stück, wobei $0(1)$ eine nicht näher spezifizierte, beschränkte Größe ist. Zu seiner Ankunft findet er eine Menge aufgestauter Arbeit, die im Mittel beschränkt, also $0(1)$ ist. Außerdem muß während der eigenen Bedienungszeit verweilt werden. Es muß daher gelten

$$s_n = (s_n - \epsilon \cdot 0(1)) \cdot \lambda \cdot (m - 0(1) \cdot \epsilon) + 0(1) + q \cdot n.$$

Für den Grenzwert $n \to \infty$ folgt

$$\lim_{n} \frac{s_n}{n} = \frac{q}{1 - \lambda m} = \frac{q}{1 - \rho} \, . \qquad (3.10)$$

Andererseits gilt wegen Verweilzeit = Wartezeit + Bedienungszeit und (3.7)

$$s_n = w_n + n \cdot q = \frac{n \cdot E(N_0)}{\lambda} + nq$$

und daraus folgt

$$\lim_{n} \frac{s_n}{n} = \frac{E(N_0)}{\lambda} + q \, . \qquad (3.11)$$

Ein Vergleich von (3.10) und (3.11) ergibt (3.8). Für einen Prozeß, der genau nq Bedienungszeit fordert, ergibt sich der Expansionsfaktor zu

$$\xi = \frac{w_n + nq}{nq} = 1 + \frac{\rho}{1 - \rho} = \frac{1}{1 - \rho} \qquad (3.12)$$

unabhängig von n! Der Expansionsfaktor der RR ist also konstant.

Für Prozesse, deren Bedienungszeit zwischen $q \cdot n$ und $q(n+1)$ liegt, liegt der Expansionsfaktor ξ zwischen den Grenzen

$$1 + \frac{n \, \rho}{(n + 1)(1 - \rho)} \; < \; \xi \; < \; \frac{1}{1 - \rho} \, . \qquad (3.13)$$

Um komplizierte Fallunterscheidungen zu vermeiden nimmt man oft (als Gedankenmodell) an, daß die Zeitscheibe q unendlich klein ist. Wenn nämlich der Zeitverlust, der durch Umschalten von einem Prozeß auf einen anderen entsteht, gleich Null ist, (was in der realen Situation allerdings nicht der Fall ist) so kann man statt eines häufigen Umschaltens zwischen p Prozessen auch einfach annehmen, daß p Prozessoren vorhanden sind, deren Verarbeitungsgeschwindigkeit jeweils der p-te Bruchteil der Verarbeitungsgeschwindigkeit des ursprünglichen Prozessors ist. Dieses Modell nennt man die **Prozessor-sharing** (PS) **Betrachtungsweise**. Die Analyse dieses Modells ist meist einfacher als des ursprünglichen. Zur Verdeutlichung des Gesagten dient die Abb. 3.8. Der Zugang sei durch den Ankunfts- und Bedienungszeitprozeß F(t) (vgl. auch Abb. 2.26) beschrieben. Die Verarbeitung ist in der rechten Zeichnung dargestellt. Man beachte, daß in jenen Intervallen, in denen genau p Prozesse bedient werden, die entsprechenden Bedienungszeitabschnitte in der Zeichnung (b) um den Faktor p größer als in der Zeichnung (a) sind. Die Uhren gehen für jeden Prozeß in einem solchen Abschnitt eben p-mal langsamer.

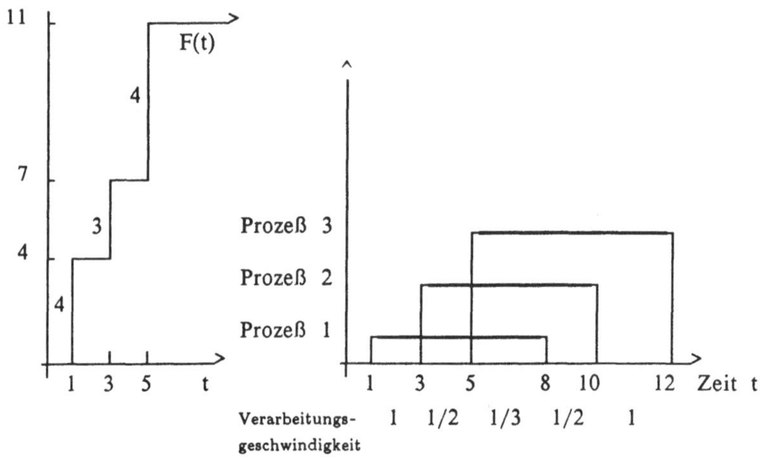

(a) Ankunfts- und
Bedienungszeitprozeß
F(t) (vgl Abb. 2.26)

(b) Verarbeitung im PS-Modell

Abb. 3.8

Im Prozessor-sharing Modell ist die Expansionsfunktion der Round-Robin konstant gleich

$$\xi(x) \;=\; \frac{1}{1 - \rho} \tag{3.14}$$

für alle x (siehe Abb. 3.10).

3.1.2.2. Die least-attained service first (LASF)-Regel

Bei der RR-Regel werden Neuankömmlinge am Ende der Readyliste eingereiht, sie müssen also zumindest einmal durch diese Liste hindurchwandern, um zum Prozessor zu gelangen. Wenn man diese Neuankömmlinge bevorzugen will, so kann man die least-attained service (LASF-Regel) verwenden:

Der Scheduler wählt jeweils den Kunden mit der bislang niedrigsten Bearbeitungszeit aus.

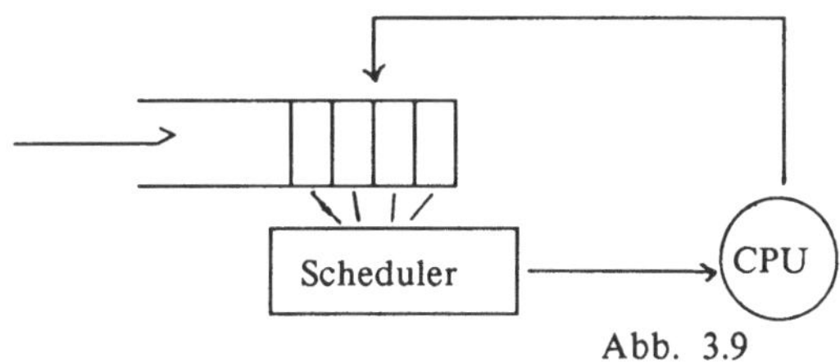

Abb. 3.9

Die Analyse dieser Regel führen wir nur im processor-sharing Modell durch.

Wir betrachten einen Prozeß mit geforderter Bedienungszeit x.
Es sei

$$m_x = E(\min(B,x))$$

$$\sigma_x = \mathrm{Var}(\min(B,x)) \tag{3.15}$$

und

$$\rho_x = \lambda \cdot m_x .$$

Vom Standpunkt des Prozesses mit Bedienungszeit x verhält sich seine Verweildauer so wie ein Kunde niedrigster Priorität in einem M/G/1-System mit Bedienungszeitverteilung $\min(B,x)$ und Momenten (3.15). Seine mittlere Verweildauer $E(S_x)$ setzt sich zusammen aus w_x, der bei der Ankunft vorgefundenen unerledigten Arbeit (= mittlere Wartezeit in normalem M/G/1-System), aus x, der eigenen Verarbeitungszeit und der mittleren Bearbeitungszeit für Kunden höherer Priorität, die während der Verweildauer ankommen. Also

$$E(S_x) = w_x + x + \lambda\, E(S_x) \cdot m_x \tag{3.16}$$

wobei w_x nach der PK-Formel (2.66) gleich

$$w_x = \frac{\lambda\,(m_x^2 + \sigma_x^2)}{2\,(1 - \rho_x)}$$

ist. Durch Einsetzen in (3.16) und Umformen erhält man

$$E(S_x) = \frac{w_x + x}{1 + \rho_x}$$

und die Expansionsfunktion ist

$$\zeta(x) = \frac{E(S_x)}{x} = \frac{w_x + x}{(1 + \rho_x) \cdot x} . \tag{3.17}$$

Diese Funktion hängt von der speziellen Gestalt der Bedienungszeitverteilung ab. Beispielsweise ergibt sich für eine exponentialverteilte Bedienungsdauer B $\sim$ Exponential (μ):

$$m_x = E(\min(B,x)) = \int_0^\infty \min(x,y)\ \mu\ e^{-\mu y}dy = \frac{1}{\mu}\ (1 - e^{-\mu x})$$

$$\sigma_x^2 = \mathrm{Var}(\min(B,x)) = \int_0^\infty (\min(x,y) - \frac{1}{\mu}\ (1 - e^{-\mu x}))^2\ \mu\ e^{-\mu y}dy =$$

$$= \frac{1}{\mu^2} - \frac{2}{\mu}\ x\ e^{-\mu x} - \frac{1}{\mu^2}\ e^{-2\mu x}$$

$$\rho_x = \lambda \cdot m_x = \frac{\lambda}{\mu}\ (1 - e^{-\mu x}) = \rho\ (1 - e^{-\mu x})$$

da in diesem Falle $m = \dfrac{1}{\mu}$ ist.

Setzt man dies in (3.16) und (3.17) ein, so erhält man nach einiger Umformung die spezielle Expansionsfunktion (sie ist in Abb. 3.10 dargestellt):

$$\xi(x) = \frac{\mu x(1 - \rho) + \rho(1 - e^{-\mu x})}{\mu x(1 - \rho(1 - e^{-\mu x}))^2} \tag{3.18}$$

Es ist einfach zu sehen, daß $\lim\limits_{x \to \infty} \xi(x) = \dfrac{1}{1 - \rho}$ gilt.

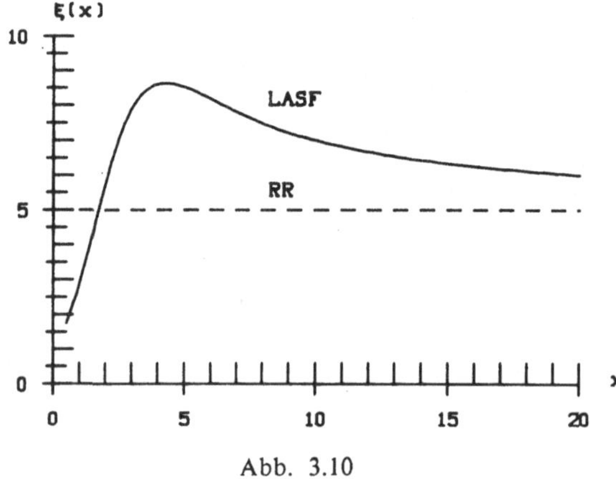

Abb. 3.10

Vergleicht man die Expansionsfunktion der FCFS, LASF und RR Strategie, so sieht man, daß keine für alle x-Werte die beste ist. Dies ist ein wichtiges, allgemeingültiges Phänomen: Wird die Expansionsfunktion $\xi(x)$ an einer Stelle x_0 durch eine Scheduling-Maßnahme verbessert, so muß es eine andere Stelle x_1 geben, an die sie verschlechtert wird. Dies folgt aus der folgenden Eigenschaft:

Das Integral

$$\int_0^\infty x \cdot \xi(x) \, (1 - B(x)) \, dx \tag{3.19}$$

ist konstant und· unabhängig von jeweiligen Scheduling-Algorithmus. Um (3.19) zu zeigen definiert man $N(x)$ = Anzahl der Kunden mit bisheriger Bedienungszeit $\leqslant$ x. Aus dem Gesetz von Little folgt

$$E(N(x + h) - N(x)) = \lambda \, (1 - B(x)) \, E(S(x + h) - S(h))$$

oder kurz $\qquad d \, E(N(x)) - \lambda \, (1 - B(x)) \, d \, E(S(x))$ $\tag{3.20}$

Die Gesamtmenge der unerledigten Arbeit, also die Summe der Restbedienzeiten für alle Kunden im System, ist unabhängig von der konkreten Scheduling-Strategie. Es sei

$$R(x) \quad = \quad E(\text{Restbedienzeit} \mid \text{bisherige Bedienungszeit} = x)$$

Dann gilt

$$R(x) = \frac{\displaystyle\int_x^\infty (u - x) \, dB(u)}{1 - B(x)} = \frac{\displaystyle\int_x^\infty (1 - B(u)) \, du}{1 - B(x)} \tag{3.21}$$

Die Gesamtmenge der unerledigten Arbeit, die ein Neuankömmling antrifft ist konstant und wegen (3.20) und (3.21) gleich

$$\text{const} = \int_0^\infty R(x) \, d \, E(N(x)) = \lambda \cdot \int_0^\infty \int_x^\infty (1 - B(u)) \, du \, d \, E(S(x)) =$$

$$= \lambda \cdot \int_0^\infty E(S(x)) \cdot (1 - B(x)) \, dx = \lambda \cdot \int_0^\infty x \cdot \xi(x) \cdot (1 - B(x)) \, dx$$

Die zweite Identität ergibt sich hierbei durch partielle Integration.

3.2. Peripheriespeicher-Zugriff

Trotz der bedeutend vergrößerten Zentralspeicherkapazität moderner Rechenanlagen und der Entwicklung ganz neuer Speichertechnologien (Blasenspeicher, Laserplatte, etc.) bilden die magnetischen Hintergrundspeicher (Magnettrommelspeicher, Magnetplattenspeicher, Diskettenspeicher) das Rückgrat jeder Rechenanlage. Diese Hintergrundspeicher sind Betriebsmittel beschränkter (Zeit-)kapazität, deren Performance mit Methoden der Warteschlangentheorie untersucht werden kann.

Betrachten wir zunächst einen Magnettrommelspeicher. Dies ist ein um seine Achse mit gleichförmiger Geschwindigkeit rotierender Zylinder, dessen magnetisierbare Oberfläche in N gleichgroße Sektoren eingeteilt ist. Durch einen feststehenden Kamm von Schreib/Leseköpfen werden Spuren definiert. Eine Schreib/Lesesanforderung umfaßt jeweils eine Spur eines ganz bestimmten Sektors.

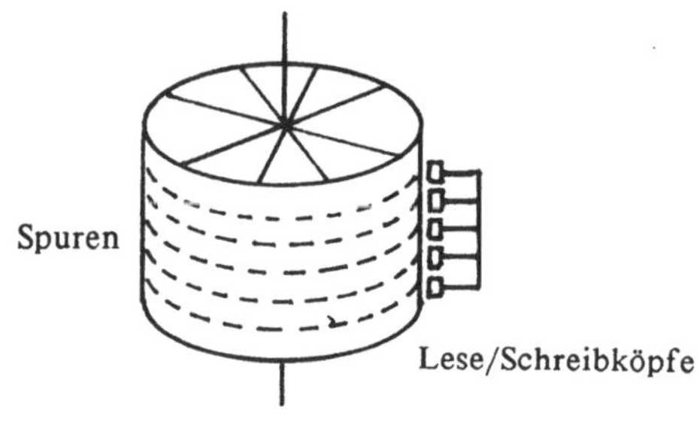

Abb. 3.11

Zur Analyse des Zugriffverhaltens nehmen wir an, daß der Strom von Anforderungen ein Poissonstrom mit der Intensität λ ist. Diese Anforderung betreffe einen der Sektoren 1,2,...,N jeweils mit gleicher Wahrscheinlichkeit 1/N. Da die Auswahl der Spuren elektronisch erfolgt und nicht mechanisch positioniert werden muß, können die Spuren in der Analyse unberücksichtigt bleiben. Die Zeit für eine Umdrehung des Zylinders sei T.

Die einfachste Abarbeitungsstrategie ist FCFS: die Anforderungen werden in der Reihenfolge ihres Eintreffens abgearbeitet. Damit wird das Bedienungssystem ein M/G/1-FCFS-System, wie es in Abschnitt 2.2.1 untersucht wurde.

Um die Pollaczek-Khintchin Formel verwenden zu können, muß nur noch die Bedienungszeitverteilung ermittelt werden. Die Bedienungszeit B setzt sich zusammen aus der Zeit B_1, die vom Ende des letzten Schreib/Lesevorganges bis zu jenem Zeitpunkt verstreicht, an dem der entsprechende Kopf genau über dem Anfang des entsprechenden Sektors steht (Positionierungszeit) und der eigentlichen Schreib/Lesezeit T/N, also

$$B = B_1 + T/N.$$

Meist ist es unmöglich, einen Block zu lesen und den sofort angrenzenden zu beschreiben (und umgekehrt), weil die Schreib/Leseumstellung Zeit kostet. Ist also Umstellung erforderlich, so ist B_1 gleichverteilt auf

$$\frac{1}{N}, \quad \frac{2\ T}{N}, \quad ... \quad, \ T.$$

Ist keine Umstellung erforderlich, so ist B_1 gleichverteilt auf

$$0, \quad \frac{1}{N}, \quad ... \quad, \quad \frac{N-1}{N}\ T.$$

Da die Unterschiede nicht gravierend sind, so nehmen wir der Einfachheit halber an, daß B_1 gleichverteilt in $[0,T]$ ist. Damit ergibt sich

$$m = E(B) = E(B_1) + T/N = T/2 + T/N$$

$$\sigma^2 = \mathrm{Var}(B) = \mathrm{Var}(B_1) = T^2/12$$

und das Einsetzen in die Pollaczek-Khintchin Formel (2.65) liefert für die mittlere Bearbeitungszeit

$$E(S)_{FCFS} = T/2 + T/N + \frac{\lambda\ ((T/2 + T/N)^2 + T^2/12)}{2\ (1 - \lambda\ (T/2 + T/N))}\ . \qquad (3.22)$$

Diese Performance läßt sich erheblich verbessern, wenn die Anforderungen nicht nach der Reihenfolge ihres Eintreffens, sondern nach der Reihenfolge der Sektornummern so abgearbeitet werden, daß jene Anforderung Priorität hat, deren Positionierungszeit minimal ist. Eine solche Strategie heißt SATF-Strategie ("shortest access time first").

Zur Analyse dieser Strategie werden die Anforderungen je nach Sektorennummer in N Klassen eingeteilt. Bei einer Umdrehung der Trommel kann jeweils nur eine Anforderung pro Klasse erfüllt werden. (Wir vernachlässigen hier eventuelle Umschaltzeiten).

Nach dem Satz über die Aufspaltung von Poissonprozessen (Abschnitt 1.2.3.1) ist der Anforderungsstrom für jede Klasse ein Poissonprozeß mit Intensität λ/N. Es sei $\nu^{(i)}$ die Anzahl der Anforderungen der Klasse i, welche während einer Umdrehungszeit T eintreffen. Klarerweise ist $\nu^{(i)}$ nach Poisson $(\lambda T/N)$ verteilt. Es sei weiters $X^{(i)}$ die Anzahl von (unbefriedigten) Anforderungen in der Warteschlange der Klasse i. Bei jeder ganzen Umdrehung des Zylinders wird jeweils ein Element jeder Klasse (falls vorhanden) abgeholt. Es folgt

$$X^{(i)}_{n+1} = (X^{(i)}_n - 1)^+ + \nu^{(i)} \qquad (3.23)$$

wobei n ein Index für die Anzahl der Umdrehungen ist. Es interessiert die stationäre Verteilung von $X^{(i)}$. Es sei G(a) die wahrscheinlichkeitserzeugende Funktion dieser Verteilung. Dann ist die wahrscheinlichkeitserzeugende Funktion von $(X_n^{(i)} - 1)^+$ gleich

$$E\left(a^{(X^{(i)}-1)^+}\right) \quad = \quad P\{X^{(i)} \leqslant 1\} + \sum_{k=1}^{\infty} a^k \cdot P\{X^{(i)} = k+1\} \quad =$$

$$= \quad \frac{G(a) - G(0)}{a} \quad + \quad G(0).$$

Die wahrscheinlichkeitserzeugende Funktion von $\nu^{(i)}$ ist gleich $\exp(\lambda T/N(a-1))$ (vgl. B.21). Also folgt aus (3.23)

$$G(a) \quad = \quad \left(\frac{G(a) - G(0)}{a} + G(0) \right) \exp\left(\frac{\lambda T}{N} (a-1) \right)$$

Daraus ergibt sich unter Berücksichtigung von $G(1) = 1$

$$G(a) \quad = \quad \frac{\left(1 - \dfrac{\lambda T}{N}\right)(1-a)}{1 - a \, \exp\left(\dfrac{\lambda T}{N}(1-a)\right)} \tag{3.24}$$

Durch Differenzieren findet man

$$E(X^{(i)}) \quad = \quad G'(1) \quad = \quad \left(1 - \frac{\lambda T}{N}\right)^{-1} \left(\left(\frac{\lambda T}{N} - \frac{1}{2} \left(\frac{\lambda T}{N} \right)^2 \right) \right).$$

Für jedes Element, das eine neueintreffende Anforderung vor sich in der Warteschlange der i-ten Klasse vorfindet, muß eine ganze Umdrehung gewartet werden. Es ergibt sich also für die mittlere Bedienungszeit

$$E(S)_{SATF} = T/2 + T/N + T \cdot E(X^{(i)}) \quad =$$

$$= \quad T/2 + T/N + \frac{T\left(2 \dfrac{\lambda T}{N} - \left(\dfrac{\lambda T}{N} \right)^2\right)}{2\left(1 - \dfrac{\lambda T}{N}\right)} . \tag{3.25}$$

Dieser Wert ist stets geringer als der Wert für die FCFS-Strategie. Dazu betrachten wir folgendes numerische Beispiel:

Umdrehungszeit	$T = 5$ (ms)	
Sektorenanzahl	$N = 30$	
Ankunftsintensität	$\lambda = 0.1$	(d.h. 100 Anforderungen pro Sekunde im Mittel)

Es ergibt sich nach (3.23) und (3.25)

$$E(S)_{FCFS} = 3.45 \qquad E(S)_{SATF} = 2.83$$

Für größere Zugriffsintensitäten wird der Unterschied immer größer, z.B. für $\lambda = 0.3$

$$E(S)_{FCFS} = 9.45 \qquad E(S)_{SATF} = 2.92.$$

Man beachte auch, daß das FCFS-System für $\lambda \geqslant (T/2 + T/N)^{-1}$ zusammenbricht (d.h. $E(S) = \infty$), das SATF-System erst bei $\lambda \geqslant N/T$. Diese kritische Anforderungsrate ist also bei SATF rund $N/2$-mal größer.

Magnetplattenspeicher unterscheiden sich von Magnettrommelspeichern dadurch, daß eine zusätzliche Latenzzeit auftritt, weil der bewegliche Lese/Schreibkopf auf die richtige Spur positioniert werden muß.

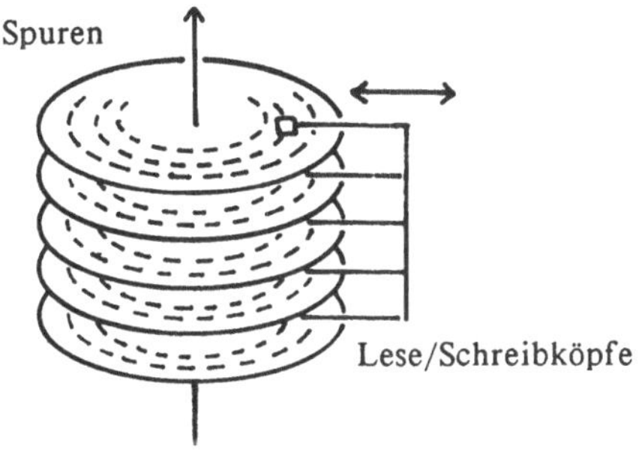

Abb. 3.12

Die Magnetplatte habe K Spuren, die wiederum in Sektoren eingeteilt sind. Die Wartezeit setzt sich aus der Latenzzeit für das Positionieren des Kopfes und der Wartezeit für den gewünschten Sektor zusammen. Allerdings ist die gemeinsame Betrachtung dieser beiden Komponenten der Zugriffszeit relativ kompliziert, sodaß man das Positionieren als selbständiges Problem auffaßt und optimiert. Nach richtiger Positionierung kann mit der SATF-Strategie dann der Sektor ausgewählt werden.
Die Bewegung des Armes mit den Schreib/Leseköpfen ist nicht gleichförmig. Das Beschleunigen und Abbremsen nimmt eine verhältnismäßig große Zeit in Anspruch. Ein exaktes Bewegungsmodell muß relativ kompliziert sein. Deswegen wird sich die folgende Analyse darauf beschränken, den mittleren Abstand zweier hintereinander positionierter Spuren zu ermitteln. Je kleiner dieser Abstand ist, umso weniger Zeit verstreicht zwischen der Erfüllung zweier Aufträge.

Der Ankunftsstrom sei ein Poissonprozeß mit Intensität λ. Mit Y werde die angeforderte Spur bezeichnet, wobei $P\{Y=k\} = 1/K$; $1 \leqslant k \leqslant K$ (Gleichverteilung) gelte. Die Distanz zweier aufeinanderfolgender Positionierungen sei D.

Für die FCFS-Strategie (Abarbeitung nach der Reihenfolge des Eintreffens) gilt

$$D = |Y_1 - Y_2|$$

wobei Y_i unabhängige Replikationen von Y sind. Es folgt

$$E(D)_{FCFS} = \frac{1}{K^2} \sum_{k_1=1}^{K} \sum_{k_2=1}^{K} |k_1 - k_2| =$$

$$= \frac{1}{K^2} \left(\sum_{i=1}^{K-1} i \cdot 2(K - i) \right) =$$

$$= \frac{1}{K^2} \left[K^2(K - 1) - \frac{(K - 1) \cdot K \cdot (2K - 1)}{3} \right]$$

$$= \frac{K^2 - 1}{2K} \tag{3.25}$$

Analog zur SATF-Strategie kann auch hier durch eine andere Reihenfolgeplanung für die Anforderung erheblich Zeit gespart werden. Bei der SSTF-Strategie ("shortest seek time first") wird jene Anforderung vorgezogen, deren Spur zum aktuellen Standort des Kopfes minimalen Abstand hat. Wenn $Y_1,\ldots,Y_n$ die in der Warteschlange befindlichen Aufträge sind, so ist der mittlere Abstand zweier benachbarter Anforderungen gleich

$$E(D_n) = \frac{1}{n-1} \left[E(Y_{(n)} - Y_{(n-1)}) + E(Y_{(n-1)} - Y_{(n-2)}) + \ldots + E(Y_{(2)} - Y_{(1)}) \right] =$$

$$= \frac{1}{n-1} \left[E(Y_{(n)} - Y_{(1)}) \right] \tag{3.26}$$

wobei $Y_{(1)} \leqslant Y_{(2)} \leqslant \ldots \leqslant Y_{(n)}$ die geordneten Werte $Y_1,\ldots,Y_n$ sind. $Y_{(n)} - Y_{(1)}$ (der größte minus der kleinste Wert) heißt auch die Spannweite ("range"). Für die Verteilung von

$$Y_{(n)} = \max(Y_1,\ldots,Y_n) \text{ gilt } P\{Y_{(n)} \leqslant k\} = \prod_{i=1}^{n} P\{Y_i \leqslant k\} = \left[\frac{k}{K} \right]^n .$$

Und daher folgt

$$E(Y_{(n)}) = \sum_{k=1}^{K} k(P\{Y_{(n)} \leqslant k\} - P\{Y_{(n)} \leqslant k - 1\}) =$$

$$= \sum_{k=0}^{K-1} 1 - P\{Y_{(n)} \leqslant k\} = K - \sum_{k=0}^{K-1} \left[\frac{k}{K} \right]^n \approx K \left(\frac{n}{n + 1} \right)$$

Aus Symmetriegründen ist $E(Y_{(1)}) \approx K \left(\frac{1}{n + 1} \right)$.

und damit ist der mittlere Abstand zweier benachbarter Anforderungen nach (3.26) ungefähr gleich

$$E(D_n) \approx K \frac{1}{n + 1} . \tag{3.27}$$

Man beachte, daß in (3.25) der exakte Wert für $E(D_2) = (K^2 - 1)/3K \approx K-1/(2+1)$ berechnet wurde. Ist die Warteschlange der Anforderungen groß, so sinkt die mittlere Distanz bei der SSTF-Strategie gegenüber FCFS ganz erheblich.

Allerdings hat die SSTF-Strategie einen bedeutenden Nachteil: Die Spuren am äußeren und inneren Rand der Platte werden nur sehr selten erreicht, sodaß die Zugriffszeit für diese Spuren extrem hoch ist. Deshalb wird oft die SCAN-Strategie implementiert: Hier bewegt sich der Arm solange in eine Richtung weiter, als es noch ·unerledigte Aufträge in dieser Richtung gibt und erst wenn kein Auftrag in dieser Richtung mehr vorliegt, wird umgedreht. Auf diese Weise werden auch die extremen Spuren entsprechend berücksichtigt. Übrigens ist dies auch die meistverbreitete Strategie, mit der Aufzüge ihre Aufträge abarbeiten. Es sei τ die Zeit, die der Arm zur Überquerung der Platte benötigt. Wir nehmen der Einfachheit an, daß zwischen jedem Umkehren des Armes eine komplette Überquerung liegt (obwohl bei mangelnden Aufträgen schon vorher umgekehrt werden kann). Die Anzahl ν der Aufträge, die während einer solchen Überquerung eintreffen, sei nach Poisson $(\lambda\tau)$ verteilt. Für den mittleren Abstand der Positionierungen bei einer Überquerung gilt:

$$E(D)_{SCAN} = \sum_{n=0}^{\infty} E(D_n) \, P\{\nu = n\} =$$

$$= e^{-\lambda\tau} \sum_{n=0}^{\infty} \frac{K}{n + 1} \cdot \frac{(\lambda\tau)^n}{n!} =$$

$$= \frac{K}{\lambda\tau} e^{-\lambda\tau} \sum_{n=0}^{\infty} \frac{(\lambda\tau)^{n+1}}{(n+1)!} = \frac{K}{\lambda\tau} (1 - e^{-\lambda\tau}). \tag{3.28}$$

Ein Vergleich mit (3.25) lehrt, daß die SCAN-Strategie auf jeden Fall der FCFS-Strategie überlegen ist, falls $\lambda > 3/T$. Für ganz geringe Intensität verhalten sich FCFS und SCAN gleich.

Eine Variante des SCAN Verfahrens, die FSCAN-Strategie arbeitet so: Bei jeder Richtungsänderung wird die extremale Spur markiert, auf die zugesteuert wird. Am Wege dorthin werden keine neuankommenden Aufträge berücksichtigt. Nach Erreichen der Marke, wird aus allen unerledigten Aufträgen jene extremale Spur ermittelt, die dem Kopf am nächsten liegt. Diese wird als nächstes angesteuert, egal ob damit ein Umkehren verbunden ist oder nicht. Auf diese Weise wird erreicht, daß die Zugriffszeiten zu den einzelnen Spuren noch gleichmäßiger als bei SCAN verteilt sind.

3.3 Computer-Netzwerke

Seit es Computer gibt, besteht der Wunsch, diese miteinander zu verbinden und so größere Netze zu schaffen. Computernetzwerke werden installiert, um

(i)   über das Netz Informationen transportieren zu können

(ii)   an einem Rechner installierte Systeme einem größeren Kreis zugänglich zu machen

(iii)   freie Kapazitäten besser nutzen zu können.

Betrachten wir · nun einmal das Argument (iii). Dieses läßt sich durch eine Überlegung aus der Warteschlangentheorie belegen. Es seien zwei M/M/1-Systeme mit jeweils Ankunftsintensität λ und Bedienungsintensität μ gegeben. Die Wahrscheinlichkeit, Warten zu müssen, ist in jedem System gleich $E_2(\rho,1) = \rho$, mit $\rho = \lambda/\mu < 1$. (vgl. 2.17). Schließt man jedoch beide Systeme zusammen, bildet also ein M/M/2-System mit doppelter Ankunftsintensität und gleicher Bedienungsintensität, so ist für dieses System die Wahrscheinlichkeit, warten zu müssen, gleich

$$E_2(2\rho,2) \;=\; \frac{4\,\rho^2}{2 + 2\cdot\rho} \;<\; \rho \;=\; E_2(\rho,1)\,, \tag{3.29}$$

also geringer als bei zwei getrennten Systemen. Der Zusammenschluß der Systeme bringt also den Vorteil, daß freie Kapazitäten besser ausgenützt werden können. Diese Ersparnis gilt für beliebige Anzahl von Bedienungsstellen, d.h.

es gilt $E_2(2\rho,2c) < E_2(\rho,c)$ für alle c und alle ρ,

wie der Leser zeigen möge.

Je nach Art der Informationsübertragung unterscheidet man zwei Grundtypen von Computernetzwerken

        (i)   Broadcast-Systeme
und   (ii)   Leitungsbasierte Systeme

3.3.1 Broadcast-Systeme

Broadcast-Systeme haben keine individuelle Verbindungen zwischen je zwei Knoten, sondern jeder Netzrechner sendet und empfängt gleichzeitig für alle und von allen anderen. Typische Fälle sind

(i)   Satellitensysteme (Das Signal wird zu einem Satelliten und von dort zu allen Empfangsstationen gesendet)

(ii)   Funksysteme (z.B. das ALOHA-System auf Hawaii: dasselbe Prinzip nur mit Funksignalen auf der Erdoberfläche

(iii)   ETHERNET-ähnliche-Systeme (Hier sind alle Netzrechner an einem gemeinsamen, alle verbindenden Breitbandkabel angeschlossen)

Da bei Broadcast-Systemen jeder Netzrechner alle Information empfängt, muß jede Nachricht eine Kennung über den Adressaten enthalten. Dies ist jedoch unproblematisch. Schwieriger ist jedoch das Problem des gemeinsamen Sendens: Wenn zwei Netzrechner gleichzeitig senden, so überlagern sich beide Signale und werden unverständlich (Kollision). Aus diesem Grund müssen alle Sender überprüfen, ob ihre ausgestrahlte Nachricht gestört wurde, und gegebenenfalls die Übertragung nach einer individuellen Wartepause wiederholen. Zur Ermittlung der Leistungsfähigkeit eines Broadcast-Systems muß man die Kollisionswahrscheinlichkeit berechnen.

Dazu setzen wir voraus, daß es n Rechner gibt, die pro Zeiteinheit im Mittel Nachrichten der Gesamtlänge λ_i aussenden. Die Nachrichten werden in Pakete der Länge ϵ zerlegt. Die Sendezeiten der einzelnen Pakete seien nach einem Poissonprozeß mit der Intensität λ_i/ϵ verteilt. Eine Kollision liegt vor, wenn zwei Sendezeitpunkte einen Abstand $\leqslant \epsilon$ haben.

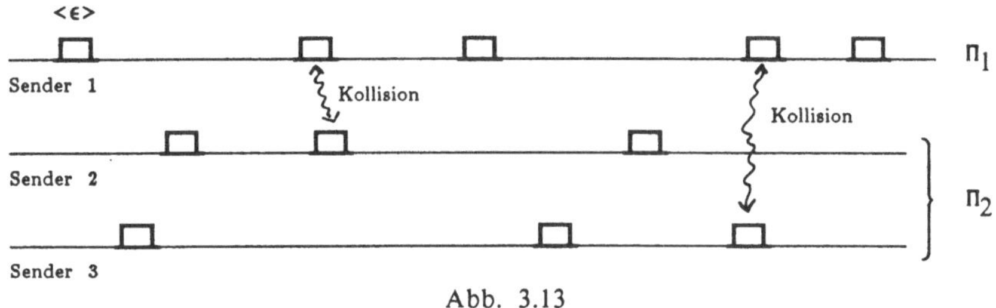

Abb. 3.13

Gesucht ist die Wahrscheinlichkeit, mit der ein Prozeß - o.B.d.A. der Prozeß Π_1 - durch Kollision mit den anderen gestört wird. Nach dem Satz über die Überlagerung von Poissonprozessen (siehe Abschn. 1.2.3.1) kann man alle anderen Sendeprozesse durch einen einzigen Prozeß Π_2 repräsentieren, dessen Intensität die Summe der beteiligten Prozesse ist, und der unabhängig von Π_1 ist.

Es seien $\tau_1, \tau_2, \dots$ die Ereigniszeiten des Prozesses Π_1 (Intensität λ_1/ϵ) und $\sigma_1, \sigma_2, \dots$ die Ereigniszeiten von Π_2 (Intensität λ_2/ϵ). Die Anzahl der Kollisionen des Prozesses Π_1 im Intervall $[0,T]$ ist

$$C = \#\{\tau_i \leqslant T \mid \text{es gibt } \sigma_j \text{ mit } |\tau_i - \sigma_j| \leqslant \epsilon\} = \qquad (3.30)$$

$$= \sum_{i=1}^{\Pi_1(T)} 1\{\Pi_2(\tau_i + \epsilon) - \Pi_2(\tau_i - \epsilon \geqslant 1\}\cdot$$

Die Ermittlung der Verteilung von C ist ein bislang ungelöstes Problem (Für die Berechnung von $P\{C = 0\}$ siehe jedoch [GIL 57]). Der **mittlere Durchsatz** des Systems

$$d = \lambda_1 \cdot T - E(C) \cdot \epsilon \;,$$

das ist die *mittlere Gesamtlänge der ungestörten Nachrichten* im Intervall $[0,T]$, kann jedoch einfach berechnet werden. Wegen

$$E(\Pi_1(T)) = \lambda_1 T$$

$$E(1_{\{\Pi_2(\tau_i + \epsilon) - \Pi_2(\tau_i - \epsilon) \geqslant 1\}}) =$$

$$= P(\Pi_2(\tau_i + \epsilon) - \Pi_2(\tau_i - \epsilon) = 1) = 1 - e^{-\frac{\lambda_2}{\epsilon} \cdot 2\epsilon} = 1 - e^{-2\lambda_2}$$

und der Unabhängigkeit von Π_1 und Π_2 folgt

$$E(C) = E\left(\sum_{i=1}^{\Pi_1(T)} 1_{\{\Pi_2(\tau_i + \epsilon) - \Pi_2(\tau_i - \epsilon) \geqslant 1\}}\right) =$$

$$= \lambda_1 T (1 - e^{-2\lambda_2}).$$

Damit folgt für den mittleren Durchsatz d

$$d = \lambda_1 \cdot T \cdot e^{-2\lambda_2} \tag{3.31}$$

Falls alle n Netzrechner die gleiche Intensität λ aufweisen, so gilt $\lambda_1 = \lambda$ und $\lambda_2 = (n-1) \cdot \lambda$ also

$$d = \lambda \cdot T \, e^{-2(n-1)\lambda}. \tag{3.32}$$

Der Leser möge nachprüfen, daß der Durchsatz mit wachsendem λ zunächst ansteigt, jedoch für $\lambda > 1/2(n-1)$ schnell abnimmt. Dies zeigt, daß das dargestellte Broadcast-System nur für kleine Nachrichtenintensitäten effizient arbeitet.

Verbesserungen der Effizienz sind durch folgende Zusatzforderungen möglich:

(i) Eine Station darf nur zu den diskreten Zeitpunkten ϵ, 2ϵ, 3ϵ,... etc. senden ("slotted ALOHA" - siehe Übungsaufgabe 4).

(ii) Eine Station darf nur dann zu senden beginnen, falls keine andere Station derzeit sendet ("carrier sense multiple access mode" -CSMA). Für eine Performance-Analyse dieser Methode siehe [KLE 76], Vol. II. Seite 393 ff.)

3.3.2 Leitungsbasierte Systeme

Diese im engeren Sinn als Netzwerke zu bezeichnenden Systeme zeichnen sich dadurch aus, daß die Verbindung der einzelnen Knoten des Netzes durch Leitungen beschränkter Kapazität erfolgt. Ein Beispiel für ein leitungsgebundenes System ist in Abb. 3.14 dargestellt.

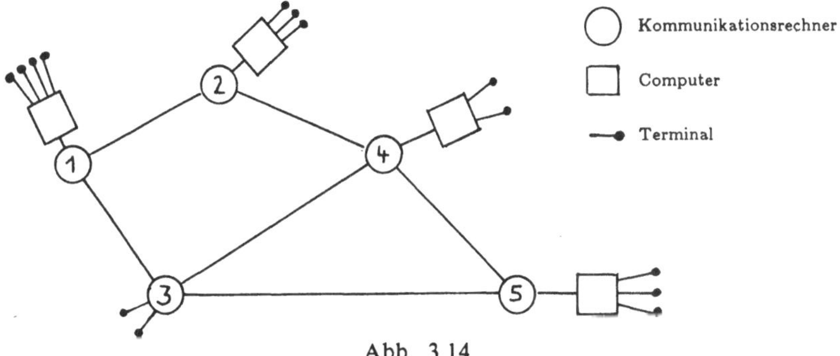

Abb. 3.14

Der Übergang zwischen Kommunikationsrechnern und Computern ist fließend. Dies ist jedoch für die folgende Analyse belanglos, weil dabei nur das eigentliche Kommunikationsnetzwerk betrachtet wird. Dieses Netzwerk wird im abstrakten Sinne durch einen ungerichteten Graphen repräsentiert, dessen Knoten die Kommunikationsrechner und dessen Kanten die Leitungen darstellen. Die Leitungen werden mit ihrer Kapazität bewertet, das ist die maximale Übertragungsrate (gemessen in KBPS - "kilo bit pro Sekunde" oder in kilobaud - "1000 Impulse pro Sekunde"), mit der störungsfrei Nachrichten über diese Leitung (durch den Leitungstreiber (Modem)) gesendet werden können.
Diese Übertragungsrate kann entweder

    (i)   in beiden Richtungen unabhängig voneinander ausgenutzt werden (Duplex Betrieb)

    (ii)   jeweils nur abwechselnd genutzt werden (Half-duplex Betrieb).

Im folgenden wird nur der Duplex-Betrieb betrachtet. Zur vollständigen Beschreibung des Netzwerkes müssen seine drei Hauptkomponenten spezifiziert werden.

    (i)   die Netztopologie
    (ii)   die Bedarfsstruktur
    (iii)   die Routenwahl

ad(i) **Netztopologie.** Die topologische Struktur wird durch einen ungerichteten Graphen $\Gamma = (V,E,\pi)$ beschrieben. Dabei ist $V = \{1,...,n\}$ die Knotenmenge ("vertices") und $E = \{(1,2), (1,3), ...\}$ die Kantenmenge ("edges"). Die Abbildung π ordnet jeder Kante ihre beiden Endknoten zu. Es sei $\#(V) = n$ und $\#(E) = p$.

Jede Kante besitzt eine spezifische Kapazität c_{ij}. Da Duplex Betrieb vorausgesetzt wurde, gibt es pro ungerichtete Kante eigentlich zwei gerichtete Kanten (i,j) und (j,i). Jede dieser Richtungen hat die Kapazität c_{ij}. Nachrichten auf (i,j) und (j,i) stören einander nicht.

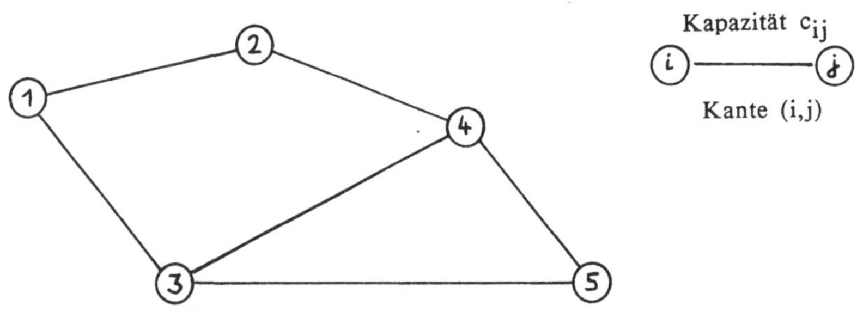

Netzwerktopologie
Abb. 3.15

ad (ii) **Bedarfsstruktur.**

Mit y_{km} werde die Intensität der Nachrichten vom Knoten k nach Knoten m bezeichnet. Die Gesamtnachrichtenintensität im Netz sei

$$y = \sum_{k=1}^{n} \sum_{m=1}^{n} y_{km} \; .$$

Der Nachrichtenstrom wird als Poissonstrom modelliert. Die Nachrichtenlängen werden durch eine Zufallsvariable Y dargestellt. Die Verteilung von Y sei unabhängig von der Quelle. Bei Paketvermittlung ist Y nicht zufällig, sondern deterministisch gleich der Paketlänge.

ad (iii) **Routenwahl.**

Meist gibt es mehrere mögliche Wege, um vom Knoten k zum Knoten m zu gelangen und eine bestimmte Routenwahl muß spezifiziert werden. Dabei ist ein Weg s_{km} eine (gerichtete) Kantenfolge

$$s_{km} := (k,z_1)\,(z_1,z_2) \;\ldots\; (z_{L-1},m)$$

mit Anfangsknoten k und Endknoten m. Die Länge des Weges s_{km} ist die Anzahl der Kanten dieses Weges $L = \#(s_{km}) = L_{km}$. Der erste Zwischenknoten z_1 auf diesem Weg heißt **direkter Nachfolger** von k auf s_{km}. Alle vorgeschriebenen Routen können als Kantenfolgen gespeichert werden. Ist es jedoch so, daß jedes Teilstück einer ausgewählten Route wiederum eine ausgewählte Route für die entsprechenden Anfang- und Endknoten ist, so genügt es, die jeweils direkten Nachfolger zu speichern. Dies ist z.B. der Fall, wenn die vorgeschriebenen Routen bezüglich irgendeines Kriteriums *kürzester Wege* sind (Bellmann'sches Optimalitätsprinzip). In einem solchen Falle genügt die Angabe der direkten Nachfolger, die in einer **Wegematrix** gespeichert werden können.

Man unterscheidet

(i) **fixe Routenwahl.** Hier ist die Wegematrix fest vorgeschrieben.

(ii) **adaptive Routenwahl.** Die Wegematrix wird belastungsabhängig in regelmäßigen Abständen opimiert (z.B: indem die Warteschlangenlängen an jeder Kante als fiktive Kantenlängen eingesetzt und sodann die kürzesten Wege ermittelt werden). Eine Variante sieht vor, daß jeder Knoten Nachrichten einfach an die nächste freie Leitung weiterreicht, wenn diese Richtung sinnvoll ist ("hot-potato" Technik).

Zur Analyse der Performance setzen wir voraus, daß die Routen $\{s_{km}\}$ festliegen. Will man optimale Routen finden, so muß man s_{km} als variabel auffassen und die Netzwerkperformance in Abhängigkeit von s_{km} optimieren (dies ist das Routenwahlproblem 3.3.2.2).

Einige Begriffe müssen nun definiert werden:

Kantenintensitäten:

$$\lambda_{ij} \qquad \text{Nachrichtenintensität auf der Kante } (i,j):$$

$$\lambda_{ij} := \sum_{(i,j)\epsilon s_{km}} \gamma_{km}$$

Performance-Parameter

t_{ij} mittlere Bedienungszeit von Nachrichten auf der Kante (i,j)

t mittlere Bedienungszeit von Nachrichten im Gesamtsystem:

$$t := \sum_{k,m} \frac{\gamma_{km}}{\gamma} \sum_{(i,j)\epsilon s_{km}} t_{ij} = \sum_{i,j} \frac{\lambda_{ij}}{\gamma} t_{ij} \qquad (3.33)$$

Transferzeiten innerhalb eines Knotens von einer Leitung zur anderen werden vernachlässigt.

Mittlere Weglängen (im graphentheoret. Sinn - jede Kante hat Länge 1)

$$\bar{L} := \sum_{k,m} \frac{\gamma_{km}}{\gamma} L_{km}$$

Mit $\lambda := \sum_{i,j} \lambda_{ij} = \sum_{i,j} \sum_{(i,j)\epsilon s_{km}} \gamma_{km} = \sum_{k,m} \gamma_{km} L_{km}$

gilt

$$\bar{L} := \frac{\lambda}{\gamma} \qquad (3.34)$$

Sind die Quellintensitäten y_{km}, die Nachrichten Y und die Routen s_{km}, spezifiziert, so kann die Gesamtperformance t des Netzes in Abhängigkeit dieser Größen im Prinzip ermittelt werden.

$$t = t (\{ y_{km} \}, Y, \{s_{km}\}) \tag{3.35}$$

Die explizite Berechnung von (3.35) ist deshalb so schwierig, weil die Belastungen der Kanten voneinander abhängen, da dieselbe Nachricht mehrere Kanten hintereinander durchlaufen können. Um diese Schwierigkeiten zu umgehen, macht man die Voraussetzung, *daß die Länge einer Nachricht an jedem Zwischenknoten neu zufällig nach der Verteilung von Y generiert wird.* Dies ist eine approximative Annahme, die in der Realität nicht gültig ist. Ohne diese vereinfachende Annahme kommt man praktisch zum gleichen Ergebnis, nur wird die Ableitung erheblich komplizierter. Ebenso nimmt man bei nicht-exponentialverteilter Bedienungszeit an, daß der Anforderungsstrom an jedem Knoten neu entsteht.

Der Vorteil dieser Voraussetzung ist, daß damit jede Kante (i,j) **unabhängig** von den anderen durch ein M/G/1-Wartesystem beschrieben werden kann, für das gilt:

Ankunftsintensität: $\qquad \lambda_{ij}$

Bedienungszeiten: $\qquad B = \dfrac{Y}{c_{ij}}$

$$\text{mit den Momenten } E(B) = \frac{E(Y)}{c_{ij}}$$

$$\text{und} \qquad Var(B) = \frac{Var(Y)}{c_{ij}^2}$$

Die Pollaczek-Khinchin Formel (2.65) liefert für t_{ij}

$$t_{ij} = \frac{E(Y)}{c_{ij}} + \frac{\lambda_{ij} \left[\dfrac{E^2(Y)}{c_{ij}^2} + \dfrac{Var(Y)}{c_{ij}^2} \right]}{2 \left(1 - \lambda_{ij} \dfrac{E(Y)}{c_{ij}} \right)} =$$

$$= \frac{2 c_{ij} E(Y) + \lambda_{ij} (Var(Y) - E^2(Y))}{2 c_{ij} (c_{ij} - \lambda_{ij} E(Y))}$$

und daraus folgt die endgültige Formel für die gesamte Netzwerkperformance

$$t = \sum_{i,j} \frac{\lambda_{ij}}{\gamma} \; t_{ij} =$$

$$= \sum_{i,j} \frac{\lambda_{ij}}{\gamma} \cdot \frac{2 \, c_{ij} \, E(Y) + \lambda_{ij} \, (Var(Y) - E^2(Y))}{2 \, c_{ij} \, (c_{ij} - \lambda_{ij} \, E(Y))} \cdot \qquad (3.35)$$

Zwei Spezialfälle sind besonders wichtig

(i) **deterministische Nachrichtenlängen** $Y = y$. Es gilt dann $E(Y) = y$ und $Var(Y) = 0$, und (3.35) spezialisiert sich zu

$$t = \sum_{i,j} \frac{\lambda_{ij}}{\gamma} \cdot \frac{2 \, c_{ij} \, y - \lambda_{ij} \, y^2}{2 \, c_{ij} \, (c_{ij} - \lambda_{ij} \, y)} \qquad (3.36)$$

(ii) **exponentialverteilte Nachrichtenlängen:** $P(Y \leqslant y) = 1 - e^{\mu y}$, wobei $E(Y) = 1/\mu$. Dann ist $Var(Y) = 1/\mu^2$ und (3.35) spezialisiert sich zu

$$t = \sum_{i,j} \frac{\lambda_{ij}}{\gamma} \cdot \frac{1}{\mu \, c_{ij} - \lambda_{ij}} \cdot \qquad (3.37)$$

Die Formel (3.35) verknüpft die Topologie, die Bedarfsstruktur und die Routenmatrix eines Netzes mit der Netzwerk-Performance. Je nachdem, welche dieser Werte als variabel angesehen werden, kann man folgende Optimierungsprobleme formulieren und lösen:

(1)   das Kapazitätsproblem (3.3.2.1)
(2)   das Routenproblem   (3.3.2.2)
(3)   das Designproblem   (3.3.2.3).

3.3.2.1 Das Kapazitätsproblem

Bei dieser Optimierungsaufgabe sollen die optimalen Kapazitäten für die einzelnen Leitungen unter einer Kostenrestriktion ermittelt werden. Also

gegeben: der Netzgraph Γ, alle Intensitäten γ_{km} und eine feste Routenzahl s_{km}.

gesucht: die optimalen Kapazitäten c_{ij} unter einer Kostenrestriktion

$$\sum_{i,j} d_{ij} \, (c_{ij}) \leqslant D$$

Hier wird nur der Spezialfall (iii) (exponentialverteilte Nachrichtenlängen) und lineare Kosten $d_{ij}(c_{ij}) = d_{ij} \cdot c_{ij}$ untersucht. Der Einfachheit halber schreiben wir statt des doppelten Index i,j den Index k. Das Kapazitätsproblem lautet formal

$$\sum_{k=1}^{p} \frac{\lambda_k}{\gamma} \cdot \frac{1}{\mu c_k - \lambda_k} = \min! \qquad (3.38)$$

$$\text{unter der NB: } \sum_k d_k \cdot c_k \leqslant D$$

Diese Aufgabe kann mit Hilfe der Lagrange'schen Multiplikatormethode gelöst werden. Es sei β der Multiplikator. Die Gleichung

$$\sum \frac{\lambda_k}{\gamma} \cdot \frac{1}{\mu c_k - \lambda_k} + \beta \left(\sum d_k c_k - D \right)$$

ist nach den c_k, sowie nach β abzuleiten und gleich 0 zu setzen. Es ergibt sich

$$\frac{1}{\sqrt{\beta \gamma \mu}} = \frac{D - \sum \frac{\lambda_k \cdot d_k}{\mu}}{\sum_j \sqrt{\lambda_j \cdot d_j}} \qquad (3.39)$$

Es sei $D_0 = \sum_k \frac{\lambda_k d_k}{\mu}$.

Damit das Netzwerk nirgends überlastet ist, ist erforderlich, daß $\lambda_k < \mu c_k$ für alle Kanten gilt. Damit kann D_0 als das Mindestbudget gedeutet werden, das erforderlich ist, um überhaupt ein sinnvolles Netz aufbauen zu können. Es sei $D_1 = D - D_0$ das "Überschußbudget". Aus (3.39) ergibt sich die optimale Lösung

$$c_k = \frac{\lambda_k}{\mu} + \frac{D_1}{d_k} \frac{\sqrt{\lambda_k d_k}}{\sum_j \sqrt{\lambda_j d_j}} \qquad (3.40)$$

Die Kapazitäten müssen also wie folgt zugeteilt werden: Zunächst ist die minimal nötige Kapazität λ_k/μ vorzusehen. Das überschüssige Budget ist so aufzuteilen, daß $c_k \cdot d_k$ proportional in $\sqrt{\lambda_k d_k}$ wird.

3.3.2.2 Das Routenproblem

Dies ist das Problem der optimalen Routenwahl:

gegeben: der Netzgraph Γ, die Kapazitäten c_{ij} und die Quellenintensitäten γ_{km}
gesucht: die optimalen Routen s_{km}

Dies ist ein Problem sehr hoher Komplexität, das nur für kleine Netze oder auf Superrechnern gelöst werden kann. Es ist ein Problem der **kombinatorischen Optimierung,** weil es nur endlich viele (aber meistens astronomisch viele) verschiedene Wege gibt.

Falls es einen Quellknoten und einen einzigen Zielknoten gibt (und alle anderen Knoten bloß intermediär sind) so ist die Aufgabe leicht:

Die beste Route ist der im Sinne der Inversen der Kapazitäten kürzeste Weg. Algorithmen zur Bestimmung der kürzesten Wege in Graphen sind wohlbekannt (z.B. Dörfler & Mühlbacher [DOE72]).

Das eigentliche Problem bei realen Netzen liegt darin, daß sich die verschiedenen Nachrichtenströme überlagern und nur die Gesamtsituation in der Performance berücksichtigt wird. Das Problem ist nicht zerlegbar: Ändert man eine einzige Quell-Zielintensität ab, so ändert sich im allgemeinen die optimalen Routenwahlen aller Quell-Zielbeziehungen.

Ein heuristischen Verfahren zur Routenwahl ist das SALMOF-Verfahren (stepwise assignment according to the least marginal objective function). Dabei werden in einer schrittweisen Prozedur zunächst nur jeweils p_1 Prozent der Nachrichtenintensitäten berücksichtigt und auf die jeweils kürzesten Wege umgelegt. Sodann werden die dadurch entstehenden mittleren Wartezeiten ermittelt und als neue Kantenlängen angesehen. Weitere p_2 Prozent der Nachrichten werden auf die neuen ermittelten kürzesten Wege umgelegt, u.s.f. bis alle Nachrichtenintensitäten voll berücksichtigt sind. Allerdings kann es dabei vorkommen, daß die Nachrichten von k nach m auf mehrere verschiedene Routen aufgeteilt werden.

Eine andere Möglichkeit besteht darin, eine schrittweise Verbesserung zu suchen, indem jeweils für eine feste Quell-Zielbeziehung eine beste Route gesucht wird. Beide heuristischen Verfahren müssen aber nicht notwendig zu einem globalen Optimum führen.

3.3.2.3 Das Designproblem

Bei diesem Problem geht es darum, die optimale Netzwerkstopologie zu finden:

gegeben: Knotenmenge V, Quell-Zielintensitäten s_{km}, maximale Kosten D
gesucht: Kantenmenge E, somit Kapazitäten c_{ij} und Routen s_{km}.

Da dieses Problem die beiden vorhergehenden als Subproblem enthält, ist es das schwierigste von allem. Im allgemeinen ist es aussichtslos, durch numerische Methoden das Optimum algorithmisch zu finden. Man begnügt sich also meist mit der Auswahl eines besten Netzes aus verschiedenen vorgegeben (Szenarienvergleich). In vielen Fällen stehen ja ohnehin nur wenige Alternativen zu Debatte.

Hingegen ist es lohnend, allgemeine Überlegungen zur Netzwerktopologie mit einem vereinfachten Modell anzustellen. Aus den vielen möglichen zusammenhängenden Graphen mit n Knoten greifen wir drei besonders interessante Exemplare heraus: (a) den Kreis, (b) den Stern und (c) den vollständigen Graphen.

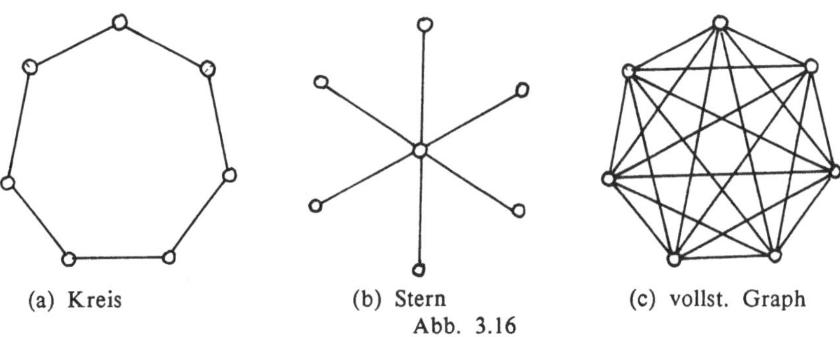

(a) Kreis　　　　　　(b) Stern　　　　　　(c) vollst. Graph

Abb. 3.16

Zum Vergleich dieser drei Netztypen ziehen wir das Modell mit exponentialverteilten Nachrichtenlängen heraus, wie es in Abschnitt 3.3.2.1 entwickelt wurde und spezialisieren weiter zu

$$\gamma_{km} \equiv 1 \quad \text{(alle Verbindungen haben Nachrichtenintensität 1)}$$

$$d_{ij} \equiv 1 \quad \text{(die Kosten sind proportional zu Kapazität).}$$

In diesem Fall ist $D_0 = \Sigma\ \lambda_k/\mu = \lambda/\mu$. Damit ist die Lösung (3.40) gleich

$$c_k = \frac{\lambda_k}{\mu} + D(1 - \overline{L} \cdot \rho) \frac{\sqrt{\lambda_k}}{\sum_j \sqrt{\lambda_j}}$$

wobei $\overline{L} = \lambda/\gamma$ die mittlere Weglänge und $\rho = \gamma/\mu D$ ist.

Dies eingesetzt in (3.37) liefert

$$t = \frac{1}{\mu \cdot D(1 - \overline{L}\rho)} \left[\sum \sqrt{\frac{\lambda_k}{\lambda}} \right]^2 \qquad (3.41)$$

Die Routenwahl für Kreis, Stern und vollständigen Graph ist aus Symmetriegründen klar (stets kürzeste Wege). Da ebenfalls aus Symmetriegründen bei diesen Graphen auch alle Kanten gleich belastet sind, gilt

$$\lambda_k = \frac{\lambda}{p}\ , \quad \text{also} \quad \left[\sum \sqrt{\frac{\lambda_k}{\lambda}} \right]^2 = p \quad \text{und daher} \quad t = \frac{p}{\mu D(1 - \overline{L}\rho)}$$

wobei p = Anzahl der Kanten. Die mittleren Weglängen $\overline{L}$ und die Kantenzahl p betragen

(a)　für den Kreis (n ungerade)

$$\overline{L} = \frac{2}{(n-1)} \sum_{i=1}^{n/2} 2i = \frac{2}{n-1} \cdot \frac{\frac{n}{2}\left(\frac{n}{2}-1\right)}{2} \approx \frac{n}{4}$$

$$p = n$$

(b) für den Stern

$$\overline{L} = \frac{2\,(n - 2) + 1}{n - 1} \approx 2$$

$$p = n - 1$$

(c) für den vollständigen Graphen

$$\overline{L} = 1$$

$$p = \binom{n}{2} \approx \frac{n^2}{2}$$

Also ist die Performance t

(a) für den Kreis

$$t \approx \frac{4\,n}{\mu \cdot D \cdot (4 - n\rho)}$$

(b) für den Stern

$$t \approx \frac{(n - 1)}{\mu \cdot D \cdot (1 - 2\rho)}$$

(c) für den vollständigen Graphen

$$t \approx \frac{n^2}{2\mu \cdot D \cdot (1 - \rho)} \; .$$

Diese Funktionen sind für festes n=7 und D=1 in Abb.3.17 wiedergegeben. Es zeigt sich, daß in diesem Fall für $0 < \rho \leqslant 0.071$ der Stern, für $0.071 < \rho \leqslant 0.4$ der Kreis und für $0.4 < \rho < 1$ der vollständige Graph am besten abschneidet. Dies ist ein typisches Resultat. Für kleine Gesamtintensitäten γ (und damit für kleine $\rho = \gamma/\mu D$) ist stets der Stern und für große der vollständige Graph am besten.

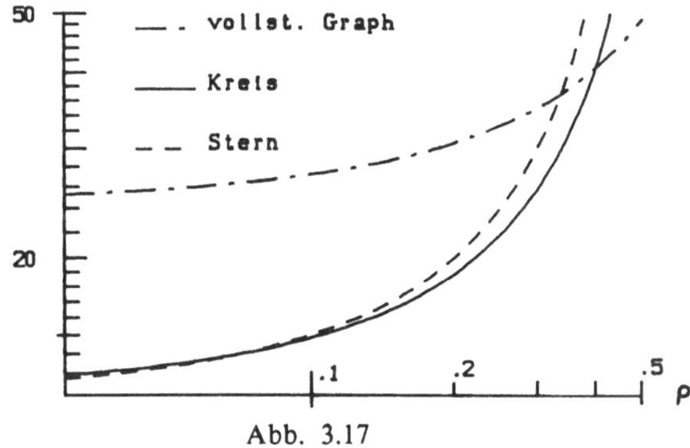

Abb. 3.17

3.4 Parallelverarbeitung

Die neuen Rechnerarchitekturen sehen die Möglichkeit der parallelen (= gleichzeitigen) Durchführung von Verarbeitungsschritten auf gleichrangigen Prozessoren vor. Die Gleichrangigkeit der Prozessoren unterscheidet solche Architekturen von Systemen, die einen Zentralprozessor und parallel arbeitende periphere (= Ein/Ausgabe-) Prozessoren aufweisen.

Während Programme für Ein-Prozessor-Systeme eine lineare Struktur aufweisen, so sind Programme für Parallelrechner durch eine **vernetzte Struktur** gekennzeichnet. Diese Struktur wird durch einen gerichteten Graphen wiedergegeben. Dabei entsprechen die Knoten dieses Graphen den einzelnen Teilaufgaben (einzelnen Verarbeitungsschritten oder ganzen Moduln, also größeren Einheiten) und die Kanten der logischen Abfolgestruktur: Ist i mit j durch eine Kante verbunden, so bedeutet dies, daß die Teilaufgabe j erst nach Beendigung der Teilaufgabe i durchgeführt werden kann. Eine solche vernetzte Struktur wird auch als **Netzplan** ("network") bezeichnet und die mathematische Analyse dieser Struktur heißt - als Teilgebiet des Operations Research - **Netzplantechnik** ("network planning").

Beispiel 0

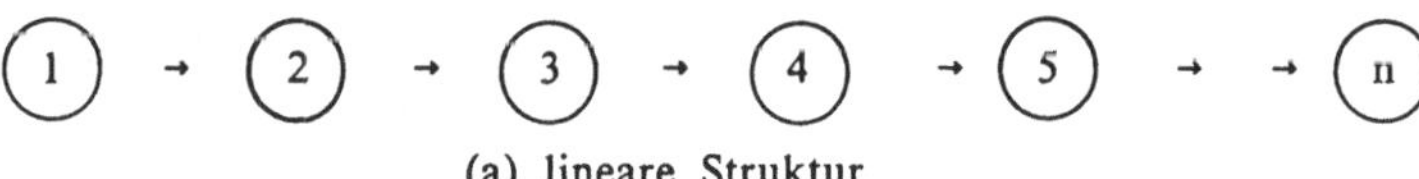

(a) lineare Struktur

Beispiel 1

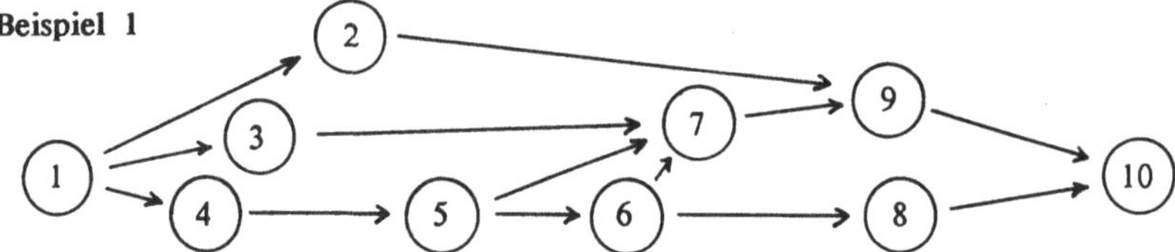

(b) vernetzte Struktur (Netzplan)
Abb. 3.18

Der Einfachheit halber nehmen wir im folgenden an, daß jede Teilaufgabe (jeder Knoten des Graphen) dieselbe Verarbeitungszeit, nämlich eine Zeiteinheit benötigt. Offensichtlich ergibt sich für die lineare Struktur (a) kein Effizienzgewinn durch die Verwendung parallel arbeitender Prozessoren. Denn dieses Programm benötigt in jedem Fall n Zeiteinheiten. Im vernetzten Fall (b) hingegen, können einige Teilaufgaben gleichzeitig durchgeführt werden, was die Gesamtverarbeitungsdauer verkürzt. Wir fragen uns zunächst nach der unteren Grenze der Verarbeitungsdauer einer vernetzten Struktur. Dazu nehmen wir an, es gäbe beliebig viele Prozessoren. Dann können im ersten Schritt alle Knoten bearbeitet werden, die nur wegführende Kanten besitzen. Im zweiten Schritt alle Knoten, die man nur über bereits bearbeitete Knoten erreichen kann, u.s.f. Wir können also den Graphen rekursiv in Schichten einteilen.

(i) Schicht 1 enthält alle Knoten, die nur wegführende Kanten besitzen

(ii) Schicht k+1 enthält alle Knoten, deren sämtliche Vorgänger in den Schichten 1,2,..,k liegen.

Beispielsweise besitzt der Graph des Beispiels 1 (Abb. 3.18(b)) folgende Schichteinteilung

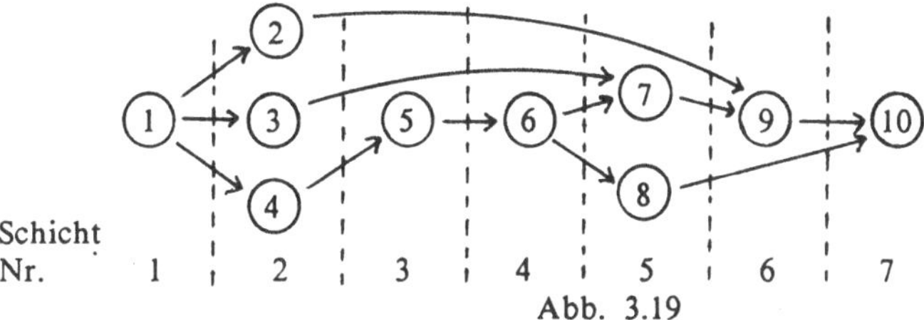

Abb. 3.19

Alle Knoten einer Schicht können zugleich durchgeführt werden. Die Verarbeitungsdauer einer vernetzten Struktur mit k Schichten beträgt daher k Zeiteinheiten, wenn genügend Prozessoren zur Verfügung stehen.

Wir nennen den Quotienten

$$\frac{n}{k} = \frac{\text{Anzahl der Teilaufgaben}}{\text{Schichtanzahl}} \qquad (3.42)$$

den **Parallelitätsgrad** ("degree of parallelity") der parallelen Struktur. Je größer dieser Wert ist, umso besser eignet sich eine Struktur für parallele Verarbeitung. Klarerweise besitzen lineare Strukturen stets den minimal möglichen Parallelitätsgrad nämlich 1. Im Beispiel 1 ist n = 10, k = 7 also

$$\text{Parallelitätsgrad} = \frac{10}{7} \approx 1,43.$$

Im Mittel sind also bei maximal paralleler Verarbeitung 1.43 Prozessoren aktiv.

Zur Ermittlung des mittleren Parallelitätsgrades ist die Angabe eines Wahrscheinlichkeitsmodells auf der Menge der Netzpläne erforderlich, also ein Modell für einen **Zufallsgraphen** ("random graph"). Das einfachste Modell entsteht, wenn wir annehmen, daß X_j, die Anzahl der Knoten in der j-ten Schicht unabhängig und identisch nach

$$P\{X_j = s\} = p_s \qquad s = 1,2,3,...$$

verteilt ist. Ein Programm habe die Gesamtlänge n. Dann ist seine Schichtanzahl gleich

$$k = \inf\{s : \sum_{j=1}^{s} X_j \geqslant n\}.$$

k ist also die Anzahl der **Erneuerungspunkte** ("renewal times") bis zum Zeitpunkt n.   Das Erneuerungstheorem (vgl. Feller [FEL71], Seite 360) besagt, daß

$$\lim_{n \to \infty} \frac{E(k)}{n} = \frac{1}{E(X_i)} \quad .$$

Definieren wir den **mittleren Parallelitätsgrad** als

$$\text{mittlerer Parallelitätsgrad} \simeq \frac{n}{E(k)} \qquad (3.43)$$

so ergibt sich also in diesem Fall für großes n

$$\text{mittlerer Parallelitätsgrad} = E(X_i)$$

was zu erwarten war.   Man beachte, daß der in (3.43) definierte mittlere Parallelitätsgrad nicht gleich dem erwarteten Parallelitätsgrad nach (3.42) ist. Wegen

$$E(\frac{1}{k}) \geqslant \frac{1}{E(k)}$$

(Jensen'sche Ungleichung), ist (3.43) bloß eine *untere Schranke* des Erwartungswertes von (3.42).

Bis jetzt wurde angenommen, daß die Zuordnung der Prozessoren zu den verschiedenen Teilaufgaben automatisch auf Grund der Abhängigkeitsstruktur vorgenommen wird (z.B. vom Compiler einer Programmiersprache mit Parallelkonzept). Wenn die Abbildungsvorschrift der Teilaufgaben auf die Prozessoren nicht bestimmt ist, spricht man auch von **impliziter Parallelität**. Sind genügend Prozessoren vorhanden, so ergibt sich die optimale Zuordnung einfach aus der vorhin erwähnten Schichtzerlegung. Sind jedoch weniger Prozessoren vorhanden, als die maximale Anzahl der Knoten pro Schicht beträgt, so ist die Auffindung der optimalen Zuordnung ein komplexes diskretes Optimierungsproblem (in der Netzplantechnik heißt dieses Problem: optimale Reihenfolgeplanung bei Betriebsmittelbeschränkung), welches mit Methoden der kombinatorischen Optimierung (begrenzte Enumeration, branch-and-bound Verfahren etc.) gelöst werden kann (vgl. z.B. Müller-Merbach [MUE]). Diese Verfahren können jedoch ihrerseits durch Parallelverarbeitung beschleunigt werden (vgl. Kindervater [KIN 85]).

Im Gegensatz dazu spricht man von **expliziter Parallelität,** falls die Zuordnung der Teilaufgaben zu den Prozessoren schon explizit vorliegt. (z.B. durch den Programmierer selbst durchgeführt wurde). In diesem Falle definiert man den Parallelitätsgrad als

$$\text{Parallelitätsgrad} = \frac{\text{Anzahl der Teilaufgaben}}{\text{benötigte Schichtanzahl}} \quad .$$

Es ist klar, daß dieser Wert mit zunehmender Prozessoranzahl zunimmt. Allerdings ist zu vermuten daß diese Zunahme *unterproportional* ist. M. Minski hat die Vermutung geäußert, daß der Parallelitätsgrad für viele Probleme nur mit dem Logarithmus von p steigt. Dies ist zu pessimistisch, wie die folgende Analyse zeigt.
Betrachten wir beispielsweise ein Programm, das aus n Teilaufgaben besteht. Jede Teilaufgabe sei explizit einem von p Prozessoren zugeordnet. Es bezeichne Z_i die Prozessornummer der i-ten Teilaufgabe.

Beispiel 2: (n = 9, p = 4)

Teilaufgabe i	1	2	3	4	5	6	7	8	9
Prozessor Z_i	3	1	4	3	2	1	2	2	3
Schicht j		1			2		3		4
Schichtgröße X_j		3			3		1		2

Die Teilaufgaben werden einer Schicht solange zugeordnet, bis eine Prozessornummer zum zweiten Male auftritt.

Nimmt man nun an, daß die Prozessornummern Z_i unabhängig gleichverteilt auf [1,...,p] sind, so ergibt sich für die Verteilung der Schichtgrößen X_j

$$p_s = P\{X_j = 1\} = P\{Z_1,...,Z_s \text{ alle verschieden, } Z_{s+1} \in \{Z_1,...,Z_s\}\}$$

$$= \frac{s \ (p-1)!}{p^s \ (p-1)!}$$

Der Parallelitätsgrad (= mittlere Schichtgröße) ist dann

$$E(X_j) = \sum_{s=1}^{p} s \cdot p_s = \sum_{s=1}^{p} \frac{s^2 \ (p-1) \ !}{p^s (p-1) \ !} \tag{3.44}$$

(vgl. Hellerman [HEL 75]).

Knuth und Rao [KNU 75] haben gezeigt, daß (3.44) durch

$$E(X_j) = \frac{\sqrt{\pi \cdot p}}{2} - \frac{1}{3} + \frac{1}{12} \sqrt{\frac{\pi}{2p}} + 0(p^{-1})$$

approximiert werden kann, daß also die Parallelität in diesem Modell mit der *Quadratwurzel der Prozessoranzahl wächst.* Burnett und Coffmann [BUR 73] haben dieses Modell auch unter einer Verteilungsannahme für die Z_i untersucht.
Allerdings erscheint das vorgestellte Modell aus folgendem Grund nicht sehr einsichtig. Die Zuordnungstabelle der Teilaufgaben zu den Prozessoren und Verarbeitungsschritten des Beispiels 2 sieht nämlich so aus:

Prozessor \ Schritt	1	2	3	4
1	2	6	-	-
2	-	5	7	8
3	1	4	-	9
4	3	-	-	-

Tabelle 3.1

Offensichtlich wird hier angenommen, daß die Teilaufgabe 5 zwar gleichzeitig mit 4 und 6, jedoch nach 1,2 und 3 durchgeführt werden muß. Diese Abhängigkeit ist jedoch in der Aufgabenstellung zunächst nicht vorhanden. Läßt man diese Abhängigkeit weg, so kann wie folgt um einen Schritt kürzer zugeordnet werden:

Prozessor \ Schritt	1	2	3
1	2	6	-
2	5	7	8
3	1	4	9
4	3	-	-

Tabelle 3.2

Hier wurde angenommen, daß die einzigen Abfolgerestriktionen die Hinereinanderausführung auf jedem Prozessor für sich betreffen. Unter dieser Annahme sieht der Netzplan für das Beispiel 2 so aus

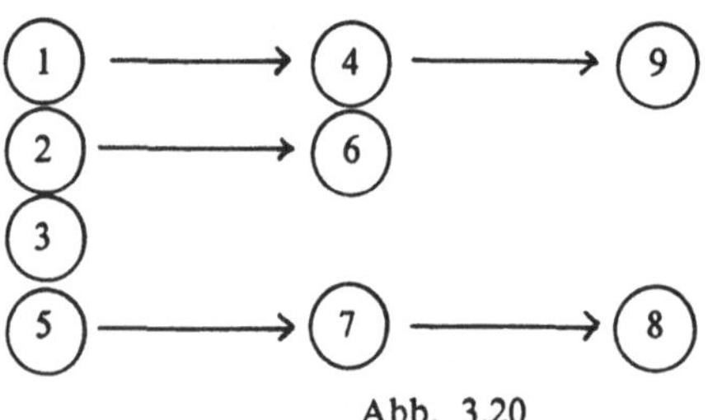

Abb. 3.20

Damit ergibt sich, daß in diesem Falle die benötigte Schrittanzahl mit der Maximalzahl gleicher Elemente in der Folge $\{Z_1, Z_2, ..., Z_n\}$ übereinstimmt:

$$k = \max \#\{ i \mid Z_i = j \}$$

Es läßt sich somit die Verteilung von k durch die Verteilung der $\{Z_i\}$ ausdrücken. Falls die $\{Z_i\}$ unabhängig und gleichverteilt auf $\{1,2,...,p\}$ sind, so sind die Zählvariablen W_j

$$W_j \; = \; \#\{ \; i \; | \; Z_i = j \; \} \qquad\qquad j = 1,...,p$$

gemeinsam nach einer Multinominalverteilung mit

$$E(W_j) \; = \; \frac{n}{p}$$

$$Var(W_j) = \frac{n(p - 1)}{p^2} \qquad\qquad (3.45)$$

$$Cov(W_i,W_j) \; = \; \frac{n}{p^2} \qquad\qquad i \neq j$$

verteilt. Die Verteilung von

$$k \; = \; max \, (W_1,...,W_p)$$

kann auf kombinatorischem Wege (relativ kompliziert) durch eine Rekursion bestimmt werden (vgl. Chang Kuck und Lawrie [CHA 77]). Eine sehr gute Annäherung wird erreicht, wenn die gemeinsame Verteilung der W_j durch eine multivariate Normalverteilung mit denselben Momenten (3.45) approximiert wird. Es sei

$$W_j' \; = \; \frac{n}{p} \; + \; \sqrt{\frac{n}{p}} \; V_j \; - \; \frac{1}{p}\sqrt{\frac{n}{p}} \; \sum_{j=1}^{p} V_j$$

wobei $V_1,...,V_p$ unabhängige $N(0,1)$ Zufallsvariablen sind. Der Leser möge sich überzeugen, daß $\{W_j'\}$ dieselben ersten und zweiten Momente wie $\{W_j\}$ besitzen. Es sei

$$k' \; = \; max \, \{W_1',...,W_p'\} \; = \; \frac{n}{p} \; + \sqrt{\frac{n}{p}} \, max\{V_1,...,V_p\} \; - \; \frac{1}{p}\sqrt{\frac{n}{p}} \; \sum_{j=1}^{p} V_j$$

Der Erwartungswert von k' ist

$$E(k') \; = \; \frac{n}{p} \; + \sqrt{\frac{n}{p}} \; \cdot \; c_p$$

wobei

$$c_p \; = E(max\{V_1,...,V_p\}) \; = \; \int_{-\infty}^{\infty} x \; d\phi^p(x) \; = \; p \int_{-\infty}^{\infty} x \; \phi \; \Phi^{p-1}(x)dx$$

mit Φ = Verteilungsfunktion der $N(0,1)$ Verteilung und $\phi = \Phi'$. Die Konstanten c_p sind also die Erwartungswerte des Maximums aus p unabhängigen $N(0,1)$ Verteilungen.

Die genauen Werte können durch numerische Integration bestimmt werden, z.B.

$$c_1 = 0.0 \qquad\qquad c_{100} = 2.50759$$

$$c_2 = 0.56419 = 1 / \sqrt{\pi} \qquad c_{200} = 2.74604$$

$$c_5 = 1.16297 \qquad\qquad c_{500} = 3.03670$$

$$c_{10} = 1.53875 \qquad\qquad c_{1000} = 3.24144$$

(vgl. Tippett [TIP 25]). Es ist auch bekannt, daß

$$\frac{c_p}{s_p + \dfrac{\gamma}{s_p}} \to 1 \quad \text{strebt} \quad \text{wobei } \gamma \text{ die Euler'sche Konstante } \gamma = 0.57722 \text{ ist}$$

$$\text{und } s_p = \sqrt{2 \log p} - \frac{\log \log p + \log 4\pi}{2 \sqrt{2 \log p}}$$

(vgl. David [DAV 81], Seite 264). Wegen

$$\text{mittlerer Parallelitätsgrad} = \frac{n}{E(k)} \approx \frac{n}{E(k')} =$$

$$= n \left(\frac{n}{p} + \sqrt{\frac{n}{p}} \, c_p \right)^{-1} = p \left(\frac{1}{1 + \sqrt{\dfrac{p}{n}} \, c_p} \right)$$

ist die Funktion

$$g(p,n) = p \left[\frac{1}{1 + \sqrt{\dfrac{p}{n}} \, c_p} \right] \tag{3.46}$$

eine gute untere Schranke für den mittleren Parallelitätsgrad in diesem Modell. Die Funktionen $g(p,n)$ sind in der Abbildung 3.21 wiedergegeben. Man beachte, daß $g(p,n) < p$ und $\lim\limits_{n \to \infty} g(p,n) = p$ gilt.

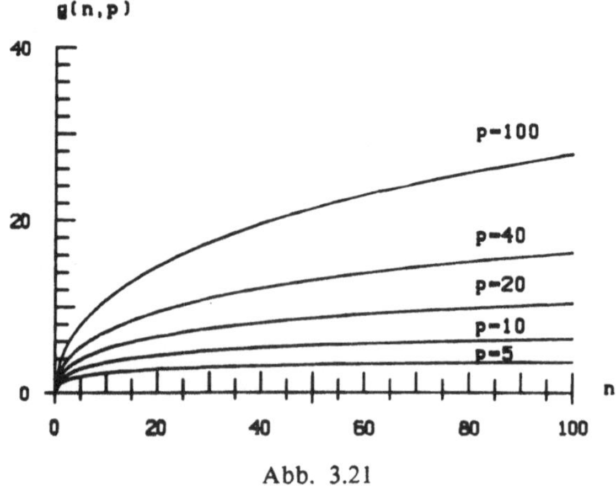

Abb. 3.21

Die parallele (=gleichzeitige) Verarbeitung zweier Teilaufgaben A und B kann aber nicht nur daran scheitern, daß diese beiden Aufgaben voneinander abhängig sind (A vor B oder B vor A) sondern auch daran, daß beide ein- und dasselbe Betriebsmittel benötigen. Insbesondere tritt dieser Fall ein, wenn von zwei verschiedenen Prozessoren im selben Verarbeitungszyklus ein Zugriff zum gleichen Speicherbereich ("memory-bank") angestrebt wird. Da in einem Zyklus jedoch nur ein Prozessor diesen Zugriff durchführen kann, muß dieser Konflikt ("memory-conflict") durch eine der folgenden Strategien gelöst werden:

(i)   der Prozessor mit der kleinsten Prozessornummer erhält die Kontrolle (LEFT-Strategie)

(ii)   der Prozessor mit der am weitest zurückliegenden Anforderung erhält die Kontrolle (LASF-Strategie)

(iii)   ein Prozessor wird zufällig zugeteilt (RANDOM-Strategie)

Die Auslastung eines bestimmten Prozessors hängt von der gewählten Strategie ab. Dies gilt jedoch nicht für die Auslastung des Gesamtsystems, da die Gesamtzahl der inaktiven (d.h. auf memory-Freigabe wartenden) Prozessoren strategieunabhängig ist.

Betrachten wir ein System mit p Prozessoren und m memory-banks, wobei p<m gilt. Zu jedem Verarbeitungszyklus n fordert jeder der p Prozessoren ein memory $X_j^{(n)} \in \{1,...,m\}$; j = 1,...,p an. Wir nehmen an, daß die $X_j^{(n)}$ unabhängig und identisch gleichverteilt auf $\{1,...,m\}$ sind. Falls die $X_j^{(n)}$ nicht alle verschieden sind, kommt es zu einem memory-Konflikt und alle bis auf einen der beteiligten Prozessoren müssen warten (inaktive Prozessoren). Falls $k_i^{(m)}$ i = 1,...,m die Länge der Warteschlange vor jedem Memory zum Zyklus n ist, so gilt

$$k_i^{(n+1)} = \max \left(k_i^{(n)} - 1 + \sum_{j=1}^{a} 1_{\{X_j^{(n)} = i\}} \, , \, 0 \right) \qquad (3.47)$$

wobei

$$a = p - \sum_{i=1}^{n} k_i^{(n)}$$

die Anzahl der aktiven Prozessoren ist. (3.47) stellt die Übergangsgleichung für eine homogene Markovkette mit den Zuständen $(k_1,...k_m)$ dar, wobei

$$0 \le k_i \qquad \text{und} \qquad \sum_{i=1}^{m} k_i \le p$$

gilt. Die Anzahl aktiver Prozessoren nennt man die **Bandbreite** ("bandwidth") des Systems. Die Bandbreite gibt an, wieviele Prozessoren nicht durch einen memory-Konflikt blockiert sind. Durch einen Trick kann die **mittlere Bandbreite** E(a) für den stationären Fall analytisch berechnet werden, ohne daß die stationäre Verteilung der Markovkette (3.47) ermittelt werden muß: In jedem Zyklus stellt die Gesamtheit aller auftretenden Memoryanforderungen (der alten, wartenden und der neu hinzugekommenen) eine Realisierung von p unabhängigen Zufallsvariablen $X_1^{(n)},...,X_p^{(n)}$ dar. Es können genauso viele Prozessoren aktiv sein, wie es **verschiedene** Elemente in $X_1^{(n)},...,X_p^{(n)}$ gibt.

Es sei

$$a_i = \text{Anzahl der verschiedenen Elemente in}$$

$$\{X_1^{(n)},...,X_i^{(n)}\}.$$

Es ist $a_1 = E(a_1) = 1$ und

$$a_{i+1} = \begin{cases} a_i & \text{mit} \quad \text{Ws.} \quad \dfrac{a_i}{m} \\[2ex] a_i + 1 & \text{mit} \quad \text{Ws.} \quad 1 - \dfrac{a_i}{m} \end{cases}$$

Daraus folgt unmittelbar

$$E(a_{i+1}) = E(a_i)\,(1 - \frac{1}{m}) + 1$$

und wegen $E(a_1) = 1$ gilt

$$E(a_i) = m(1 - (1 - \frac{1}{m})^i)$$

und daraus ergibt sich die mittlere Bandbreite für p Prozessoren und m memories als

$$E(a) = E(a_p) = m(1 - (1 - \frac{1}{m})^p). \tag{3.48}$$

Die entsprechenden Kurven sind in Abb. 3.22 aufgetragen. Man sieht, daß E(a) $\leqslant$ p und E(a) $\rightarrow$ p für m $\rightarrow$ ∞ gilt.

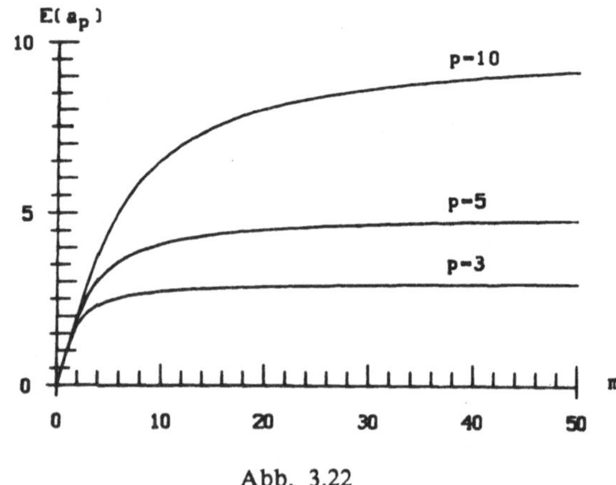

Abb. 3.22

Weiterführende Literatur: [HOC 81], [STR 83]

3.5 Datenbanken als stochastische Systeme

Eine Datenbank ist einmal eine logische Struktur, die Daten und die Relationen zwischen ihnen enthält. Andererseits kann eine Datenbank auch als System aufgefaßt werden, das auf die Abfragen mit dem Daten-retrieval reagiert. Falls man die Abfragenhäufigkeit durch ein Modell beschreiben kann, so wird eine Datenbank ein stochastisches System. Im einfachsten Fall ordnet man allen Dateneintragungen eine diskrete Verteilung (meist die Gleichverteilung) zu. Dadurch erhalten alle Teilmengen A der gesamten Daten (des sog. Datenuniversums) eine Wahrscheinlichkeit zugeordnet, den man als die Wahrscheinlichkeit einer Abfrage A', die genau die Daten A betrifft, interpretieren kann.

Auf Grund eines Modells für die Abfragenwahrscheinlichkeiten kann man die Performance eines Datenbanksystems - zumindest theoretisch - berechnen, wenn man sämtliche Details der Implementation, bis hin zu den zugrundeliegenden Datenfiles am Hintergrundspeicher berücksichtigt. Für realistische Datenbanken ist dies jedoch ein viel zu komplexes Problem. Deshalb verlegt man meistens die Aufgabe und betrachtet die Performanceanalyse von (1) Suchprogrammen, (2) Fileverwaltungssystemen und (3) Zugriffsstrategien auf Hintergrundspeicher getrennt (wie es auch in diesem Buch geschehen ist).

Aus diesem Grund wird im folgenden nicht die Performanceanalyse, sondern die Strukturanalyse einer Datenbank mit wahrscheinlichkeitstheoretischen Begriffen dargestellt. Wir betrachten nur **relationale Datenbanken** ("relational date bases"), deren zentraler Begriff die Relation zwischen möglichen Attributwerten ist.

Es seien $A_1,...,A_n$ jeweils endliche Mengen (**Attribute**). Jedes Attribut A_i besteht aus mindestens zwei und höchstens endlich vielen **Attributwerten**. Das kartesische Produkt $U = A_1 x A_2 x...x A_n$ heißt **universelles Relationenschema**. U stellt die Gesamtheit aller möglichen Daten dar, die durch die Attribute $A_1,...,A_n$ beschrieben werden können.

Beispiel: Pilzdatenbank.

A_1: (Name) = {Steinpilz, Parasol, Bowist}
A_2: (Art) = {Röhrenpilz, Blätterpilz, Staubpilz}
A_3: (Farbe) = {einfärbig, gescheckt}
A_4: (Stiel) = {lang, kurz, nicht vorhanden}

Universalmenge $U = A_1 \ x \ A_2 \ x \ A_3 \ x \ A_4$. $\#(U) = 3 \cdot 3 \cdot 2 \cdot 3 = 54$.

Jedes Element von U ist ein n-Tupel, z.B.

(Parasol, Blätterpilz, gescheckt, lang).

Eine konkreter Inhalt einer Datenbank mit Universum U ist eine Menge solcher n-Tupel und man definiert:

Unter dem Zustand Z einer Datenbank ("data base extension") versteht man eine Teilmenge von U. Während das universelle Schema U zeitunabhängig ist, kann sich der Zustand Z im Laufe der Zeit ändern.

Äquivalent mit der Angabe eines Zustandes Z ist die Angabe der Gleichverteilung auf Z, also der Verteilung, die jedem n-Tupel $(x_1,...,x_n)$ aus Z die (gleiche) Wahrscheinlichkeit $P(x_1,...,x_n) = 1/\#(Z)$ zuordnet. Mit dieser Zuordnung wird U ein Wahrscheinlichkeitsraum. Auf dem Wahrscheinlichkeitsraum (U,P) läßt sich eine Familie von zufälligen Größen X_B, wobei B eine Menge von Attributnummern ϵ {1,...,n} ist, wie folgt definieren:

$$X_B(x_1,...,x_n) = (X_{i_1},...,X_{i_k}) \qquad B = \{i_1,...,i_k\} \qquad (3.49)$$

Man nennt (3.49) die **Projektionsabbildungen.** Die Verteilungen der Variablen X_B heißen die **Randverteilungen** ("marginal distributions").

Die wichtigste Aufgabe der Theorie der relationalen Datenbanken ist es, die vorhandenen Beziehungen zwischen den Attributen so zu beschreiben, daß eine möglichst redundanzfreie, konsistente und speichergünstige Darstellungsform für den aktuellen Datenbestand und auch für alle Zukunft ermöglicht wird. Die entsprechenden Beziehungen ergeben sich dabei aus der Logik der abgebildeten Realität und sind unabhängig von den jeweiligen Eintragungen.

Andererseits ist es oft von Interesse, strukturelle Beziehungen der aktuell gespeicherten Daten herauszufinden. Dann betrachten wir für zwei Attributmengen B und C die bedingten Verteilungen.

$$P(X_B = x \mid X_C = y)$$

Definition: Seien B, C, D Attributmengen.

Man nennt
(i) B **unabhängig** von C, falls X_B unabhängig von X_C ist.
(ii) B **funktional abhängig** von C, falls alle bedingten Verteilungen
    $X_B|X_C = y$ entartet sind.
(iii) [B,D] **mehrwertig abhängig** von C, falls X_B bedingt unabhängig von X_C
    ist.

Die Unabhängigkeit von B und C ist äquivalent damit, daß es jeweils genau gleichviele n-Tupel gibt, die eine bestimmte Attributskombination $X_B = x$, $X_C = y$ aufweisen. Falls Attributmengen unabhängig sind, so kann eine günstigere Speicherungsform als die der Tabelle aller n-Tupel gefunden werden. Die Eigenschaft der funktionellen Abhängigkeit ist erfüllt, falls bedingt auf $X_C = y$ X_B nur einen möglichen Wert g(Y) hat, falls also aus $X_C = y$ mit Sicherheit folgt, daß $X_B = f(y)$. Es ist dann $X_B = f(X_C)$. Minimale Attributmengen, von denen alle anderen Attribute funktional abhängen, heißen **Schlüssel** ("key"). Oft ist man bestrebt, das Design der Datenbank so zu gestalten, daß außer der funktionalen Abhängigkeit vom Schlüssel keine weiteren Abhängigkeiten bestehen ("Bringen auf 2. und 3. Normalform"). Der Begriff der **mehrwertigen Abhängigkeit** ("multivalued dependency") ist etwas verwirrend, weil er gleichbedeutend mit der bedingten **Unabhängigkeit** ist. Er bedeutet, daß für jede Attributkombination $X_B = x$, $X_C = y$ und jedes z es jeweils gleichviele n-Tupel gibt, die außerdem $X_D = z$ erfüllen. Im Falle der mehrfachen Abhängigkeit ist es günstig, die Teiltabellen mit den Attributmengen (B,D) und (C,D) getrennt zu speichern (4. Normalform).

In der dargestellten Weise läßt sich also die interne logische Struktur mit Wahrscheinlichkeitsaussagen verbinden. Man beachte jedoch, daß diese Aussagen nur die relative Häufigkeit von Datenwerten und nicht die interne Datendarstellung betreffen. Die Frage der günstigsten internen Darstellung richtet sich meistens nicht nur nach der Performance des Zugriffs, sondern man berücksichtigt auch Redundanzfreiheit, Konsistenz, etc.

Die Häufigkeit von gespeicherten Datenwerten ist allerdings dann die entscheidende Größe, wenn es darum geht, die Menge der durch eine Abfrage betroffenen Daten abzuschätzen ("record selectivity"), etwa um den voraussichtlichen Zeit- oder Papierbedarf zu ermitteln. Wir betrachten hier nur den Fall, daß alle Attributwerte reelle Zahlen sind. Dann erzeugt die Projektionsabbildung X_B eine Verteilung auf R^k, wobei $k - \#B$, $B = [i_1,...,i_k]$. Wenn es gelingt, diese diskrete Verteilung durch eine einfache Verteilung mit wenigen Parametern anzunähern, so ist die gestellte Aufgabe der Schätzung der "record selectivity" gelöst. Oftmals approximiert man die Verteilung von X_B durch eine mehrdimensionale Normalverteilung $N(\mu_B,\Sigma_B)$ mit Dichte f_B. Die Parameter μ_B und Σ_B müssen aus den Daten geschätzt werden. Hat man diese Schätzwerte, so kann der relative Anteil der Daten, die durch eine Abfrage der Form

$$X_B \in M$$

("Menge aller Daten, für die der Attributvektor X_B in M liegt") betroffen sind, durch

$$\int_M f_B(x_1,...,x_k) \, dx_1,...,dx_k \tag{3.50}$$

angenähert werden. Man verlangt sinnvollerweise, daß die geschätzten Dichten f_B die folgende Konsistenzbedingung erfüllen:

Falls $C \subseteq B$, so ist f_C eine Randdichte von f_B.

Wenn die Parameter der approximativen Dichten f_B rekursiv schätzbar sind, so können sie bei jeder neuen Dateneintragung adaptiert werden (siehe Christodoulakis [CHR 83]. Die Parameter der mehrdimensionalen Normalverteilung haben die Eigenschaft und dies ist ein Grund für die Beliebtheit des Normalverteilungsmodells.

Weiterführende Literatur: [COD70], [KEN 83], [MAL 83], [VIN82]

Übungsaufgaben zum Kapitel 3

1. LCFS - Scheduling. Man betrachte die LCFS-Strategie mit unterbrechender Wirkung für ein M/M/c-System: Jeder neuankommende Kunde unterbricht die aktuelle Bedienung und wird selbst solange bedient, bis er entweder fertig ist, oder er seinerseits von einem Neuankömmling verdrängt wird. Man zeige, daß die Expansionsfunktion in diesem Fall gleich

$$\xi(x) = \frac{1}{1-\rho}$$

also identisch wie bei der RR-Regel ist.

<u>Anleitung</u>: Es sei $s(x) = E(S|B=x)$ die erwartete Verweildauer bei Bedienungszeit x. Da während der Bedienung eines Kunden mit geforderter Bedienungszeit x im Mittel λx neue Kunden ankommen, die ihrerseits im Mittel $\int s(x)\, \mu\, e^{-\mu x} dx$ Verweildauer haben, so folgt

$$s(x) = x + \lambda x \int s(x)\, \mu\, e^{-\mu x}\, dx.$$

2. Man berechne die LASF-Expansionsfunktion (3.17) für eine Erlang(2)-verteilte Bedienungszeit.

3. Man berechne die mittleren Weglängen für die Graphen

    "lineare Struktur"   b.z.w.   "Gitterstuktur"

4. Slotted ALOHA-System. Diese Variante des Aloha-Systems erlaubt den Beginn eines Sendevorganges nur zu den Zeiten 0, ϵ, 2ϵ, ... etc. Es sei $T=n\epsilon$ das betrachtete Zeitintervall, das in n Abschnitte ("slots") der Länge ϵ unterteilt ist. Es werden zwei Sendeprozesse Π_1 und Π_2 betrachtet. Die Wahrscheinlichkeit, daß der Prozeß Π_i in einem ϵ-Intervall sendet, sei λ_i. Man zeige, daß der mittlere Durchsatz für den Prozeß Π_1 gleich

$$d = \lambda_1 T - E(C)\cdot\epsilon = \lambda_1 T - \lambda_1\lambda_2 T$$

ist. Falls $\lambda_1=\lambda_2=\lambda$, so folgt durch Vergleich mit (3.31), daß das Slotted ALOHA-System dem gewöhnlichen ALOHA-System überlegen ist, wenn $\lambda<0.7968$ ist. (Dies ist die Lösung der Gleichung $1-\lambda = e^{-2\lambda}$).

5. Für das Modell des Memory-Konflikts (3.47) berechne man explizit die

Übergangsmatrix für p=2 und m=4. Diese Matrix hat $\binom{p+m-1}{p} = \binom{5}{2} = 10$ Zeilen bzw. Spalten, denn das ist die Anzahl der möglichen Vektoren $(k_1,...k_m)$ mit $0 \leqslant k_i$ und $\Sigma\, k_i \leqslant p$.

4. Speicherverwaltung

Die in einem Rechner zur Verfügung gestellten Betriebsmittel stehen natürlich nicht unbegrenzt zur Verfügung. Die vorhandenen Beschränkungen betreffen einerseits die

    (i)   Zeit (zeitbeschränkte Betriebsmittel, wie z.B. Prozessoren)

    und andererseits die

    (ii)   Größe (größenbeschränkte Betriebsmittel, wie z.B. Speicher)

Die Bedienungstheorie (die in den Kapiteln 2 und 3 entwickelt wurde) bildet den theoretischen Hintergrund für die Frage der optimalen Verwaltung der zeitbeschränkten Betriebsmittel. In diesem Kapitel werden analoge Modelle für die größenbeschränkten Betriebsmittel behandelt. Es ist wichtig festzuhalten, daß ein und dasselbe Betriebsmittel auch von beiden Gesichtspunkten (i) und (ii) betrachtet werden kann. So kann für einen Magnetplattenspeicher das Zugriffszeitverhalten studiert werden (zeitorientierte Betrachtungsweise (siehe Abschn. 3.11)) oder die Verteilung von belegten und freien Sektoren (größenorientierte Betrachtungsweise (siehe Abschnitt 4.2.3)). In diesem Kapitel interessiert nur die letztere Fragestellung.

Alle Überlegungen zur optimalen Speicherverwaltung gehen von der Beobachtung aus, daß schnelle Speicher ein knappes und teures Gut sind. Die meisten Rechenanlagen verfügen daher über eine ganze Hierarchie von Speichermedien, die nach abnehmender Zugriffsgeschwindigkeit, abnehmenden Kosten pro Speicherplatz und zunehmender Kapazität geordnet werden können:

    - Cache
    - Hauptspeicher
    - zentraler Massenspeicher
    - Magnettrommel
    - Magnetplatte
    - Magnetband.

Ein modernes Betriebssystem benützt mehrere dieser Speicherebenen. Dabei werden (nach Bedarf und nach bestimmten Regeln) Speicherinhalte zwischen den verschiedenen Hierarchieebenen verschoben. Dabei steht die Frage im Vordergrund, nach welchen Regeln und zu welchen Zeitpunkten dieser Datentransport erfolgen soll. Für die Analyse ist es ausreichend, die mehrstufige Hierarchie durch die Hintereinanderschaltung zweistufiger Hierarchien zu beschreiben. Auf diese Weise wird also der allgemeine Fall auf den zweistufigen Fall zurückgeführt, den wir im folgenden betrachten werden.

Es seien also zwei Speicherebenen gegeben, die wir Primärspeicher und Sekundärspeicher nennen wollen. Wir nehmen an, daß der gesamte Speicherbedarf eines bestimmten Prozesses zwar im Sekundärspeicher jedoch nicht im Primärspeicher Platz findet. In diesem Falle kann der Primärspeicher jeweils nur einen bestimmten Ausschnitt (ein Fenster) des Sekundärspeichers enthalten.

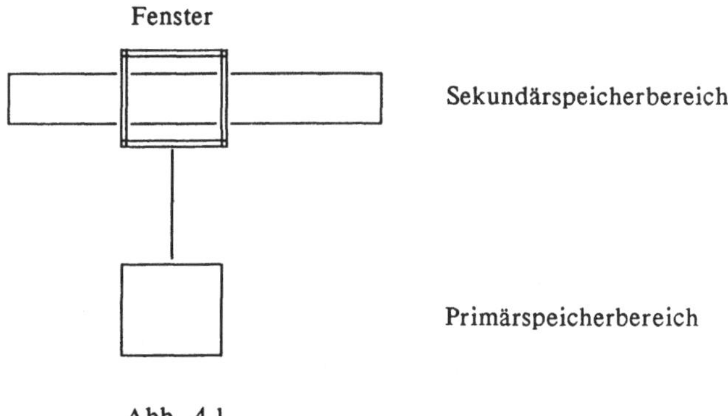

Abb. 4.1.

Falls die Beziehung zwischen Primär- und Sekundärspeicher dem einzelnen Benutzer verborgen bleibt und die gesamte Verwaltung vom Betriebssystem automatisch durchgeführt wird, so spricht man auch von einem **virtuellen Speicher** ("virtual memory"). Für den Benutzer stellt sich dann die Situation so dar, als wäre der Primärspeicher so groß wie der dem Benutzer zugeordnete Sekundärspeicherbereich, den wir im folgenden **virtuellen Bereich** nennen.

Speicherverwaltungssysteme müssen über eine Vorschrift verfügen, die angibt, unter welchen Bedingungen welche Teile des Sekundärspeicherbereichs in den Primärspeicherbereich übertragen werden (und umgekehrt). Man unterscheidet prinzipiell zwei verschiedene Arten der Gliederung des Sekundärspeicherbereiches:

(i)   Seitenverwaltete Systeme

(ii) Segmentierte Systeme

ad (i) : **Seitenverwaltete Systeme:**

Für diese Art der Gliederung wird der Sekundärspeicherbereich in m gleich große Abschnitte (= "Seiten", "pages") aufgeteilt. Der Primärspeicherbereich kann k (k < m) Seiten enthalten. Meist wählt man die Größe einer Seite nach einem Standardformat (etwa eine Zweierpotenz), sodaß oft die letzte Seite nur zum Teil gefüllt ist. In einem solchen Fall spricht man von **interner Fragmentierung** ("internal fragmentation").

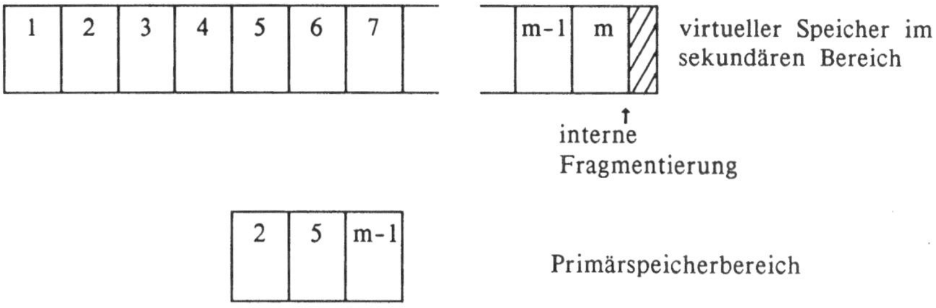

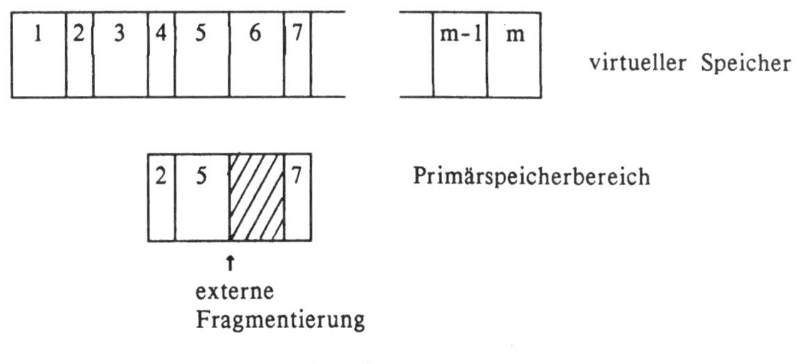

Abb. 4.2

In diesem Beispiel besteht der aktuelle Ausschnitt im Primärspeicher aus den Seiten 2,5 und m-1. Jeder Folge von Zugriffen auf Objekte (Programmschnitte oder Daten) im virtuellen Speicher entspricht eine Folge von Seitennummern $(R_1,R_2,...)$, in denen diese Objekte liegen. Da Seiten nur als ganzes zwischen den Speicherebenen ausgetauscht werden, bestimmt diese Folge von Seitenreferenzen $R_1,R_2,...$ die Leistungsfähigkeit des Seitenverwaltungssystems. Eine detaillierte Analyse solcher Systeme ist im folgenden Abschnitt 4.1 enthalten.

ad (ii) **Segmentierte Systeme**

Diese unterscheiden sich von den seitenverwalteten dadurch, daß der virtuelle Speicherbereich schon von vornherein modular gegliedert ist. Dies bedeutet, daß dieser Bereich aus einer Anzahl von **Blöcken** ("blocks") unterschiedlicher Größe besteht, die - analog zu den Seiten - nur als ganzes zwischen den Ebenen transferiert werden können. Da die Blöcke beliebige Größe haben können, gibt es hier keine interne Fragmentierung. Allerdings tritt das Problem der **externen Fragmentierung** ("external fragmentation") auf, da nun Bereiche des Primärspeichers ungenützt sein können.

Abb. 4.3

Eine typische Anforderungsfolge für das Speicherverwaltungssystem hat hier eine komplizierte Gestalt: Zu gewissen Zeiten wird ein Block einer bestimmten Länge angefordert. Dieser Block wird eine gewisse Zeit benötigt und kann dann gelöscht (oder rücktransferiert werden). Eine solche Anforderungsfolge wird am besten graphisch dargestellt. Beispielsweise bedeutet das Schaubild

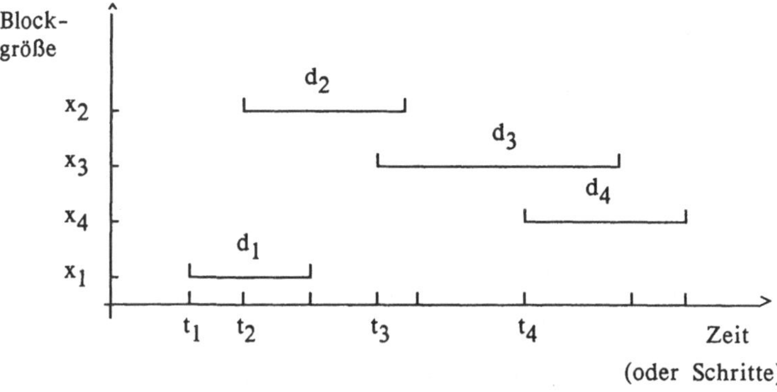

Abb. 4.4

daß zur Zeit t_i ein Block der Länge x_i angefordert wird, der die Reservierungsdauer (=Lebensdauer) d_i besitzt. Stochastische Modelle für solche Anforderungen werden im Abschnitt 4.2 behandelt.

Es ist wichtig festzuhalten, daß in die Kategorie der segmentierten Systeme insbesondere zwei Gruppen von Verwaltungssystemen fallen:

(i)   **dynamisches Laden**
        Transport von Programmodulen vom Sekundär- in den
        Primärspeicher (wie oben beschrieben)

(ii)   **dynamische Speicherzuordnung**
        (z.B. bei ALGOL, SIMULA, PASCAL). Hier ist die dynamische
        Allokation von Blöcken nicht mit einem Ladevorgang verbunden.
        Dennoch ist dieses System in Bezug auf die Primärspeicherver-
        waltung identisch mit (i)

Weiterführende Literatur zur virtuellen Speicherverwaltung:

[BRA74], [DEN70], [TUE76], [VOL83].

4.1. Seitenverwaltete Systeme

4.1.1. Das Arbeitsmengenmodell

Erfahrungsgemäß zeigen die Seitenreferenzen realer Programme charakteristische Eigenschaften. Einige Autoren (z.B. Rodriguez-Rosell [ROD73], Bryant [BRY75]) haben umfangreiche empirische Studien dazu angestellt. Dazu wurde die Seitenreferenzfolge $R_0,R_1,R_2,...$ von Programmen mit insgesamt m Seiten untersucht und ausgewertet. Es zeigte sich, daß die Folge $R_0,R_1,R_2,...$ nicht als Folge unabhängiger Zufallsvariabler modelliert werden darf, da

$$\hat{P}\ \{R_{n+1} = R_n\} \gg \sum_{i=1}^{m} (\hat{P}\{R_n = i\})^2 \qquad (4.1)$$

Hierbei bedeutet $\hat{P}$ die empirische Wahrscheinlichkeit. Im Falle der Unabhängigkeit der Seitenreferenzen müßten jedoch beide Ausdrücke in der obigen Beziehung etwa gleich groß sein.

Dieses Phänomen bezeichnet man als **Lokalität** ("locality") des Seitenverhaltens. Unter Lokalität versteht man also die Eigenschaft von Programmen, innerhalb von k Referenzschritten weit weniger als k verschiedene Seiten anzusprechen, also aufeinanderfolgende Referenzen zu gleichen oder benachbarten Seiten zu begünstigen. Die Ursachen für dieses Verhalten liegen auf der Hand: Es ist der modulare Aufbau von Programmen und das Auftreten von Schleifen, welche dieses Phänomen hervorrufen.

Das von Denning [DEN68] eingeführte Konzept der Arbeitsmenge eignet sich zur Darstellung des lokalen Verhaltens eines Programmes. Es sei $R_0,R_1,R_2,...$ die Referenzfolge eines Programmes mit insgesamt m Seiten. Es gilt also $1 \leqslant R_i \leqslant m$. Unter der **Arbeitsmenge** ("working set") zum Zeitpunkt n versteht man die Menge

$$W(k,n) := \{R_n,R_{n-1},...,R_{n-k+1}\},$$

also die Menge der k zuletzt referierten Seiten. Unter der **lokalen Programmgröße** ("working set size") versteht man die Kardinalität von $W(k,n)$, also

$$S(k,n) := \#\ \{R_n,R_{n-1},...,R_{n-k+1}\}.$$

Ein Beispiel soll die eingeführten Begriffe näher erläutern. Das Programm bestehe aus 20 Seiten. Der Arbeitsmengenparameter sei k=5. Die Referenzenfolge sei 1,2,5,5,5,5,7,12,7,7,7,15,15,6,13,14,15,16,17,15.

-144-

Dann sind die zugehörigen Arbeitsmengen:

Schritt n	Referenz R_n	Arbeitsmenge W(5,n)	Arbeitsmengengröße S(5,n)
1	1	1	
2	2	1,2	
3	5	1,2,5	
4	5	1,2,5	
5	5	1,2,5	
6	5	2,5	
7	7	5,7	
8	12	5,7,12	
9	7	5,7,12	
10	7	5,7,12	
11	7	7,12	
12	15	7,12,15	
13	15	7,15	
14	6	6,7,15	
15	13	6,7,13,15	
16	14	6,13,14,15	
17	15	6,13,14,15	
18	16	6,13,14,15,16	
19	17	13,14,15,16,17	
20	15	14,15,16,17	

Abb. 4.5

Das Zu- und Abnehmen der Arbeitsmengengröße ist für viele Programme
charakteristisch. Real beobachtete Größenverläufe der Arbeitsmenge haben etwa
folgendes Aussehen:

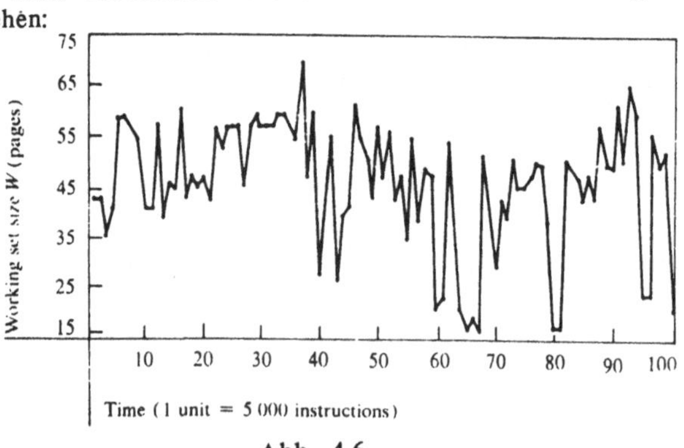

Abb. 4.6

Die Abbildung ist entnommen aus Bryant   [BRY.75].

Nimmt man nun an, daß die Referenzfolge $R_0, R_1, R_2, \ldots$ eine Folge **stationärer Zufallsvariabler** ist (d.h. das Verteilungsgesetz von $R_0, R_1, R_2, \ldots, R_k$ ist gleich dem von $R_j, R_{j+1}, \ldots, R_{j+k}$; ändert sich also nicht bei Zeitverschiebung), so werden auch $W(k,n)$ und $S(k,n)$ stationäre zufällige Größen. Insbesondere ist dann die erwartete Programmgröße

$$w(k) := E\ (S(k,n))$$

unabhängig von n. Allein aus der Stationarität von R_i folgen bereits folgende Eigenschaften von $w(\cdot)$:

$$w(0) = 0\ ,\ w(1) = 1 \tag{4.2}$$

$$w(k) \leqslant \min(k,m) \tag{4.3}$$

$$w(k) \leqslant w(k+1) \qquad \text{(Monotonie)} \tag{4.4}$$

$$w(k+j) \leqslant w(k) + w(j) \qquad \text{(Subadditivität)} \tag{4.5}$$

Die Eigenschaft (4.5) beruht auf der Tatsache, daß

$$S(k+j,n) = \ \#\ (W(k,n)\ \cup\ W(j,n-k)) \leqslant \#\ (W(k,n)) + \#\ (W(j,n-k)).$$

Nimmt man auf beiden Seiten den Erwartungswert und berücksichtigt man die Stationarität, so folgt (4.5). Weiters definieren wir die **k-ten Zuwachswahrscheinlichkeiten**

$$\lambda(k) := P\{W(k,n) \neq W(k+1,n+1)\} \tag{4.6}$$

Dies ist die Wahrscheinlichkeit, daß eine neu referenzierte Seite nicht in der Arbeitsmenge $W(k,n)$ liegt. Es gilt

$$\lambda(0) = 1 \tag{4.7}$$

$$0 \leqslant \lambda(k) \leqslant \lambda(k-1) \qquad \text{(Monotonie)} \tag{4.8}$$

Gleichung (4.8) folgt aus der Tatsache, daß

$$\{W(k,n) \neq W(k+1,n+1)\} \subseteq \{W(k-1,n) \neq W(k,n+1)\}$$

und daher ist die Wahrscheinlichkeit der linken Menge, nämlich $\lambda(k)$, kleiner gleich der Wahrscheinlichkeit der rechten Menge, also $\lambda(k-1)$. Weiters gilt

$$w(k+1) - w(k) = \lambda(k) \tag{4.9}$$

denn $\{W(k,n) \neq W(k+1,n+1)\} = \{\ \#\ (W(k+1,n+1)) = \#\ (W(k,n)) + 1\ \}$
und $\{W(k,n) = W(k+1,n+1)\} = \{\ \#\ (W(k+1,n+1)) = \#\ (W(k,n))\ \}$

Dies zeigt, daß man alternativ für $w(k)$ auch schreiben kann

$$w(k) = \sum_{j=0}^{k-1} \lambda(j) . \qquad (4.10)$$

Da die Folge der $\lambda(j)$ monoton fallend ist, folgt, *daß $w(k)$ konkav ist*.
Es gibt noch eine andere Beschreibungsmöglichkeit für die k-ten Zuwachswahrscheinlichkeiten. Dazu nehmen wir an, daß zum Zeitpunkt 0 die i-te Seite referiert wird. Dann sei

$$T^{(i)} = \min \{n \mid R_n = R_0 = i\} \qquad 1 \leqslant i \leqslant m$$

das **Interreferenzintervall** zur i-ten Seite. Die Folge der hintereinanderliegenden Interreferenzintervalle $T^{(i)}$ zur selben Seite bildet nach Voraussetzung einen

stationären Prozeß. Für die Verteilung von $T^{(i)}$, nämlich $P\{T^{(i)} \leqslant k \mid R_0 = i\}$, schreiben wir auch kurz $P\{T^{(i)} \leqslant k\}$. Wir behaupten nun, daß

$$\lambda(k) = \sum_{i=1}^{m} P\{T^{(i)} > k\} \cdot \pi_i , \qquad (4.11)$$

wobei $\pi_i = P\{R_n = i\}$ die stationären Referenzwahrscheinlichkeiten sind. Die Formel (4.11) ist leicht nachzuweisen. Denn

$$\{W(k,n) \neq W(k+1,n+1)\} = \bigcup_{i=1}^{m} \{W(k,n) \neq W(k+1,n+1), R_{n+1} = i\} =$$

$$= \bigcup_{i=1}^{m} \{R_n \neq i, R_{n-1} \neq i,...,R_{n-k+1} \neq i, R_{n+1} = i\} =$$

$$= \bigcup_{i=1}^{m} \{R_{n+1} = i , \hat{T}^{(i)} > k\} ,$$

wobei $\hat{T}^{(i)} = \min \{j \mid R_{n+1-j} = i\}$. Weil dies eine disjunkte Zerlegung in i ist und wegen der Stationarität folgt

$$\lambda(k) = P\{W(k,n) \neq W(k+1,n+1)\} = \sum_{i=1}^{m} P\{R_{n+1}=i , \hat{T}^{(i)} > k\} =$$

$$= \sum_{i=1}^{m} \sum_{j=k+1}^{\infty} P\{R_{n+1}= i , \hat{T}^{(i)} = j\} = \sum_{i=1}^{m} \sum_{j=k+1}^{\infty} P\{R_0=i, T^{(i)} = j\} =$$

$$= \sum_{i=1}^{m} P\{R_0 = i , T^{(i)} > k\} = \sum_{i=1}^{m} P\{T^{(i)} > k\} \cdot \pi_i$$

und damit ist (4.11) bewiesen. Dies führt auch zu einer neuen Formel für w(k). Es gilt nämlich:

$$w(k) = \sum_{j=0}^{k-1} \sum_{i=1}^{m} P\{T^{(i)} \geqslant j\} \cdot \pi_j =$$

$$= \sum_{i=1}^{m} \pi_i \cdot E_i(\min(T^{(i)},k)) \; . \tag{4.12}$$

(E_i ist der Erwartungswert, falls die Kette in i startet). Dies folgt aus der Kombination der Formeln (4.10) und (4.11). Dieses Ergebnis kann man so in Worte fassen: *Die erwartete Arbeitsmengengröße w(k) ist das erwartete Minimum zwischen k und dem Interreferenzintervall T.* Außerdem folgt, daß

$$w(k) \rightarrow \sum_{i=1}^{m} \pi_i \cdot E_i(T^{(i)}) \qquad \text{für} \qquad k \rightarrow \infty. \tag{4.13}$$

Ist der Referenzprozeß **ergodisch**, so gilt $E(T^{(i)}) = \dfrac{1}{\pi_i}$ (siehe Hauptsatz, Abschn. 1.1.2) und daher

$$w(k) \rightarrow m \qquad \text{für} \qquad k \rightarrow \infty \; .$$

Es ist meist ein schwieriges Problem, die Arbeitsmengengröße für ein konkretes Verteilungsmodell explizit zu berechnen. In der Mehrzahl der Fälle ist man auf Simulationen angewiesen. Eine wichtige Gruppe von Modellen erhält man, wenn man annimmt, daß die Seitenreferenzen einer **Markovkette** entstammen, also die Übergangswahrscheinlichkeiten $P\{R_n = j \mid R_{n-1} = i\}$ durch eine Matrix $P=[p_{ij}]$ gegeben sind. Es seien $f_{ii}(k)$ die k-ten Erstrückkehrwahrscheinlichkeiten nach i, also

$$f_{ii}(k) = P\{T^{(i)} = k \mid R_0 = i\} \; .$$

Ist die Markovkette $\{R_n\}$ **stationär** und **ergodisch** , so gilt für die stationären Wahrscheinlichkeiten $\pi_i = P\{R_n = i\}$

$$\pi_i = \frac{1}{E_i(T^{(i)})} \tag{4.14}$$

und damit wegen $E_i(T^{(i)}) = \sum_{j=1}^{\infty} j \, f_{ii}(j)$ und (4.12)

$$w(k) = \sum_{i=1}^{m} \frac{\sum_{j=1}^{\infty} \min(k,j) f_{ii}(j)}{\sum_{j=1}^{\infty} j \cdot f_{ii}(j)} \tag{4.15}$$

Wenn also für die Markovkette $\{R_n\}$ die Erstrückkehrwahrscheinlichkeiten $f_{ii}(j)$ bekannt sind, so kann auch die Arbeitsmengengröße $w(k)$ berechnet werden.

Im folgenden werden drei wichtige Markovmodelle diskutiert, welche eine explizite Berechnung von $w(k)$ erlauben.

Modell 1: "Unabhängige Seitenreferenzen".

In diesem Gedankenmodell sind die Referenzen $R_0, R_1, \ldots$ unabhängig nach einer Verteilung $P\{R_0 = i\}$ verteilt, also

$$p_{ij} = p_j$$

unabhängig von i. Dieses Modell ist nicht realistisch, da es die Lokalität des Seitenverhaltens nicht widerspiegelt. Es dient jedoch als Vergleichsbasis für andere Modelle und ist deshalb von Interesse. Wir betrachten zunächst den Spezialfall, daß die Referenzen außerdem gleichverteilt sind, also

$$P\{R_0 = i\} = \frac{1}{m} \ . \qquad\qquad 1 \leqslant i \leqslant m.$$

Das Zustandsdiagramm dieser Markovkette ist in Abb. 4.7 wiedergegeben.

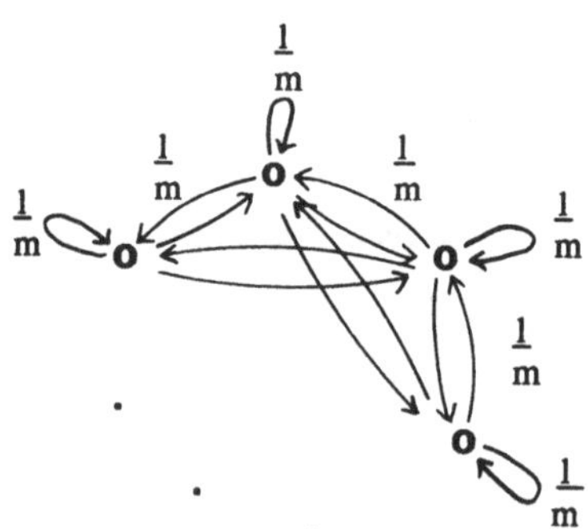

Abb. 4.7

Es sei wie vorhin $S(k,n)$ die Anzahl der verschiedenen Seiten, auf die innerhalb von k aufeinanderfolgenden Schritten zugegriffen wird. Da wir Stationarität vorausgesetzt haben, kann der Index n wegelassen werden. Wir behaupten, daß die Zufallsvariablen $S(k)$ die folgende Verteilung besitzen:

$$P\ \{S(k) = 1\} = m^{-k} \cdot m$$
$$\vdots$$
$$P\ \{S(k) = i\} = m^{-k} \binom{m}{i} \sum_{j=0}^{i} \binom{i}{j} (i - j)^k (-1)^j$$
$$\vdots$$
$$P\ \{S(k) = k\} = m^{-k} \binom{m}{k} \cdot k\ !$$

Diese Formeln beruhen darauf, daß $\sum_{j=0}^{i} \binom{i}{j} \cdot (i - j)^k \cdot (- 1)^j$ die Anzahl der

Möglichkeiten ist, i Objekte mit Wiederholungen und unter Berücksichtigung der Anordnung so auf k Plätze zu verteilen, daß keine der i Arten von Objekten fehlt. Damit ergibt sich

$$w(k) = E(S(k)) = \sum_{i=1}^{k} m^{-k} \cdot \binom{m}{i} \cdot i \sum_{j=0}^{i} \binom{i}{j} \cdot (i - j)^k \cdot (- 1)^j =$$
$$= m(1 - (1 - \tfrac{1}{m})^k) \ . \tag{4.16}$$

Diese Formel findet man entweder durch kombinatorische Umformungen, oder einfacher, indem man (4.11) berücksichtigt. Es ist nämlich in unserem Modell

$$\pi_i = \frac{1}{m} \quad \text{(da alle Seiten gleichberechtigt sind)}$$

$$P\{T^{(i)} = j\ \} = \frac{1}{m} \left(\frac{m-1}{m} \right)^{j-1}$$

also

$$P\{T^{(i)} > k\ \} = \sum_{j=k-1}^{\infty} \frac{1}{m} \left(\frac{m-1}{m} \right)^{j-1} = \left(\frac{m-1}{m} \right)^k \ .$$

Demnach ist auch

$$\lambda(k) = \sum P\{T^{(i)} > k\ \} \cdot \pi_i = \left(\frac{m-1}{m} \right)^k \ .$$

Mit Hilfe von (4.10) findet man die Arbeitsmengengröße:

$$w(k) = \sum_{j=0}^{k-1} \left(\frac{m-1}{m} \right)^j = m\left(1 - \left(\frac{m-1}{m} \right)^k \right) \ .$$

Die Funktion $w(k)$ für dieses Modell und der Wahl $m=100$ ist in Abb. 4.8 dargestellt. Dabei wurden die Funktionswerte von $w(k)$ durch Geradenstücke verbunden.

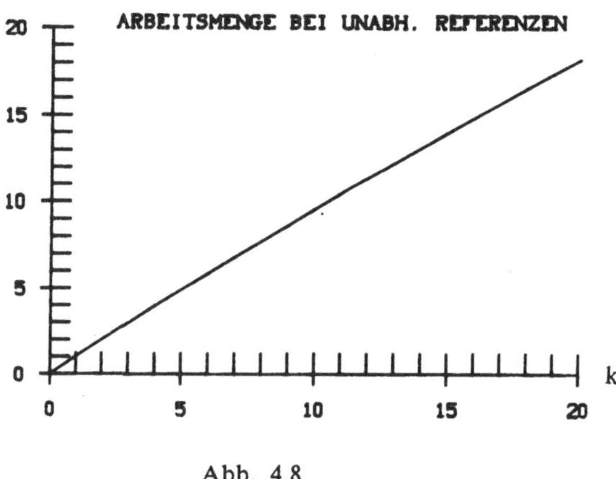

Abb. 4.8

Wie man sieht, ist die Arbeitsmenge unrealistisch groß. Selbst für k=40 ist w(k) noch größer als 33!

Im nicht-gleichverteilten Fall gelangt man zu einem ähnlichen Ergebnis. Ist $P \{R_n = i\} = p_i$, so ist $T^{(i)}$ geometrisch verteilt:

$$P \{T^{(i)} = j\} = p_i (1 - p_i)^{j-1} \qquad j \geqslant 1$$

Daraus folgt

$$\lambda(k) = \sum_{i=1}^{m} p_i (1 - p_i)^k$$

und

$$w(k) = \sum_{i=1}^{m} (1 - (1 - p_i)^k).$$

Da $x \mapsto x^k$ konvex ist, gilt $\sum \frac{1}{m} (1 - p_i)^k \geqslant [\sum \frac{(1-p_i)}{m}]^k = (\frac{m-1}{m})^k$,

also $\qquad \sum_{i=1}^{m} (1 - (1 - p_i)^k) \leqslant m \cdot (1 - (\frac{m-1}{m})^k).$

das heißt, die Arbeitsmenge ist bei gleichverteilten Seitenreferenzen am größten.

Wie gesagt ist das Modell der unabhängigen Seitenreferenzen unbefriedigend. Bei realistischen Modellen muß die Wahrscheinlichkeit eines Seitenwechsels viel geringer als die Wahrscheinlichkeit der Beibehaltung der Seite sein. Die beiden folgenden Beispiele behandeln solche Modelle.

Modell 2: "Gleichverteilte Seitenwechselwahrscheinlichkeit"

In diesem Markovmodell sei p die Wahrscheinlichkeit für das Beibehalten einer Seite, also

$$p_{ii} = p$$

Mit Wahrscheinlichkeit $q = 1 - p$ wird eine andere Seite referiert. Wir nehmen an, daß alle anderen Seiten mit der gleichen Wahrscheinlichkeit drankommen, also

$$p_{ij} = \frac{q}{m-1} \qquad j \neq i \; .$$

Die Abbildung 4.9 zeigt das zugehörige Zustandsdiagramm.

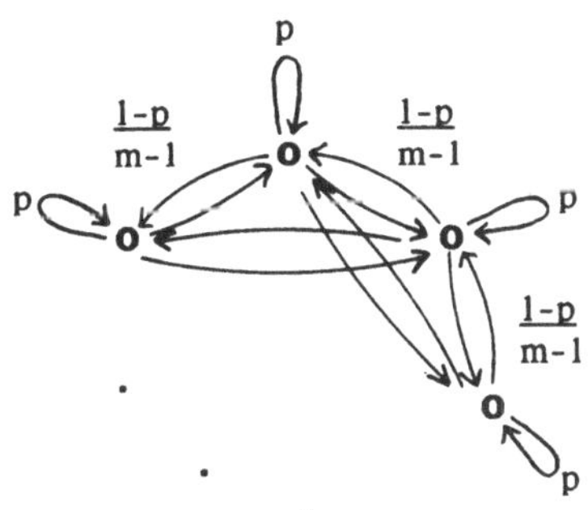

Abb. 4.9

Die Arbeitsmengengröße kann bei diesem Modell mit einem Trick berechnet werden. Es gilt ja $S(k + 1, n + 1) = S(k,n) + 1$ genau dann, falls $R_{n+1} \notin W(k,n)$. Also ist

$$S(k+1,n+1) = \begin{cases} S(k,n) + 1 & \text{mit Ws.} \quad \dfrac{(m - S(k))q}{m - 1} \\[3mm] S(k,n) & \text{mit Ws.} \quad p + \dfrac{(S(k) - 1) \cdot q}{m - 1} \end{cases}$$

Nimmt man auf beiden Seiten den Erwartungswert, so folgt

$$w(k+1) = w(k) + \frac{(m - w(k))\, q}{m - 1} =$$
$$= w(k) \left(1 - \frac{q}{m-1}\right) + \frac{m}{m-1}\, q \qquad (4.17)$$

Die Differenzgleichung (4.17) mit der Anfangsbedingung $w(1) = 1$ hat als
Lösung

$$w(k) = m - (m-1) \cdot (1 - \frac{q}{m-1})^{k-1}. \tag{4.18}$$

Der Parameter $q = 1-p$ bestimmt die genaue Form dieser Kurve. Je größer p
ist, umso kleiner wird $w(k)$. Die Wahl $p = \frac{1}{m}$ führt natürlich auf das
Ergebnis des vorigen Modells. Die Funktion (1.18) ist für die Wahl $m = 100$
und $p = 0.8$ in Abb. 4.10 dargestellt.

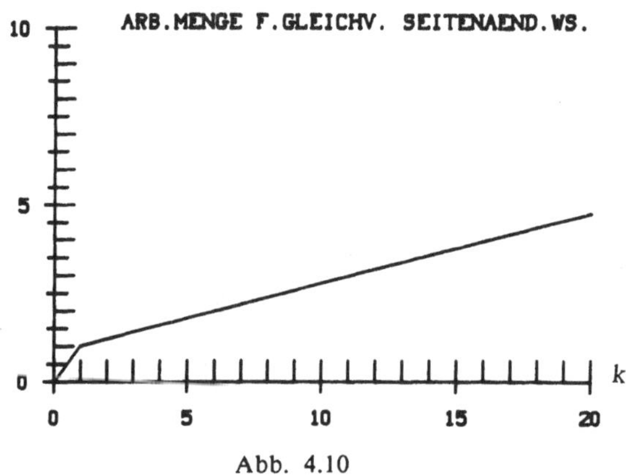

Abb. 4.10

Modell 3: "Irrfahrtmodell"

Das Charakteristikum des Irrfahrtmodells ist, daß aufeinanderfolgende
Seitenreferenzen nur benachbarte Seiten betreffen können. Die Referenzfolge
verhält sich also wie ein irrfahrendes Teilchen, welches zwischen benachbarten
Zuständen hin- und herspringt. Es sei

$$p_{i,i} = p$$

$$p_{i,i-1} = q$$

$$p_{i,i+1} = r$$

wobei die Zustände modulo m identifiziert werden. Das zugehörige
Zustandsdiagramm ist in 4.11 abgebildet.

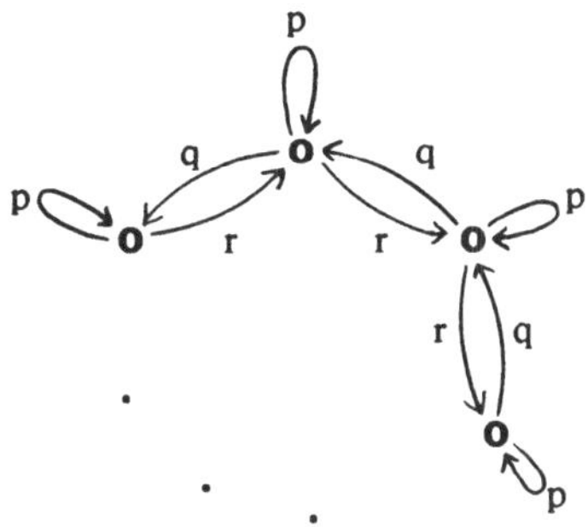

Abb.4.11

Die Arbeitsmengenfunktion kann über das Interreferenzintervall berechnet werden. Da alle Zustände gleichberechtigt sind, sind die stationären Wahrscheinlichkeiten gleich $\pi_i = \frac{1}{m}$ und $E\ (T^{(i)}) = m$. Der Index i wird im folgenden weggelassen.

Wie gezeigt werden soll, gilt

$$P\ \{T = 1\} = p$$

$$P\ \{T = 2\} = 2 \cdot q \cdot r$$

$$P\ \{T = k\} = (2qr) \sum_{j=0}^{\lfloor \frac{k-2}{2} \rfloor} \binom{k-2}{2j}\ (qr)^j\ \binom{2j}{j}\ \frac{1}{j+1}\ p^{k-2-2j}\ ;\ k>2 \qquad (4.19)$$

Die Formeln für T = 1 und T = 2 sind klar. Zum Beweis der Formel für k > 2 beachte man, daß es, damit eine Rückkehr zum Zeitpunkt k erfolgt, genausoviele Schritte nach "rechts" wie nach "links" geben muß und zwar

mindestens je einer und höchstens je $1 + \lfloor \frac{k-2}{2} \rfloor$. Eine bestimmte

Konfiguration von je j + 1 Schritten "rechts" und "links" und k - 2 (j + 1) Schritten "stehenbleiben" hat die Wahrscheinlichkeit

$$(qr)^{j+1}\ p^{k-2-2j}\ .$$

Um (4.19) nachzuweisen, haben wir zu zeigen, daß es genau

$$2 \binom{k-2}{2j}\ \binom{2j}{j}\ \frac{1}{j+1}$$

Konfigurationen gibt, bei denen die erste Rückkehr zum Zeitpunkt k erfolgt. Die Aufgabe ist symmetrisch in "rechts" und "links". Setzen wir also voraus, daß der erste Schritt "rechts" und der letzte "links" ist, so erhalten wir die Hälfte aller möglichen Konfigurationen. Die k-2-2j Schritte "stehenbleiben" können beliebig nach dem ersten und vor dem letzten Schritt eingestreut werden.

Deshalb ergibt sich der Faktor $\binom{k-2}{2j} = \binom{k-2}{k-2-2j}$. Es bleibt zu zeigen, daß
$\binom{2j}{j} \frac{1}{j+1}$ die Anzahl der möglichen Anordnungen von j-Mal "rechts" und
j-Mal "links" zwischen dem ersten und dem letzten Schritt ist, ohne daß zur ursprünglichen Seite zurückgekehrt wird. Dazu betrachte man die Abbildung (4.12). Es ist leicht zu sehen, daß diese Anzahl mit der Anzahl der möglichen Zickzacklinien übereinstimmt, welche (nur auf ganzzahligen Punkten) von (0,1) nach (2j,1) führen, ohne die x-Achse zu berühren.

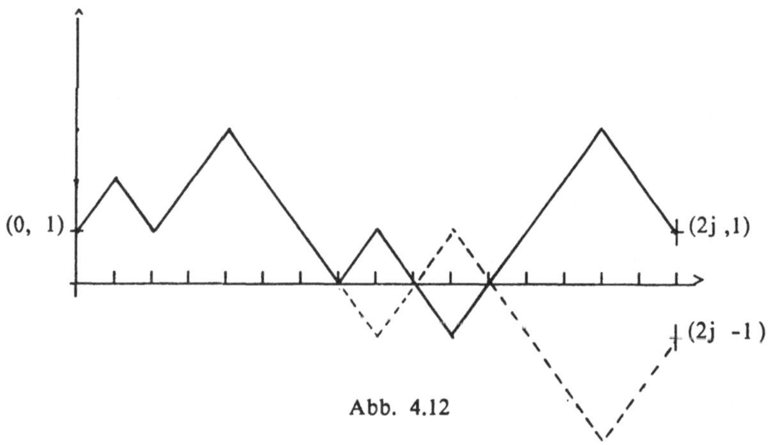

Abb. 4.12

Diese Anzahl läßt sich durch das sogenannte "Spiegelungsprinzip" bestimmen. Die

Gesamtzahl aller Zickzacklinien von (0,1) nach (2j,1) ist $\binom{2j}{j}$, da je j-Mal

hinauf- und hinuntergegangen werden muß. Alle Wege, die die x-Achse berühren, können wie folgt bestimmt werden. Jeder solche Weg wird ab seinem ersten Berührungspunkt mit der x-Achse um die Achse gespiegelt. In der Abbildung 4.12 ist dies durch die gestrichelte Linie angedeutet. Damit entspricht jedem solchen Weg in eindeutiger Weise ein Weg von (0,1) nach (2j,-1). Die

Anzahl dieser Wege ist $\binom{2j}{j-1}$. Damit ergibt sich für die Anzahl der die

x-Achse nicht berührenden Wege

$$\binom{2j}{j} - \binom{2j}{j-1} = \binom{2j}{j} \frac{1}{j+1}$$

und damit ist die Formel (4.19) gezeigt. Zur Berechnung der erwarteten Arbeitsmengengröße beachte man, daß alle $T^{(1)}$ identisch verteilt sind und daher nach (4.12)

$$w(k) = E(\ \min(T,k)) = \sum_{t=1}^{\infty} \min\ (t,k)\ P\{T=t\} =$$

$$= \sum_{t=1}^{k} t \cdot P\{T=t\} + k \cdot (1- \sum_{t=1}^{k} P\{T=t\}) = k + \sum_{t=2}^{k} (t-1)\ P\{T=t\}.$$

Unter Verwendung von   (4.19)   erhält man also in diesem Fall

$$w(k) = k + \sum_{t=2}^{k} (t-1) \cdot (2qr) \sum_{j=0}^{\lfloor \frac{t-2}{2} \rfloor} \binom{t-2}{2j} \cdot (qr)^j \cdot \binom{2j}{j} \frac{1}{j+1}\ p^{t-2-2j}$$

Diese Funktion ist für die Parameter   m=100, p=0.8, q=r=0.1   in Abbildung 4.13 dargestellt.

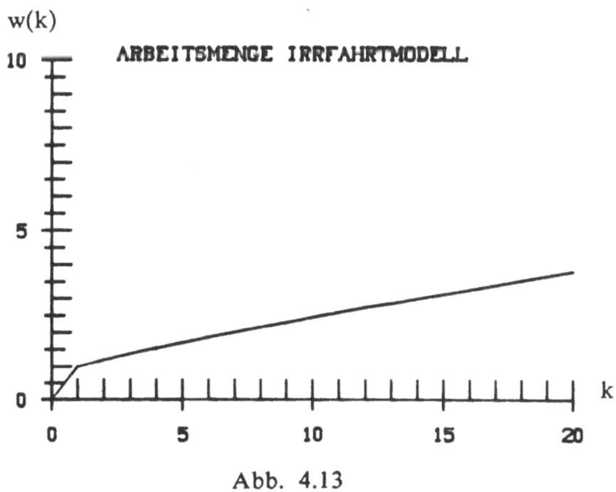

Abb. 4.13

<u>Bemerkung.</u> Die Wahl von p für die Abbildungen 4.10 und 4.13 erfolgte nur zu Demonstrationszwecken. In der Realität (vgl. Abb. 4.6) liegt der Wert von (1-p) um 2 bis 4 Zehnerpotenzen niedriger.

<u>Weiterführende Literatur</u> zum Begriff der Arbeitsmenge:

[BAE76], [BRY75], [BUN84], [DEN68], [DEN72]

4.1.2 Seitenaustauschalgorithmen

Das im letzten Abschnitt behandelte Arbeitsmengenmodell ist ein theoretisches Konzept zur Darstellung des lokalen Verhaltens von Programmen. Als praktische Konsequenz aus dieser Lokalität ergibt sich die Möglichkeit, nur einige wenige Seiten im Zentralspeicher zu halten und die übrigen in den Externspeicher auszulagern. Dadurch kann der im Zentralspeicher benötigte Platz erheblich verkleinert werden. Jedesmal, wenn eine Seite referenziert wird, die sich aktuell nicht im Zentralspeicher befindet, kommt es zu einem **Seitenfehler** ("page fault"). Es muß dann durch einen Lese/Schreibvorgang die benötigte Seite in den Zentralspeicher geholt werden. Wenn dabei eine Seite im Zentralspeicher überschrieben werden muß, die seit ihrem Einlagern geändert wurde, so muß diese Seite zuvor auf den Hintergrundspeicher ausgelagert werden. Dieser Vorgang heißt **Seitenaustausch** ("paging"). Die Entscheidungsregel nach welcher die auszulagernde Seite ausgewählt wird, heißt **Seitenaustauschalgorithmus** ("replacement strategy").

Wir nehmen wie im vorigen Abschnitt an, daß ein Programm aus m verschiedenen Seiten bestehe. Es sei k die Anzahl der Seiten, die im Zentralspeicher Platz finden. Zu einem gegebenen Wahrscheinlichkeitsmodell für die stationäre Referenzfolge $R_1, R_2 R_3, \ldots$ und einem gegebenen Seitenaustauschalgorithmus gibt es einen funktionalen Zusammenhang zwischen der Anzahl der Seiten im Zentralspeicher k und der **Seitenfehlerrate** α ("page fault rate"), d.i. die Wahrscheinlichkeit für das Auftreten eines Seitenfehlers. Dieser funktionale Zusammenhang heißt auch **Operationscharakteristik** des Seitenaustauschalgorithmus. Selbstverständlich ist α monoton fallend in k. Eine mögliche Operationscharakteristik ist in Abb. 4.14 dargestellt. An Hand dieser Graphik kann eine geeignete zu reservierende Speichergröße im Zentralspeicher ermittelt werden. Wie in allen Bereichen der Informatik sind auch hier Speicherminimierung (Minimierung von k) und Zeitminimierung (Minimierung von α) einander widersprechende Ziele. Üblicherweise wählt man daher eine obere Schranke α^* für die Seitenfehlerrate und dazu das minimale k, daß α^* nicht überschritten wird. Dieses Vorgehen ist in Abb. 4.14 dargestellt. Jedoch sind auch andere Optimalitätskriterien (z.B. gewichtete Summe aus k und α denkbar).

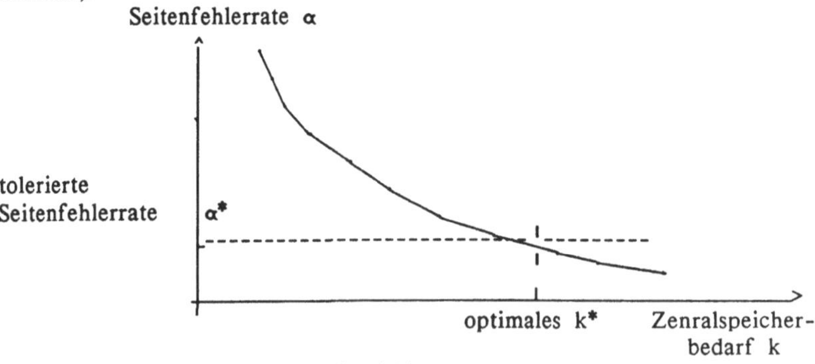

Abb. 4.14

Leider weiß man in der Praxis über die Operationscharakteristiken wenig Bescheid, sodaß einfache heuristische Regeln die Wahl des zu reservierenden Zentralspeicherplatzes bestimmen. Besonders vielversprechend sind adaptive Verfahren, die aus der beobachteten Seitenfehlerrate "lernen" können und damit den Zentralspeicherbedarf dynamisch adaptieren. Andere Verfahren versuchen die Arbeitsmengen zu prognostizieren. Bryant [BRY75] verwendet dazu z.B. ein ARMA-("autoregressive-moving-average") Modell.

Um Seitenaustauschalgorithmen vergleichen zu können, ist es nötig, ihre Operationscharakteristik für verschiedene Modelle zu berechnen, beziehungsweise wo dies nicht möglich ist, zu simulieren (siehe Anhang A). In der folgenden Analyse gehen wir davon aus, daß für alle Seitenaustauschalgorithmen gilt, daß

> (i)   pro Schritt nur höchstens eine Seite
> ausgetauscht wird
> (ii)   eine Seite nur dann eingelagert wird, wenn
> sie unmittelbar benötigt wird.

Falls das gemeinsame Ein- und Auslagern mehrerer Seiten günstiger ist als die Hintereinanderausführung so kann es sinnvoll sein, auf (i) und (ii) zu verzichten. Derartige Algorithmen werden als "prepaging"-Algorithmen bezeichnet (siehe Martinez [MAR82]). Auf diese wird jedoch nicht näher eingegangen.

Im besonderen werden die optimale Strategie O (Abschn. 4.1.2.1), sowie die Algorithmen LRU ("least recently used" - Abschn. 4.1.2.2), MRU ("most recently used" - Abschn. 4.1.2.3), LFU ("least frequently used") und MFU ("most frequently used") näher untersucht (Übungsaufgabe 3). <u>Weiterführende Literatur</u> zum Seitenaustausch: [MAR82], [GEL73]

4.1.2.1 Die optimale Strategie

Der optimale Seitenaustauschalgorithmus setzt die Kenntnis der gesamten Referenzfolge $R_1, R_2, ..., R_n$ voraus. Da die Referenz R_{i+1} jedoch erst beim Bearbeiten der Seite R_i gefunden wird, ist dieser Algorithmus für Seitenaustauschverfahren nicht verwendbar. Er ist jedoch von Interesse, da er

> (i)   eine untere Schranke für die Anzahl der
> Seitenfehler gibt
>
> (ii)   zur optimalen Belegungsplanung verwendet wird, falls
> die gesamte zukünftige Referenzfolge bekannt ist.

Ein Anwendungsfall für (ii) sind jene Algorithmen, mit denen vom Compiler die schnellen Register belegt werden. Hier vertreten die schnellen Register die Stelle des "Zentralspeichers", der Speicher die Stelle des "Externspeichers" und die einzelnen Variablen sind die "Seiten". Ansonsten ist dieses Problem gleichgeartet wie das des Seitenaustausches, jedoch mit dem wesentlichen Unterschied, daß dem Compiler alle zukünftigen Referenzen auf die Variablen bekannt sind. Im Compilerbau ist die optimale Strategie unter dem Namen "Belady-Algorithmus" (Belady [BEL66]) bekannt.

Die Entscheidungsregel für die optimale Strategie O ist einfach: *Es wird im Bedarfsfall jene Seite ausgelagert, deren Wiederverwendungszeitpunkt am weitesten entfernt ist.* Dies setzt eben die Kenntnis des Zeitpunktes der nächsten zukünftigen Verwendung voraus. Betrachten wir dazu ein Beispiel. Ein Programm bestehe aus $m = 5$ Seiten. Die Referenzfolge sei 2, 1, 4, 3, 1, 3, 4, 2, 3, 5, 4, 2 . $k = 3$ Seiten haben im Zentralspeicher Platz. Mit $Z(n)$ ("Zentralspeichermenge") bezeichnen wir die aktuelle Menge dieser k Seiten nach der optimalen Strategie. Außerdem wird noch die Arbeitsmenge $W(3,n)$ aufgeführt, die jedoch in keinem direkten Zusammenhang zu $Z(n)$ steht. Ein Sternchen ('*') markiert das Auftreten eines Seitenfehlers.

n	R_n	$Z(n)$	$W(3,n)$	Seitenfehler
0	–	{–,–,–}	{ }	
1	2	{2,–,–}	{2}	*
2	1	{1,2,–}	{1,2}	*
3	4	{1,2,4}	{1,2,4}	*
4	3	{1,3,4}	{1,3,4}	*
5	1	{1,3,4}	{1,3,4}	
6	3	{1,3,4}	{1,3}	
7	4	{1,3,4}	{1,3,4}	
8	2	{2,3,4}	{2,3,4}	*
9	3	{2,3,4}	{2,3,4}	
10	5	{2,4,5}	{2,3,5}	*
11	4	{2,4,5}	{3,4,5}	
12	2	{2,4,5}	{2,4,5}	

Wie man sieht, gibt es bei dieser Strategie genau 6 Seitenfehler. Wir werden nun beweisen, daß dies tatsächlich die *minimal mögliche Anzahl* ist.

Dazu betrachten wir den **Entscheidungsgraphen** dieses Problems. Die Knoten dieses Graphen sind die Paare {i,Z(i)}, wobei i den i-ten Schritt und Z(i) die Zentralspeichermenge symbolisiert. Hat die Referenzkette die Länge n, so hat der Graph $n \cdot \binom{m}{k}$ Knoten, denn $\binom{m}{k}$ ist die Anzahl der verschiedenen Zentralspeichermengen der Kardinalität k bei m Seiten. Ein Knoten {i,Z_1} wird mit dem Knoten {i+1,Z_2} durch eine Kante (der Länge 1) verbunden, falls Z_2 aus Z_1 durch einen einfachen Seitenaustausch entstehen kann. Ist $Z_1 = Z_2$ so werden die Knoten durch eine strichlierte Scheinkante (der Länge 0) verbunden. Die Aufgabe, eine Strategie mit minimaler Seitenfehleranzahl zu finden, ist nun offensichtlich äquivalent damit, einen Weg mit minimaler Länge durch den Graphen zu finden. Falls die ersten k verschiedenen Referenzen die Seiten $i_1,i_2,...,i_k$ sind, so ist {$i_1,i_2,...,i_k$} der Startknoten. Zielknoten sind alle Knoten auf dem Niveau {n,.}.

Der Entscheidungsgraph zum obigen Beispiel hat etwa folgendes Aussehen.

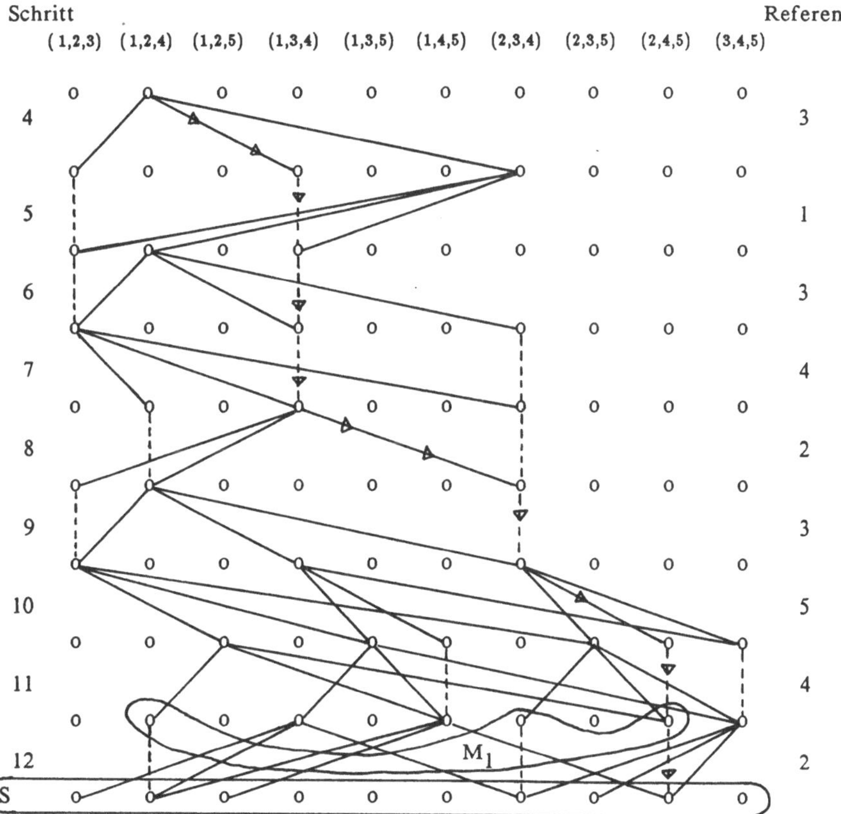

Abb. 4.15

Gesucht ist - wie gesagt - der kürzeste Weg vom Startknoten in die Menge S. Dabei werden nur die durchgezogenen Kanten gezählt, da sie die Seitenfehler repräsentieren. Der Weg, welcher der optimalen Strategie entspricht, ist durch kleine Pfeile gekennzeichnet. Er hat die Länge 3 (Die 3 Seitenfehler, die durch Einlagern der ersten 3 Seiten entstehen, wurden nicht mitgezählt). Der Leser wird leicht feststellen, daß es keinen kürzeren Weg gibt. Es ist jedoch möglich, daß mehrere Wege die minimale Länge aufweisen.

Der Beweis für die Optimalität der Strategie O erfolgt mittels Induktion nach n. Der Induktionsanfang ist leicht, da für $n \leqslant k$ jede Strategie optimal ist (Es braucht ja nichts ausgelagert zu werden). Angenommen, der Weg bis zur

n-ten Referenz, welcher der Strategie O entspricht, habe die Länge s + 1 (Es
seien also s + 1 Seitenaustauschschritte notwendig). Falls dieser Weg im letzten
Schritt über eine Scheinkante führt, so sind auch bis zur n-1-sten Referenz s
+ 1 Austauschschritte notwendig. Da dies aber laut Induktionsvoraussetzung der
optimale Wert ist, ist nichts zu beweisen. Es sei also der letzte Schritt ein
Austauschschritt. Es sei M_1 die Menge der Knoten auf dem Niveau n - 1, von
denen man ohne Austauschen nach S gelangen kann (siehe Abb. 4.15). Dann ist
zu zeigen: Es gibt keinen Weg der Länge s vom Startknoten nach M_1. Denn
gäbe es einen solchen, so könnte er zu einem Weg der gleichen Länge nach S
verlängert werden. O.B.d.A. sei die Seite 1 die letzte (n-te) Referenz und n_1
der Zeitpunkt der letzten Referenz von 1 vor n. Falls 1 im Intervall von n_1
bis n durch die Strategie O aus der Zentralspeichermenge verdrängt wurde, so
zeigen wir: Zwischen den Zeitpunkten n_1 und n liegt eine Situation vor, bei
der die Anzahl der Seitenfehler zunimmt, falls statt k nur k-1 Seiten im
Zentralspeicher zur Verfügung stünden. Denn dann kann die Seitenfehleranzahl
einer Strategie, die M_1 erreicht, nicht s sein. Eine solche Strategie müßte
nämlich die Seite 1 vom Zeitpunkt n_1 bis zum Zeitpunkt n im Zentralspeicher
belassen. Wäre ihre Seitenfehleranzahl gleich s, so könnte man durch Auslagern
von 1 die Seitenfehleranzahl bis zum Zeitpunkt n-1 auf mindestens s-1
reduzieren, was im Widerspruch zur Induktionsvoraussetzung stünde.

Es bleibt, die vorige Behauptung zu beweisen, nämlich, daß beim Belassen der
Seite 1 im Zentralspeicher die Fehleranzahl steigen würde. Es werde also vom
Zeitpunkt n_1 bis zum Zeitpunkt n die Seite 1 in der Zentralspeichermenge
belassen. Es stehen dann in dieser Zeitspanne nur k-1 Plätze im Zentralspeicher
für andere Seiten zur Verfügung. Laut Induktionsvoraussetzung ist die optimale
Strategie in diesem Fall wiederum die Strategie O, nur eben mit k-1
Zentralspeicherseiten. Die Austauschfolgen der Strategien O mit k bzw. k-1
Zentralspeicherseiten stimmen bis zu jenem Zeitpunkt n_1 überein, an dem die
Seite 1 ausgetauscht wird. Zwischen n_1 und n gibt es ein Intervall (n_2, n_3), für
das gilt: Im Algorithmus O mit k Zentralspeicherseiten wird bei n_2 die Seite
1 aus der Zentralspeichermenge genommen und bei n_3 wieder aufgenommen.
Dann müssen zum Zeitpunkt n_2 k-1 weitere Seiten in der Zentralspeichermenge
gewesen sein, die alle vor n_3 wieder referiert wurden. Stünden zwischen n_2
und n_3 nur k-1 mögliche Seiten im Zentralspeicher zur Verfügung, so gäbe es
zwischen n_2 und n_3 mindestens einen weiteren Seitenfehler. Damit ist gezeigt,
daß das Beibehalten von 1 im Intervall (n_1, n) die Seitenfehleranzahl vergrößert
und dies schließt den Beweis der Optimalität von O ab.

4.1.2.2 Die Strategie LRU ("least recently used")

Die LRU-Strategie ist die am häufigsten angewandte Seitenaustauschmethode.
Sie setzt nur die Kenntnis der vergangenen und nicht die der zukünftigen
Seitenreferenzen voraus: *Es wird bei Bedarf jene Seite ausgelagert, deren
letzter Verwendungszeitpunkt am weitesten zurückliegt.*

Beispielsweise ergibt diese Strategie mit der oben angegebenen Referenzfolge die nachstehenden Zentralspeichermengen: $Z(n)$ (für $k=3$).

n	R_n	$Z(n)$	$W(3,n)$	Seitenfehler
1	2	{2,-,-}	{2}	*
2	1	{1,2,-}	{1,2}	*
3	4	{1,2,4}	{1,2,4}	*
4	3	{1,3,4}	{1,3,4}	*
5	1	{1,3,4}	{1,3,4}	
6	3	{1,3,4}	{1,3}	
7	4	{1,3,4}	{1,3,4}	
8	2	{2,3,4}	{2,3,4}	*
9	3	{2,3,4}	{2,3,4}	
10	5	{2,3,5}	{2,3,5}	*
11	4	{3,4,5}	{3,4,5}	*
12	2	{2,4,5}	{2,4,5}	*

Die Anzahl der Seitenfehler beträgt 8, um zwei mehr als bei der optimalen Strategie. Man beachte auch, daß - nach Definition - stets

$$W(k,n) \subseteq Z(n) \qquad (4.20)$$

gilt. Dies erlaubt die folgende Abschätzung der Seitenfehlerrate:

$$\alpha \leqslant \lambda(k). \qquad (4.21)$$

Die Seitenfehlerrate ist also stets kleiner oder gleich der k-ten Zuwachswahrscheinlichkeit (zur Definition der k-ten Zuwachswahrscheinlichkeit siehe (4.6).

Zum Beweis von (4.21) beachte man, daß wegen (4.20)

$$\{R_{n+1} \notin Z(n)\} \subseteq \{R_{n+1} \notin W(k,n)\}$$

und damit

$$\alpha = P\{R_{n+1} \notin Z(n)\} \leqslant P\{R_{n+1} \notin W(k,n)\} = P\{W(k,n) \neq W(k+1,n+1)\} = \lambda(k).$$

Zur Berechnung von α für konkrete Modelle ist es wichtig festzustellen, daß die Referenz $R_n=i$ genau dann auf einen Seitenfehler führt, falls zwischen dem letzten Auftreten von i und n mindestens k verschiedene Seiten referenziert wurden:

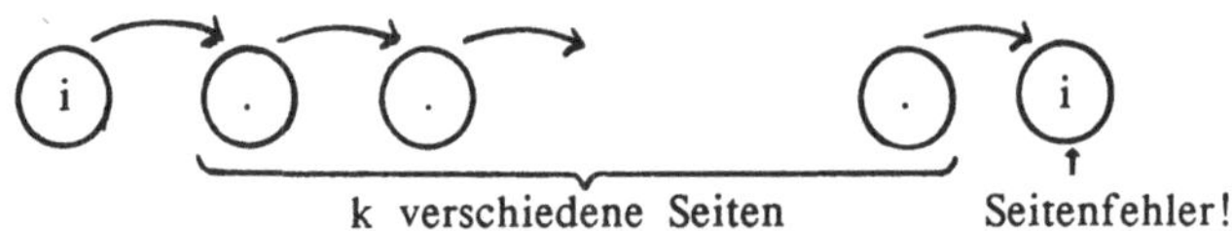

Abb. 4.16

Wir setzen nun voraus, daß die Referenzfolge R_1, R_2, R_3 einer **stationären, ergodischen Markovkette** mit m Zuständen enstammt. Diese Markovkette habe die Übergangsmatrix $P = (p_{ij})$. Dann gibt es eine eindeutig bestimmte stationäre Verteilung $\underline{\pi} = (\pi_i)$, sodaß

$$\underline{\pi}P = \underline{\pi} \tag{4.22}$$

und $\pi_i > 0$ (siehe Hauptsatz, Abschnitt 1.2.1). Eine derartige Markovkette kann man auch "umkehren":

Es sei nämlich

$$\hat{p}_{ij} = \frac{p_{ji} \cdot \pi_j}{\pi_i}$$

und $\hat{P} = (\hat{p}_{ij})$. $\hat{P}$ ist eine Übergangsmatrix, da wegen (4.22) $\sum_j \hat{p}_{ij} = \pi_i^{-1} \cdot \sum_j p_{ji}\pi_j = 1$.

$\hat{P}$ ist die Übergangsmatrix der **umgekehrten Markovkette** ("reversed Markov chain"):

Ist die Folge $R_1, R_2, ..., R_n$ nach der stationären Kette mit Übergang P erzeugt, so ist $R_n, R_{n-1}, ..., R_1$ nach der stationären Kette mit Übergang $\hat{P}$ verteilt, wie man sich leicht überzeugen kann. Da

$$\sum_i \pi_i \cdot \hat{p}_{ij} = \pi_j \sum_i p_{ji} = \pi_j,$$

besitzt $\hat{P}$ dieselbe stationäre Verteilung wie P, nämlich $\underline{\pi}$.

Kehrt man die Pfeilorientierung in der Abbildung 4.16 um, so läßt sich die Seitenfehlerwahrscheinlichkeit für die Referenz i auch so ausdrücken: <u>Nach</u> i werden in der umgedrehten Markovkette k verschiedene Seiten referiert, <u>bevor</u> i wieder an der Reihe ist, also

$$\alpha = \sum_i \pi_i \, \hat{P}\{\text{vor der ersten Rückkehr nach i werden } k \text{ verschiedene Seiten referiert}\}$$

wobei $\hat{P}$ die Verteilung der umgedrehten Markovkette ist. Mit Hilfe des zuletzt erzielten Ergebnisses sollen nun die Seitenfehlerraten für die Modelle 2 und 3 berechnet werden. Da Modell 1 ein Spezialfall von 2 ist, wird es nicht separat untersucht.

Modell 2 ("Gleichverteilter Seitenwechsel")

Zunächst muß zu diesem Modell die stationäre Verteilung und die umgedrehte Übergangsmatrix berechnet werden. Aus Symmetriegründen ist

$$\pi_i = \frac{1}{m}$$

die stationäre Verteilung und außerdem

$$p_{ij} = \hat{p}_{ij}$$

(siehe Abb. 4.1.5). In diesem Fall sind also P und $\hat{P}$ gleich.

Es ist nun die Wahrscheinlichkeit zu berechnen, daß ausgehend von i, k verschiedene Seiten vor der nächsten Rückkehr nach i referiert werden. Dazu betrachte man die folgende **eingebettete** Markovkette: Der Zustand j bezeichne die Situation, daß nach i genau j verschiedene Seiten referiert wurden. R sei der Zustand der Rückkehr nach i. Dann ergibt sich für das Modell 2 das folgende Übergangsdiagramm

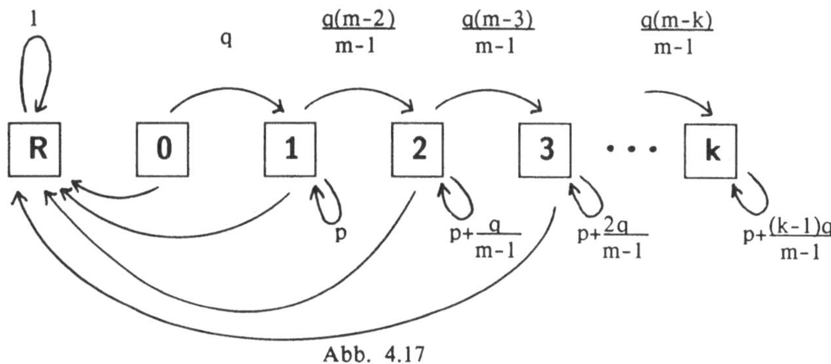

Abb. 4.17

Gesucht ist die Wahrscheinlichkeit, daß ausgehend von 0 der Zustand k (=k verschiedene Referenzen) erreicht wird. Dazu beachte man, daß im Diagramm

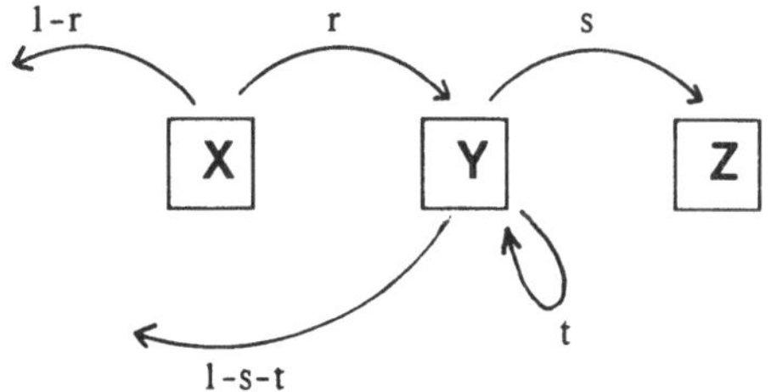

Abb. 4.18

Z ausgehend von X mit der Wahrscheinlichkeit

$$r \cdot \sum_{i=0}^{\infty} t^i \cdot s = \frac{r \cdot s}{1-t}$$

erreicht wird. Also ergibt sich im obigen Diagramm für die Wahrscheinlichkeit p_j , daß j erreicht wird, rekursiv:

$$p_{j+1} = p_j \cdot \frac{q(m-j-1)}{m-1} \quad \frac{1}{(1-p-\frac{q(j-1)}{m-1})} =$$

$$= p_j \cdot \frac{m-j-1}{m-1} \; .$$

Berücksichtigt man den Anfangswert $p_1 = q$ so ergibt sich

$$p_j = q \cdot \frac{m-j}{m-1}$$

und damit für die Seitenfehlerrate $\alpha = p_k$

$$\alpha = q \cdot \frac{m-k}{m-1} \; . \tag{4.23}$$

Nun kann auch die Qualität der Abschätzung (4.21) überprüft werden. Mit (4.18) ergibt sich

$$\lambda(k) = w(k+1) - w(k) = q(1 - \frac{q}{m-1})^{k-1}$$

und damit

$$\lambda(k) = q(1 - \frac{q}{m-1})^{k-1} > q(1 - \frac{1}{m-1})^{k-1} > q \frac{m-k}{m-1} = \alpha$$

nach der Bernoulli-Ungleichung. Für m = 100, p = 0,8; q = 0,2; k = 20 ergibt sich beispielsweise

$$\alpha = 0,16 \leqslant \lambda(k) = 0,1925 \; .$$

Modell 3 ("Irrfahrtmodell")

Auch beim Irrfahrtmodell (siehe Abb. 4.11) ist die stationäre Verteilung die
Gleichverteilung

$$\pi_i = \frac{1}{m} \,,$$

die umgedrehte Übergangswahrscheinlichkeit ist jedoch

$$p_{ii} = p$$

$$p_{ii-1} = r$$

$$p_{ii+1} = q$$

d.h. r und q vertauschen ihre Rollen. Wiederum ist die Aufgabe die
Wahrscheinlichkeit zu berechnen, daß ausgehend von i k verschiedene Seiten
vor der ersten Rückkehr nach i referiert werden. Diesmal sind aber nur
Sprünge zu benachbarten Seiten möglich. Es genügt daher, Irrfahrten zu
betrachten die vollständig "rechts" bzw. "links" von i verlaufen. In der
Abb. 4.19 ist ein möglicher Pfad dargestellt.

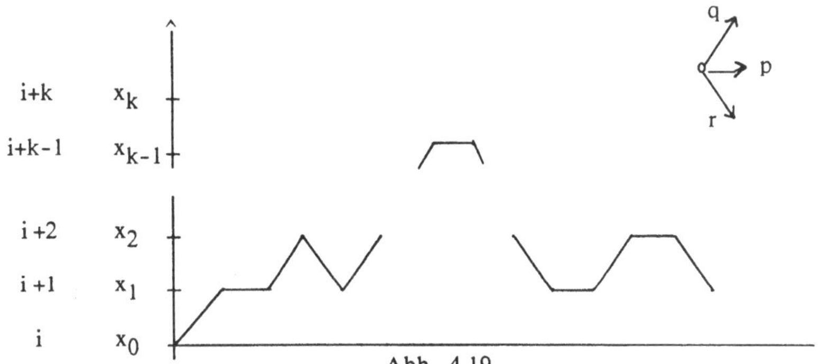

Abb. 4.19

Zu berechnen ist die Wahrscheinlichkeit, daß die oberste Linie erreicht wird,
bevor die Rückkehr zur Grundlinie erfolgt. Ein Schritt hinauf erfolgt dabei mit
der Wahrscheinlichkeit q und hinunter mit Wahrscheinlichkeit r. Diese
Aufgabe wird mit Hilfe einer Methode aus der Martingaltheorie gelöst. Dazu ist
es vorteilhaft, die verschiedenen möglichen Zustände der Irrfahrt $x_0, x_1, ..., x_k$
nicht als äquidistante Punkte auf der y-Achse anzunehmen, sondern so zu
wählen, daß

$$x_0 = 0$$

$$x_j = \frac{q_1}{2q_1 - 1} \left[1 - \left(\frac{1}{q_1} - 1 \right)^j \right]$$

wobei $q_1 = (1-p)^{-1} q$. (Falls p = 1, so ist die Seitenfehlerrate ohnedies
gleich 0). Diese Werte sind gerade so gewählt, daß

$$x_1 = 1$$

$$p \cdot x_j + q \cdot x_{j+1} + r \cdot x_{j-1} =$$

$$= \frac{q_1}{2q_1-1} \, \{1 - (\tfrac{1}{q_1}-1)^{j-1} \, [p(\tfrac{1}{q_1}-1) + q(\tfrac{1}{q_1}-1)^2 + r]\} =$$

$$= \frac{q_1}{2q_1-1} \, \{1 - (\tfrac{1}{q_1}-1)^{j-1} \, [p(\tfrac{1}{q_1}-1) + (1-p)\cdot(1-q_1)\cdot(\tfrac{1}{q_1}-1) +$$

$$+ (1-p)q_1(\tfrac{1}{q_1}-1)]\} =$$

$$= \frac{q_1}{2q_1-1} \, [1 - (\tfrac{1}{q_1}-1)^j] = x_j. \tag{4.24}$$

Sei X_n die Irrfahrt auf den Zuständen (x_j) mit Startwert $X_1 = x_1 = 1$. Dann ist $\{X_n\}$ ein **Martingal** (zur Definition siehe Abschn. B.5), denn es gilt ja wegen (4.24)

$$E(X_{n+1} \mid X_n = x_j) = p \, x_j + q \, x_{j+1} + r \, x_{j-1} = x_j \, .$$

Es sei nun τ die Stopzeit des ersten Erreichens von x_k oder x_0 und X_τ der gestoppte Prozeß. Wir suchen die Wahrscheinlichkeit, daß $X_\tau = x_k$ ist, also zuerst der Zustand x_k erreicht wird. Die Martingalgleichung liefert

$$1 = E(X_1) = E(X_\tau) = x_k \cdot P\{X_\tau = x_k\} + 0$$

und daraus folgt, daß

$$P\{X_\tau = x_k\} = x_k^{-1} = \frac{2q_1-1}{q_1} \, [1 - (\tfrac{1}{q_1}-1)^k]^{-1}. \tag{4.25}$$

Die endgültige Formel für die Seitenfehlerwahrscheinlichkeit ergibt sich nun aus der Überlegung, daß zum Seitenfehler entweder ein Schritt nach rechts und dann ein Verlauf mit der Wahrscheinlichkeit (4.25) oder ein Schritt nach links und dann der dazu gespiegelte Verlauf notwendig ist. Die Wahrscheinlichkeit des gespiegelten Verlaufes ergibt sich, indem in (4.25) q_1 durch $r_1 = \frac{r}{1-p} = 1-q_1$ ersetzt wird, also

$$P\{\text{Seitenfehler}\} = q \cdot (\frac{2q_1-1}{q_1}) \cdot (1 - (\frac{1-q_1}{q_1})^k)^{-1} +$$

$$+ r(\frac{1-2q_1}{1-q_1}) \cdot (1 - (\frac{q_1}{1-q_1})^k)^{-1} =$$

$$= (1-p)\cdot(2q_1-1) \, \frac{q_1^k + (1-q_1)^k}{q_1^k - (1-q_1)^k} \, .$$

Das Ergebnis lautet also

$$\alpha = (1-p)\cdot g_k \left(\frac{q}{1-p}\right) \qquad\qquad (4.26)$$

wobei
$$g_k(x) = (2x-1)\cdot \frac{x^k + (1-x)^k}{x^k - (1-x)^k}$$

Man beachte, daß der Faktor $g_k(\cdot)$ nur vom Verhältnis q zu r abhängt
und sich bei Vertauschen von q und r nicht ändert. Wichtige Spezialfälle
sind

$$r = q \;\rightarrow\; g_k\!\left(\tfrac{1}{2}\right) = \frac{1}{k} \quad \text{(dies findet man durch die}$$

Anwendung der Regel von de l'Hospital, da g_k

an der Stelle $\tfrac{1}{2}$ eine hebbare Singularität

besitzt)

$$r = 1 \quad \text{oder} \quad q = 1 \;\rightarrow\; g_k(1) = g_k(0) = 1$$

Die Kurvenschar $g_k(x)$ für verschiedene Werte von k ist in Abbildung 4.20
wiedergegeben. Wie man sieht, ist die Seitenfehlerwahrscheinlichkeit für

$$x = \frac{q}{1-p} = \frac{1}{2} \quad \text{am kleinsten.}$$

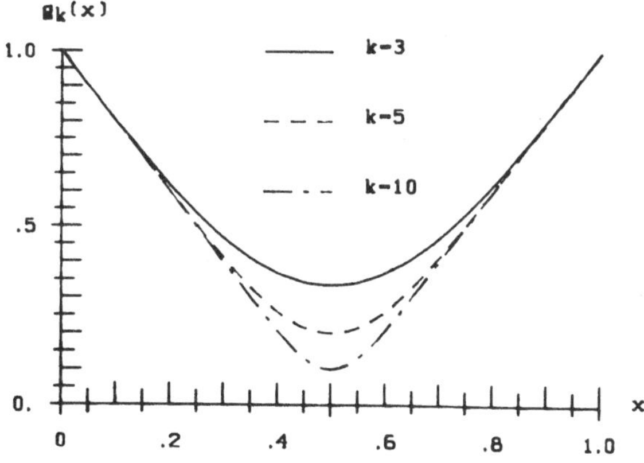

Abb. 4.20

4.1.2.3 Die Strategie MRU ("most recently used")

Gerade umgekehrt zum LRU-Algorithmus wird bei der MRU-Strategie *bei Bedarf die soeben benützte Seite ausgelagert.* Es ist einsichtig, daß diese Vorgangsweise bei Programmen, die stark lokales Verhalten zeigen, nicht besonders sinnvoll ist. Tatsächlich wird dies auch die mathematische Analyse ergeben. Diese Strategie ist nur dann sinnvoll, wenn es sehr wahrscheinlich ist, daß (etwa wegen häufiger Sprünge im Programm) eine eben verlassene Seite nicht in Kürze wiederum referenziert wird.

Wiederum betrachten wir das Beispiel mit $m = 5$, $k = 3$ und der Referenzfolge 2,1,4,3,1,3,4,2,3,5,4,2:

n	R_n	$Z(n)$	Seitenfehler
1	2	{2,-,-}	*
2	1	{1,2,-}	*
3	4	{1,2,4}	*
4	3	{1,2,3}	*
5	1	{1,2,3}	
6	3	{1,2,3}	
7	4	{1,2,4}	*
8	2	{1,2,4}	
9	3	{1,3,4}	*
10	5	{1,4,5}	*
11	4	{1,4,5}	
12	2	{1,2,5}	*

Auch bei dieser Strategie ergeben sich 8 Seitenfehler. Natürlich darf man nicht den Fehler begehen, auf Grund einiger Beispiele die Qualität eines Algorithmus beurteilen zu wollen. Dazu ist schon eine exakte Analyse notwendig.

Zunächst schicken wir folgende Überlegung voraus. Damit bei der Referenz i ein Seitenfehler auftritt, ist notwendig, daß nach der letzten Referenz von i, sagen wir zum Zeitpunkt n, eine Seite, die nicht in der Zentralspeichermenge Z(n) lag, referiert wurde, denn diese Seite hat dann i verdrängt.

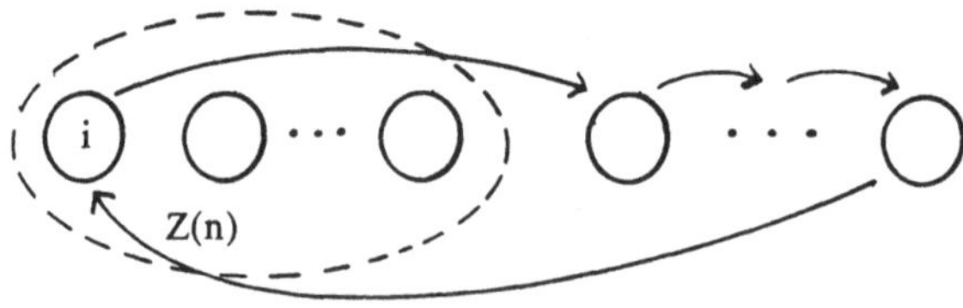

Abb. 4.21

Wiederum werden die Modelle 2 und 3 getrennt betrachtet.

Modell 2 ("Gleichverteilter Seitenwechsel")

Wegen der Gleichverteilung der Seitenwechsel sind alle k-elementigen
Teilmengen von $\{1,...,m\}$ als Zentralspeichermengen gleich wahrscheinlich. Ein
Blick auf die Abbildung 4.21 lehrt, daß nach i die Zentralspeichermenge
mit der Wahrscheinlichkeit $\dfrac{q}{m-1} \cdot (m-k)$ verlassen wird, denn genau m - k
Seiten liegen nicht in der Zentralspeichermenge. Es gilt demnach (vgl. 4.23)

$$\alpha = q \cdot \frac{m-k}{m-1} \tag{4.27}$$

Wie man sieht, sind *für dieses Modell die Seitenfehlerraten bei LRU und MRU
gleich.* Der Grund dafür ist, daß das Modell 2 kein ausgeprägtes lokales
Referenzverhalten zeigt. Eine einmal verlassene Seite wird mit der gleichen
Wahrscheinlichkeit wiederum angesprochen wie irgendeine andere Seite.

Modell 3 ("Irrfahrtmodell")

Die Zentralspeichermenge bei der Anwendung der MRU-Strategie im
Irrfahrtmodell hat eine ganz spezielle Gestalt. Es kommen (für k < m)
überhaupt nur Seitenmengen mit k-1 benachbarten und einer möglicherweise
davon weiter entfernten Seite als Zentralspeichermengen in Frage. Ein typisches
Bild gibt die Abb. 4.22.

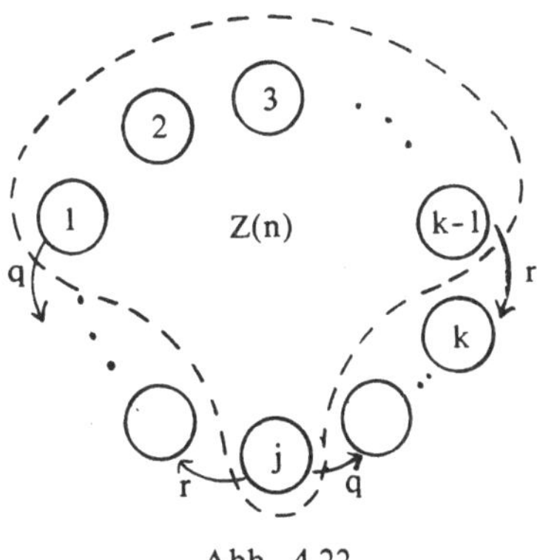

Abb. 4.22

Dies ist unmittelbar einsichtig, wenn man bedenkt, daß eine
Zentralspeichermenge der Gestalt wie in Abb. 4.22 durch jeden Schritt der
MRU-Strategie in eine ebensolche Gestalt übergeht. Beginnt man stets von dem
im Uhrzeigersinn ersten Element des zusammenhängenden Blocks von Z(n) zu

zählen (siehe Abb. 4.22), so erhält man m-1 verschiedene mögliche Zustände. Auf diesen (neu bezeichneten) Zuständen wird eine Markovkette induziert, deren stationäre Verteilung - wie man leicht sieht - die Gleichverteilung $\pi_i=(m-1)^{-1}$ ist. Seitenfehler entstehen an den Zuständen

1	mit Wahrscheinlichkeit	q
2,3,...,k-2	mit Wahrscheinlichkeit	0
k-1	mit Wahrscheinlichkeit	r
k+1,...,m-1	mit Wahrscheinlichkeit	q+r = 1-p

Insgesamt ergibt sich

$$P\{\text{Seitenfehler}\} = \frac{q}{m-1} + \frac{r}{m-1} + (1-p)\cdot\frac{m-k-1}{m-1} \ ,$$

also

$$\alpha = (1-p)\cdot\frac{m-k}{m-1} \ . \tag{4.28}$$

Es ist bemerkenswert, daß dieses Ergebnis nicht vom Verhältnis q zu r abhängt und daß es identisch ist mit dem Wert für Modell 2. Es zeigt sich also, daß die MRU-Strategie das viel stärker lokale Verhalten von Modell 3 nicht wiederspiegelt.

Es ist vorteilhaft, die erzielten Ergebnisse (4.23), (4.26), (4.27) und (4.28) tabellarisch feszuhalten:

Seitenfehlerraten bei	LRU	MRU
Gleichverteilter Seitenwechsel	$(1-p)\cdot\frac{m-k}{m-1}$	$(1-p)\cdot\frac{m-k}{m-1}$
Irrfahrtmodell	$(1-p)g_k(\frac{q}{1-p})$	$(1-p)\cdot\frac{m-k}{m-1}$

Welche Strategie ist nun vorzuziehen? Diese Frage läßt sich selbstverständlich nur in Bezug auf ein konkretes Verteilungsmodell beantworten. Bezüglich des Modells 2 (und daher auch 1) verhalten sich LRU und MRU gleich. Liegt Modell 3 zugrunde, so kommte es darauf an, ob

$$g_k\left(\frac{q}{1-p}\right) \ < \ \frac{m-k}{m-1}$$

oder nicht. Falls r = q, also $q(1-p)^{-1} = 1/2$ ist, so gilt $g_k = k^{-1}$ und wegen $k^{-1} < (m-k)\cdot(m-1)^{-1}$ ist in diesem Fall *die LRU-Strategie stets besser*. Sind jedoch die Seitenübergänge sehr unsymmetrisch und ist es damit sehr unwahrscheinlich, daß eine eben verlassene Seite erneut referenziert wird, so kann g_k größer als $(m-k)\cdot(m-1)^{-1}$ werden. In solchen Fällen ist die

MRU-Strategie überlegen.

4.2 Segmentierte Systeme

Zur stochastischen Analyse der Speicherverwaltung bei segmentierten Systemen ist ein Modell für die Speicheranforderungen notwendig. Von der Einleitung zu Kapitel 4 wissen wir, daß eine solche Anforderungssequenz die Gestalt

$$(t_1,x_1,d_1) \ , \ (t_2,x_2,d_2) \ , \ (t_3,x_3,d_3),...$$

hat. Dabei bedeutet

$$t_i \ .... \ \text{den Zeitpunkt der i-ten Anforderung}$$
$$x_i \ .... \ \text{die Größe der i-ten Anforderung}$$
$$d_i \ .... \ \text{die Dauer der i-ten Reservierung}$$

Es ist möglich, die Zeitpunkte der Reservierungen als die Einheitsschritte einer neuen Zeitzählung zu wählen. Auf diese Weise identifizieren wir den Zeitpunkt der i-ten Anforderung mit dem Schritt i. Die Reservierungsdauern müssen dann dieser neuen Zeitzählung angepaßt werden. Damit kann eine Anforderungssequenz als Folge

$$(x_1,d_1) \ , \ (x_2,d_2) \ , \ (x_3,d_3) \ ,...$$

geschrieben werden. Beispielsweise entspricht der Folge

$$(20,3) \ , \ (7,4) \ , \ (15,1) \ , \ (4,3) \ , \ (10,5) \tag{4.29}$$

das Reservierungsschaubild

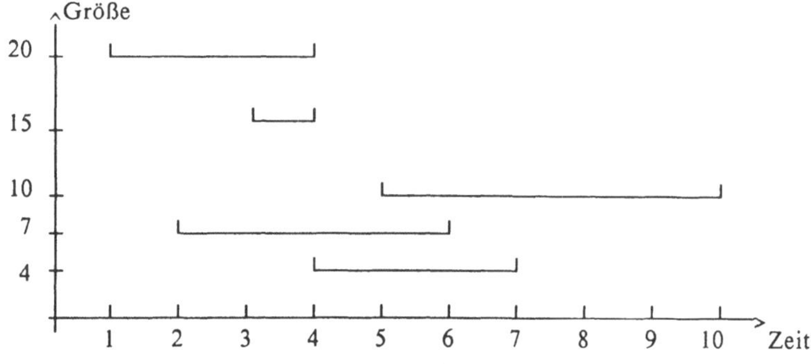

Abb. 4.23

Prinzipiell gibt es zur Abarbeitung der Reservierungsanforderungen zwei verschiedene Strategien:

(i)　　Speicheranfüllung und Kompaktifizierung

　　　Hier wird jeder neu zu reservierende Block einfach an den letzten angehängt. Freigegebene Blöcke werden nur durch das

Setzen eines Markierungsbits gekennzeichnet. Wenn keine neue Reservierung mehr möglich ist, werden die gekennzeichneten Blöcke gelöscht und die anderen in einen kompakten Bereich zusammengeschoben (Kompaktifizierung). Für eine Performanceanalyse siehe Abschn. 4.2.1.

(ii)   Freispeicherliste

Bei dieser Verwaltungsart wird jede Freigabe sofort in eine Liste freier Speicherplätze eingetragen und steht somit für eine neue Reservierung zur Verfügung. Auf diese Weise wird aufwendige Speicherkompaktifizierung nur mehr dann notwendig, wenn durch die Speicherzerstückelung (externe Fragmentierung) kein zusammenhängender Speicherbereich erforderlicher Größe gefunden werden kann. Algorithmen, welche Freispeicherlisten verwenden, werden in Abschn. 4.2.2. behandelt.

Zur Charakterisierung der Möglichkeiten (i) und (ii) kann gesagt werden, daß (i) dem Verhalten entspricht, sein Zimmer in Unordnung zu belassen und dann, wenn es gar nicht mehr anders geht, einmal groß aufzuräumen. (ii) hingegen entspricht dem Verhalten, regelmäßig ein bißchen aufzuräumen. Die etwas größere Mühe beim regelmäßigen Ordnung machen wird meist durch die Vermeidung des sehr aufwendigen Großreinemachens mehr als wettgemacht.

4.2.1 Speicheranfüllung und Kompaktifizierung

Betrachten wir als Beispiel die Reservierungsfolge (4.29). Der gesamte Speicher habe die Länge 50. Nach 4 Schritten hat der Speicher das Aussehen

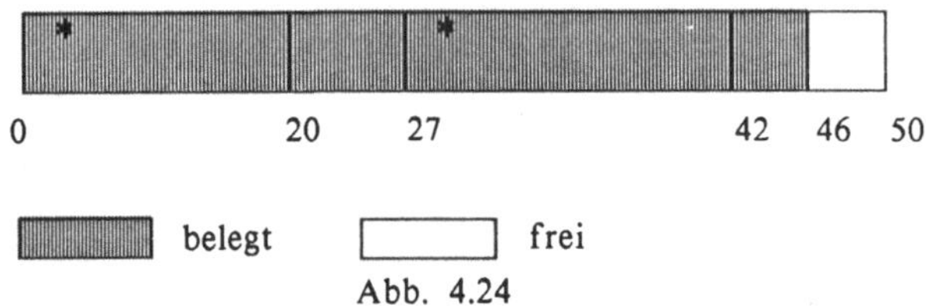

Abb. 4.24

Die mit einem Stern (*) markierten Blöcke werden nicht mehr benötigt. Die nächste Reservierung (Länge 10) kann nicht mehr durchgeführt werden. Also muß der Kompaktifizierungsalgorithmus gestartet werden, der den zweiten und vierten Block verschiebt und so folgenden Speicherzustand erzeugt.

Abb. 4.25

Die Performanceanalyse dieses Verwaltungssystems muß zwei Fragen beantworten:

(a) Wie oft ist die Kompaktifizierung notwendig?

(b) Wie aufwendig ist die Kompaktifizierung, d.h.
wie viele Speicherplätze müssen im Mittel
verschoben werden?

Zur Modellierung nehmen wir an, daß die Folge (X_1,D_1) , (X_2,D_2) .... eine Folge von unabhängigen identisch verteilten ganzzahligen Zufallsvariablen ist und daß X_i auch unabhängig von D_i ist. Es sei

$$F(k) = P\{X_i \leqslant k\}$$

die Verteilungsfunktion (Vf.) von X_i und

$$\psi(k) = P\{D_i \leqslant k\}$$

die Vf. von D_i. Die uns interessierende Größe ist N, die Anzahl der Blöcke, die in einem Speicher der Länge m Platz finden, ohne daß eine Kompaktifizierung nötig ist. Gleichzeitig ist N die Anzahl der möglichen Reservierungen bis zum Speicherüberlauf. Es gilt, daß

$$N = \max \ \{k \mid \sum_{i=1}^{k} X_i \leqslant m\}$$

und daher

$$P\{N \geqslant n\} = P\{\sum_{i=1}^{n} X_i \leqslant m\} = F^{(n)}(m)$$

wobei $F^{(n)} = F *...* F$ die n-fache Faltung von F bedeutet (siehe Anhang B.2). Deshalb findet man für die Verteilung von N

$$P\{N = n\} = P\{N \geqslant n\} - P\{N \geqslant n + 1\} = F^{(n)}(m) - F^{(n+1)}(m) \qquad (4.30)$$

Beispielsweise folgt für eine poissonverteilte Blocklänge mit Mittelwert λ

$$P\{N=n\} = \sum_{k=0}^{m} \frac{e^{-n\lambda}}{k!} \ [(n\lambda)^k - e^{-\lambda}((n+1)\lambda)^k].$$

Für die Frage des Kompaktifizierungsaufwands beachte man, daß

$$\sum_{i=1}^{N} X_i \cdot 1_{\{D_i > N - i\}}$$

die Gesamtlänge der zu verschiebenden Bereiche ist. Denn wenn $D_i \leqslant N-i$ ist, so ist der i-te Block zum Kompaktifizierungszeitpunkt freigegeben.

Der mittlere Aufwand ist dann

$$E\left[\sum_{i=1}^{N} X_i \cdot 1_{\{D_i > N - i\}}\right] = E\left[\sum_{i=1}^{N} X_i \cdot 1_{\{D_i \geq i\}}\right] =$$

$$= \sum_k E(X_1 | N = k) \cdot P(N = k) \cdot \sum_{i=1}^{k} P\{D_i \geq i\} \approx$$

$$\approx \sum_k \frac{m}{k} \cdot (F^{(n)}(m) - F^{(n+1)}(m)) \sum_{i=1}^{k} (1 - \psi(i - 1)). \qquad (4.32)$$

Hier haben wir ausgenützt, daß D_i unabhängig von X_i ist und die Approximation

$$E(X_1 | N = k) \approx \frac{m}{k}$$

benutzt. Dies folgt daraus, daß $E\left(\sum_{i=1}^{k} X_i \mid N = k\right) \approx m$ ist (der Gesamtspeicher ist praktisch voll) und daß alle X_i identisch verteilt sind.

Die Formel (4.32) liefert den mittleren Verschiebungsaufwand, ausgedrückt in den Verteilungen der Blocklängen und Lebensdauern. Da diese Formel eher kompliziert ist, betrachten wir den wichtigen Spezialfall, daß

(i)   die Blocklängen alle gleich groß, nämlich b sind
(ii)   die Reservierungsdauern geometrisch verteilt mit mittlerer Lebensdauer s sind, i.e.

$$P\{ D_i = k\} = \frac{1}{s}\left(1 - \frac{1}{s}\right)^{k-1} \qquad k = 1, 2, 3, \ldots$$

bzw.

$$\psi(k) = 1 - \left(1 - \frac{1}{s}\right)^{k}$$

Dann ist die Blockanzahl N zum Kompaktifizierungszeitpunkt stets gleich $N = \lfloor\frac{m}{b}\rfloor$ und damit ergibt sich (durch Spezialisierung der Formel (4.32)) der Verschiebungsaufwand zu

$$sb \cdot (1 - (1 - s^{-1})^{\lfloor m/b \rfloor}). \qquad (4.33)$$

Diese Funktionenschar ist in Abb. 4.26 dargestellt. Es zeigt sich der zunehmende Aufwand für wachsendes s und wachsendes b.

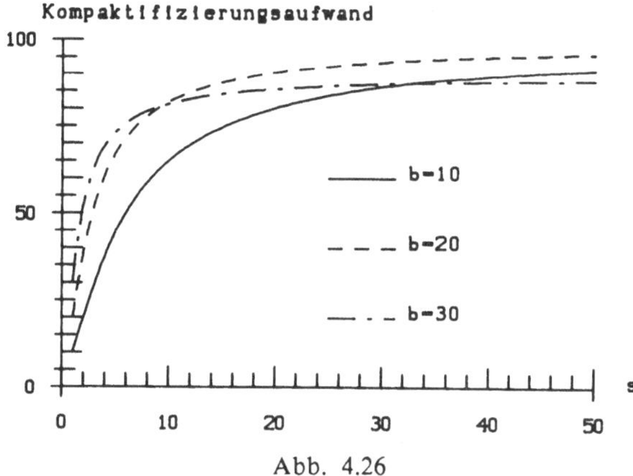

Abb. 4.26

Das hier vorgestellte Speicheranfüllungs- und Kompaktifizierungsverfahren erweist sich in vielen Analysen und Simulationen als unterlegen gegenüber den Freispeicherlisten. Dennoch gibt es zwei entscheidende Vorteile:

(i) Der Speicherzustand kann durch eine einzige Variable, einen Pointer auf den ersten unbelegten Speicherplatz beschrieben werden.

(ii) Das System ist auch in jenen Fällen anwendbar, in denen es keine explizite Speicherfreigabe gibt, wie dies in Simulationssprachen oft der Fall ist (SIMULA verfügt z.B. über einen Speicherreservierungsbefehl ("new"), aber über keine Freigabeanweisung wie z.B. PASCAL ("dispose")). Jenes Verwaltungsprogramm, das die automatische Freigabemarkierung durchführt, heißt **garbage collection**. Dabei werden jene Blöcke markiert, zu denen der Zugriffspfad verlorengegangen ist und die daher nicht mehr ansprechbar sind. Dies geschieht entweder durch Zählen der Referenzen, die zu jedem Block führen (Referenzzählung) oder aufwendiger, aber besser durch die Verfolgung aller Referenzketten (Erreichbarkeitsmarkierung). Eine Übersicht über diese Algorithmen findet sich in Cohen und Nicolau [COH83].

4.2.2 Freispeicherlisten

Bei der Speicherverwaltung mit Freispeicherlisten wird - wie der Name sagt - eine Liste über den aktuellen Speicherzustand bereitgehalten. Eine solche Freispeicherliste ("available space list" - ASL) enthält für jeden freien Block eine Eintragung, welche mindestens aus der Anfangsadresse des Blocks und seiner Länge besteht. Meist wird diese Liste durch Pointer verkettet, um das Einfügen/Entfernen von Listenelementen zu erleichtern. Die Freispeicherliste kann auch im dynamischen Speicherbereich selbst untergebracht werden, und zwar günstigerweise so, daß jedes Listenelement an die Anfangsadresse des ihm entsprechenden Blocks gesetzt wird. In diesem Falle ist natürlich die Adreßangabe im Listenelement selbst überflüssig.

Als Beispiel betrachten wir den folgenden Speicherzustand, der die typische Fragmentierung (Schachbrettmuster - "checkerboard") aufweist.

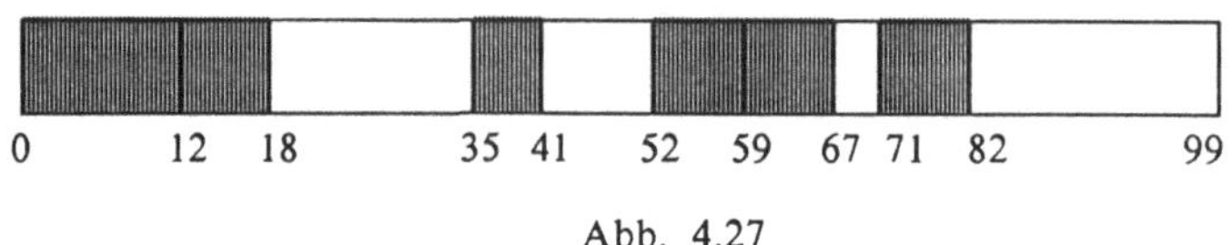

Abb. 4.27

Die zugehörige Freispeicherliste besitzt folgendes Aussehen:

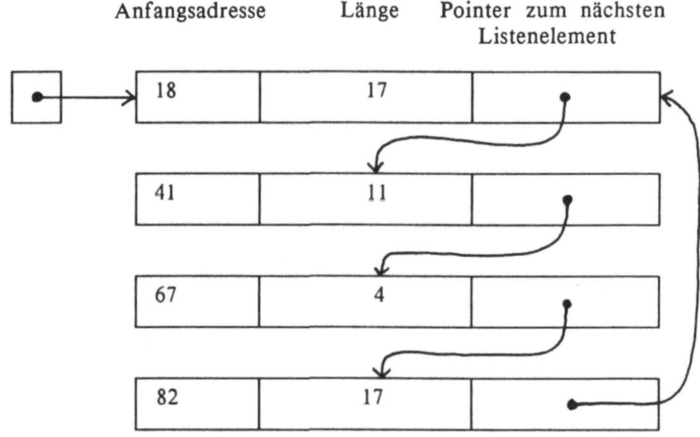

Abb. 4.28

Üblicherweise wird der letzte Pointer wieder auf den Listenanfang gesetzt und so eine zirkuläre Liste geschaffen.

Der aktuelle Speicherzustand eines dynamisch angelegten Speichers wird durch eine Folge von Blocklängen

$$x_1, y_1, x_2, y_2, \ldots, x_B, y_B$$

beschrieben. Dabei bezeichne x_i die Längen der reservierten und y_i die Längen der freien Blöcke. Stoßen zwei reservierte Blöcke aneinander, so ist die Länge des dazwischenliegenden freien Blocks gleich Null. Da wir einen zirkulären Speicher vorausgesetzt haben, so ist der Anfangspunkt willkürlich und man kann o.B.d.A. annehmen, daß der erste Block stets ein *reservierter* und der letzte stets ein *freier* ist.

Beispielsweise wird der Speicherzustand in Abb. 4.27 durch den Vektor

$$\underline{z} = (x_1, y_1, ..., x_B, y_B) = (12,0,6,17,6,11,7,0,8,4,11,17)$$

reservierte Blöcke

beschrieben.

Ein zusammenhängender Bereich reservierter Blöcke wird **Riegel** genannt. Im obigen Beispiel gibt es vier Riegel, zwei davon zu einem und zwei zu je zwei Blöcken. Das dynamische Verhalten eines fragmentierten Speichers der Größe N wird im folgenden durch eine Markovkette mit Zustandsraum Z beschrieben werden. Dabei Z ist die Menge aller ganzzahligen Vektoren

$$\underline{z} = (x_1, y_1, ..., x_B, y_B)$$

sodaß $B \geqslant 1$; $x_i \geqslant 1$; $y_i \geqslant 0$ und $\sum_{i=1}^{B} x_i + y_i = N.$

Die Anzahl der Elemente von Z ist enorm groß. Sie beträgt

$$\#(Z) = \sum_{i=0}^{N} \binom{N}{i} \sum_{j=0}^{\lceil i/2 \rceil} \binom{i+j-1}{j} \qquad . \qquad (4.34)$$

Die Formel (4.34) ergibt sich aus der Überlegung, daß es $\begin{bmatrix} N \\ i \end{bmatrix}$ Möglichkeiten gibt, den Speicherbereich der Länge N in i Blöcke aufzuteilen und daß es genau $\binom{i-j+1}{j}$ Möglichkeiten gibt, aus i Blöcken j auszuwählen, die nicht aneinandergrenzen. Dies sind genau die freien Blöcke. Beispielsweise

ergibt sich für N = 100 bereits eine Anzahl von $2,8 \cdot 10^{98}$. Faßt man alle Zustände, die sich nur durch Verschiebung oder Spiegelung voneinander unterscheiden, zu Klassen zusammen, so erhält man einen etwas kleineren Zustandsraum. Die Elementanzahlen sind aber für reale Speichergrößen immer noch astronomisch (siehe Mc Illroy [MCI82]).

Die große Kardinalität von Z bewirkt, daß es praktisch unmöglich ist, eine stationäre Verteilung zu berechnen oder zu simulieren. Denn jede noch so lange Simulation für reale Speichergrößen wird nur einen Bruchteil aller möglichen Zustände berühren. Deshalb müssen approximative Verfahren verwendet werden. (Die Markovkette mit dem Zustandsraum Z wird durch eine Kette mit kleinerem Zustandsraum approximiert).

Zu jeder Speicherkonfiguration $\underline{z}$ können mehrere abgeleitete Größen definiert werden, die für die Performanceanalyse von Bedeutung sind. Deshalb werden folgende Bezeichnungen eingeführt:

f_k : Anzahl der freien Blöcke der Länge k

$$f_k = \# \{j \mid y_j = k\}$$

r_k : Anzahl der Riegel, die aus genau k Blöcken bestehen

$$r_k = \# \{j \mid y_j > 0, \ y_{j+1} = 0, \ \dots, \ y_{j+k-1} = 0, y_{j+k} > 0\}; \, k \geqslant 2$$

$$r_1 = \# \{j \mid y_j > 0, \ y_{j+1} = 0\}$$

b_k : Anzahl der reservierten Blöcke der Länge k

$$b_k = \# \{j \mid x_j = k\}$$

F : Anzahl der freien Blöcke

$$F = \# \{j \mid y_j > 0\} = \sum_{k>0} f_k = \sum_{k>0} r_k$$

B : Anzahl der reservierten Blöcke

$$B = \sum_{k>0} b_k = \sum_{k>0} k \cdot r_k$$

L : Gesamtlänge des reservierten Speicherbereiches

$$L = \sum_{k>0} k \cdot b_k = \sum_{i} x_i$$

N : Speichergröße

Θ : Speicherauslastung ($\Theta = L / N$)

Die wichtigste Frage im Zusammenhang mit der dynamischen Speicherzuordnung ist der Grad der Fragmentierung, die durch die verschiedenen Algorithmen hervorgerufen wird. Deshalb sind die mittlere Anzahl freier Blöcke $E(F)$ und die mittlere Länge freier Blöcke $E((N-L)/F)$ von besonderer Bedeutung. Um diese Größen sinnvoll definieren zu können, muß ein stochastisches Modell für die Folge der Speicheranforderungen entworfen werden. Wir nehmen an, daß diese Anforderungen durch eine stationäre Folge von Zufallsvariablen

$$(X_1, D_1) , \ (X_2, D_2) , \ \dots$$

beschrieben wird, wobei X_i die Größe und D_i die Dauer der i-ten Speicherreservierung ist. Der mögliche Wertebereich für X_i und D_i ist $\{1,2,3,\dots\}$. Die Speicherfreigaben mögen immer <u>vor</u> den Reservierungen durchgeführt werden, sodaß etwa $D_1 = 1$ bedeutet, daß der entsprechende Speicherplatz für die nächste Reservierung bereits wieder zur Verfügung steht.

Insbesondere sind drei Verteilungsmodelle von Bedeutung

(1) <u>unabhängige Lebensdauern</u>:
Die Folgen $\{X_i\}$ und $\{D_i\}$ sind jeweils unabhängig identisch verteilt und voneinander unabhängig.

(2) <u>geometrische Lebensdauern</u>:
Dies ist ein wichtiger Spezialfall von (1). Es wird angenommen, daß die Verteilung von D durch

$$P\{D_i = k\} = \begin{cases} p(1-p)^{k-1} & k = 1,2,3,\ldots \\ 0 & \text{sonst} \end{cases}$$

spezifiziert ist.

(3) <u>abhängige Lebensdauern</u>:
Hier wird angenommen, daß in jedem Schritt nicht nur genau eine Reservierung (wie in den anderen Modellen), sondern auch genau eine Freigabe erfolgt. Genauer gesagt wird vor jeder Reservierung genau ein Block aus allen vorhandenen (gleichverteilt) ausgewählt und freigegeben. Klarerweise sind in diesem Modell die Lebensdauern der Blöcke nicht unabhängig.

Die Verteilungsmodelle zusammen mit einer Speicherbelegungsstrategie induzieren einen stochastischen Prozeß auf Z, der Menge aller möglichen Zustände. Dieser Prozeß ist im Fall von Modell (2) (wegen der Gedächtnislosigkeit der geometrischen Verteilung) und von Modell (3) eine Markovkette. Im Modell (2) benötigt man das Alter der Blöcke als zusätzliche Information für den Zustand. Zunächst betrachten wir die Verteilung der Anzahl der reservierten Blöcke B. Im Modell (3) ist diese konstant und fest vorgegeben, wenn wir die Freigabe und nachfolgende Reservierung als einen Schritt ansehen. In den Modellen (1) und (2) hingegen kann B variieren und ist eine zufällige Größe. Wenn wir annehmen, daß alle angeforderten Reservierungen tatsächlich durchgeführt werden können, so ist die Anzahl B_n der Blöcke, die zum Zeitpunkt n reserviert sind, gleich

$$B_n = \sum_{i=0}^{\infty} 1_{\{D_{n-i}>i\}} \, , \tag{4.35}$$

denn $1_{\{D > i\}}$ ist genau dann gleich eins falls der zum Zeitpunkt n reservierte Block noch "am Leben ist". Bezeichnet man mit ψ die Verteilungsfunktion von D

$$\psi(i) = P\{D \leq i\},$$

so ergibt sich im stationären Fall für den Erwartungswert von B

$$E(B) = E(\,1_{\{D_{n-i}>i\}}) = \sum_{i=0}^{\infty} (1-\psi(i)). \tag{4.36}$$

Benützt man die bekannte Formel

$$\sum_{i=0}^{\infty} (1-\psi(i)) = \sum_{i=1}^{\infty} i(\psi(i) - \psi(i-1)) = \sum_{i=0}^{\infty} i\cdot P\{D = i\} = E(D),$$

so folgt die Beziehung

$$E(B) = E(D). \tag{4.37}$$

Also ist die *mittlere Anzahl von reservierten Blöcken gleich der mittleren Reservierungsdauer.* Analog ergibt sich für die Varianz

$$Var(B) = E(\sum_{i=0}^{\infty} [1_{\{D_{n-i} > i\}} - (1 - \psi(i))]^2) =$$

$$= \sum_{i=0}^{\infty} \psi(i) \cdot (1 - \psi(i)). \tag{4.38}$$

Es kann auch die wahrscheinlichkeitserzeugende Funktion $G_B(a)$ von B bestimmt werden:

$$G_B(a) = E(a^B) = \prod_{i=0}^{\infty} (a(1 - \psi(i)) + \psi(i)) \tag{4.39}$$

Spezialisiert man dieses Ergebnis zu Modell (2), in dem D die geometrische Verteilung

$$\psi(i) = 1 - (1-p)^i$$

besitzt, so ergibt sich

$$E(B) = \sum_{i=0}^{\infty} (1-p)^i = \frac{1}{p}$$

und

$$Var(B) = \sum_{i=0}^{\infty} (1-p)^i\cdot(1 - (1-p)^i) = \frac{1}{p} - \frac{1}{1-(1-p)^2} =$$

$$= \frac{1 - p}{p(2-p)} \approx \frac{E(B)}{2}$$

Die wahrscheinlichkeitserzeugende Funktion ist in diesem Spezialfall gleich

$$G_B(a) = \prod_{i=0}^{\infty} (1 - (1 - a)\cdot(1 - p)^i)$$

Aus dieser Funktion können durch Differenzieren alle Momente von B bestimmt werden (siehe Anhang B.3).

Eine andere wichtige Größe ist die erwartete Anzahl freier Blöcke E(F). Für das Modell (1) oder (2) sind dafür leider nur Simulationsergebnisse bekannt. Im Modell (3) hingegen gibt es eine wichtige Beziehung zwischen E(F) und B, welche nach ihrem Entdecker <u>Knuth's 50%-Regel</u> lautet. Diese wird im folgenden abgeleitet.

Betrachtet man einen typischen Speicherzustand

Abb. 4.29

so kann man 3 Typen von Blöcken unterscheiden. Typ A sind isolierte Blöcke, Typ B sind Endstücke von Riegeln und C sind innere Blöcke von längeren Riegeln.

Mit der vorhin eingeführten Bezeichnung gibt es in einer bestimmten Speicherkonfiguration $\underline{z}$ folgende Anzahlen von Blöcken der verschiedenen Typen

$$\text{Typ A:} \quad r_1$$

$$\text{Typ B:} \quad 2(F-r_1)$$

$$\text{Typ C:} \quad B-r_1-2(F-r_1) = B-2F+r_1$$

wobei $r_1=r_1(\underline{z})$ und $F=F(\underline{z})$, da beide Größen vom Speicherzustand $\underline{z}$ abhängen. Bei einer Freigabe eines Typs A sinkt die Anzahl der freien Blöcke um eins, bei einer Freigabe eines Typs C steigt sie um eins. Bei einer Freigabe von "B" bleibt sie gleich. Deshalb ergibt sich im Modell (3) für den

Freigabeschritt: $\quad F \leftarrow F - 1 \quad$ mit Wahrsch. $\quad r_1/B$

$$F \leftarrow F \qquad \text{mit Wahrsch.} \quad 2(F-r_1)/B \qquad (4.40)$$

$$F \leftarrow F + 1 \qquad \text{mit Wahrsch.} \quad 1 - (2F-r_1)/B$$

Bei einer Belegung hingegen bleibt die Anzahl der freien Blöcke gleich, solange nicht ein neubelegter Block genau eine freie Lücke füllt. Das letztere geschehe mit der Wahrscheinlichkeit $1-p(\underline{z})$, falls $\underline{z}$ die aktuelle Speicherkonfiguration ist:

Belegung: $\quad F \leftarrow F \qquad$ mit Wahrsch. $\quad p(\underline{z}) \qquad (4.41)$

$$F \leftarrow F-1 \qquad \text{mit Wahrsch.} \quad 1-p(\underline{z})$$

Bezeichnet Z_n einen zufälligen Speicherzustand und Z_{n+1} den nächsten, so gilt nach (4.40) und (4.41) für den bedingten Erwartungswert der Anzahl der freien Blöcke von Z_{n+1}, gegeben Z_n

$$E(F(Z_{n+1})|Z_n) = F(Z_n) - \frac{r_1(Z_n)}{B} + (1 - \frac{2F(Z_n)-r_1(Z_n)}{B}) \cdot (1-p(Z_n)) \cdot$$

$$= F(Z_n) - \frac{2F(Z_n)}{B} + p(Z_n) .$$

Im stationären Fall sind die Erwartungswerte der Ausdrücke links und rechts gleich und es ergibt sich

$$E(F) = E(F) - \frac{2E(F)}{B} + E(p) .$$

Daraus folgt

$$E(F) = \frac{E(p) \cdot B}{2} . \tag{4.42}$$

Falls die Blockgrößen stark streuen, so werden die Wahrscheinlichkeiten $p(\underline{z})$ für ein nicht perfektes Einpassen eines Blockes nahe bei eins liegen. Dann liegt auch $E(p)$ nahe bei eins und es folgt die 50%-Regel

$$E(F) \approx \frac{B}{2} \tag{4.43}$$

Dieses Resultat gilt jedoch nicht unabhängig von der Belegungsregel, da $p(\underline{z})$ von dieser Regel abhängt. Typischerweise ist $p(\underline{z})$ für die best-fit Methode bedeutend kleiner als 1. (Siehe nächster Abschnitt)

4.2.2.1 Belegungsstrategien

Falls der aktuelle Speicherzustand

$$\underline{z} = (x_1, y_1, ..., x_B, y_B)$$

ist (siehe Abschnitt 4.2.2) und ein Block der Länge x^* reserviert werden soll, so kommen für die Reservierung prinzipiell alle freien Blöcke in Frage, die eine Länge größer gleich x^* aufweisen. Der neue Block kann rechts- oder linksbündig eingesetzt werden. In welchem freien Block die neue Reservierung eingesetzt wird entscheidet die verwendete Belegungsstrategie. Man unterscheidet vier wichtige solcher Strategien:

(i) die **first-fit Methode**. Hier wird der neue Block in den ersten freien Block ausreichender Länge eingesetzt, d.h.

$$j = \text{(Index des freien Blocks)} = \min \; \{i \mid y_i \geqslant x^*\}$$

(ii) die **best-fit Methode**. Es wird jener Block gewählt, dessen Länge am wenigsten über der geforderten Länge liegt, d.h.

$$j \; \text{so daß} \; y_j - x^* = \min \; \{y_i - x^* \mid y_i \geqslant x^*\}$$

Diese Methode erfordert das vollständige Durchsuchen der Freispeicherliste, ausgenommen es wird ein genau passender Block gefunden.

(iii) die **random-fit Methode**. Unter allen freien Blöcken ausreichender Größe wird gleichverteilt einer ausgewählt, d.h.

$$j = \text{zufälliger Index aus} \; \{i \mid y_i \geqslant x^*\}.$$

Auch hier muß die Freispeicherliste vollständig durchsucht und ein Zufallszahlengenerator verwendet werden.

(iv) die **next-fit Methode**. Eine Variante der first-fit Methode beginnt die Suche nicht jedesmal beim ersten Element der Liste sondern bei jenem freien Block, in den die letzte Reservierung eingesetzt wurde, d.h.

$$j = \min \; \{i \geqslant k \mid y_i \geqslant x^*\}$$

wobei k der Index der letzten Eintragung ist. An dieser Stelle erweist es sich als wichtig, daß die Freispeicherliste zirkulär aufgebaut ist.

Zum Performancevergleich dieser vier Strategien wurden umfangreiche Simulationen durchgeführt. Wie oben ausgeführt wurde, kann man nicht erwarten, durch Simulationen die stationäre Verteilung auf der Menge der Speicherzustände zu finden. Vielmehr hofft man einen Einblick in die Verteilung abgeleiteter Größen wie die Anzahl der freien Blöcke F, ihre mittlere Größe (E-L)/F, den Auslastungsfaktor Θ , die Anzahl der Riegel der Länge eins r_1 etc. zu bekommen. Die erzielten Simulationsresultate können wie folgt zusammengefaßt werden:

- Die first-fit Methode erzeugt einen Speicher, in dem die freien Blöcke so angeordnet sind, daß kleine Blöcke häufiger am Anfang und größere Blöcke eher am Ende des Speichers auftreten (Shore [SHO75]).

- Durch diese Tatsache kommt die Performance des first-fit Algorithmus nahe an die des best-fit Algorithmus heran, da eine sehr große Speichervergeudung ("oversize fit") eher unwahrscheinlich ist.

- Der next-fit Algorithmus führt zu einer gleichmäßigen Größenverteilung im Speicher. Dies ist jedoch ein <u>Nachteil</u> gegenüber dem first-fit.

- Die best-fit Methode kann zu einem Aufwand bis zu 10% nur für Speicherverwaltungszwecke führen.

- Die Frage der Plazierung einer Reservierung (rechts-, linksbündig, abwechselnd, zufällig) hat einen Einfluß auf die Performance. Systematische Plazierung (rechts- oder linksbündig) ist besser (Shore [SHO77]).

- Die Performance der Algorithmen hängt von der Streuung der angeforderten Blocklängen ab. Ist diese groß, so zeigt sich der first-fit Algorithmus dem best-fit Algorithmus überlegen (Shore [SHO75]).

Zusammenfassend kann gesagt werden, daß die first-fit Methode im Vergleich von Aufwand und Leistung am besten abschneidet. Wenn allerdings die "Kosten" für einen Suchschritt bzw. dem oversize-fit genau spezifiziert sind, so kann unter bestimmten Voraussetzungen sogar eine optimale Belegungsstrategie gefunden werden (siehe Abschnitt 4.2.2.2.).

Der exakte Vergleich von Belegungsstrategien mit Hilfe analytischer Methoden ist ein bisher ungelöstes Problem. Für unrealistisch kleine Speichergrößen ist dies zwar möglich (vgl. Betteridge [BET74]), doch scheitert jeder weitere Versuch an der enormen Komplexität des Zustandsraumes. Deshalb begnügt man sich bei der analytischen Behandlung mit der Methode der approximativen Markovstruktur. Darunter versteht man das folgende:
Die ursprüngliche Markovkette ist auf den Zuständen $z \in Z$ erklärt und besitzt die Übergangswahrscheinlichkeiten $p(z,z')$. Falls $Z = A_1 \cup ... \cup A_m$ eine Zerlegung von Z in m disjunkte Mengen ist, so definiert man auf $A_1,...A_m$ eine Markovkette durch die Übergangswahrscheinlichkeiten

$$p_{ij} = \frac{1}{\#(A_i)} \sum_{z \in A_i} \sum_{z' \in A_j} p(z,z') \qquad (4.44)$$

Wie man sich leicht überzeugt, gilt $\sum_{j=1}^{m} p_{ij} = 1$. Also sind $[p_{ij}]$ Übergangswahrscheinlichkeiten einer Markovkette auf dem Zustandsraum $[A_1,...,A_m]$. Diese Kette heißt die in $[A_1,...,A_m]$ **induzierte approximative Markovkette.**

Manchmal kann es vorkomen, daß

$$z \mapsto \sum_{z' \in A_j} p(z,z')$$

auf den Mengen A_i konstant ist (d.h. gar nicht von der speziellen Wahl von z abhängt). In diesem Fall ist

$$p_{ij} = \sum_{z' \in A_j} p(z,z') \qquad \text{für alle} \quad z \in A_i$$

Dies bedeutet, daß man beim Übergang von der ursprünglichen Kette zur gröberen Kette auf $[A_1,...,A_m]$ keinen Approximationsfehler begeht. Die auf $[A_1,...,A_m]$ induzierte Kette heißt dann **eingebettete Markovkette**.

Als Anwendungsbeispiel betrachten wir das Modell (3) (abhängige Lebensdauern) mit konstanten Blockgrößen. Ohne Beschränkung der Allgemeinheit kann angenommen werden, daß die Blocklänge stets gleich eins ist. Wir setzen $A_i = [z \mid F(z) = i]$, d.h. wir betrachten nur jene approximative Struktur, die für die Anzahl der freien Blöcke F induziert wird.

Wir betrachten zunächst die random-fit Methode. Dann wird durch die Mittelbildung (4.44) folgende Übergangsstruktur für F induziert (vgl. mit 4.40 und 4.41)

Reservierung:

$$F \leftarrow F - 1 \qquad \text{mit Wahrs.} \qquad \frac{F - 1}{N - B - 1}$$

$$F \leftarrow F \qquad \text{mit Wahrs.} \qquad \frac{N - B - F}{N - B - 1}$$

Freigabe:

$$F \leftarrow F - 1 \qquad \text{mit Wahrs.} \qquad \frac{F(F - 1)}{B(B - 1)}$$

$$F \leftarrow F \qquad \text{mit Wahrs.} \qquad \frac{2F(B - F)}{B(B - 1)}$$

$$F \leftarrow F + 1 \qquad \text{mit Wahrs.} \qquad \frac{B(B-1) - F(2B-F-1)}{B(B-1)}$$

Dies ist die approximative Markovstruktur, die für F induziert wird (siehe Pflug [PFL84]).
Eine mühsame Rechnung liefert den Erwartungswert von F bezüglich der stationären Verteilung dieser Markovkette. Es ist

$$E(F) = N \frac{\theta(1 - \theta)}{(2 - \theta)} , \qquad (4.45)$$

wobei $\theta = B/N = L/N$ der Auslastungsfaktor ist . Der Graph dieser Funktion ist in Abb. 4.30 dargestellt.

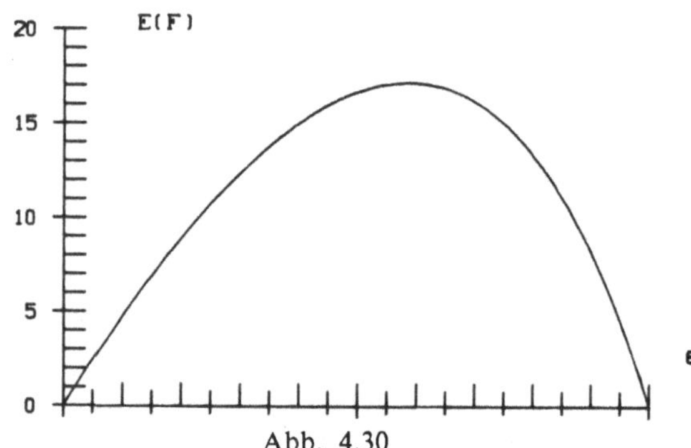

Abb. 4.30

Ebenso ergibt sich für   p(z) = Wahrscheinlichkeit eines "oversize-fits".

$$E(p) = \frac{2 - 2\theta}{2 - \theta} \qquad (4.46)$$

Die Formeln (4.45) und (4.46) sind auch in Übereinstimmung mit Knuth's 50%-Regel $E(F) = \frac{1}{2} E(p) \cdot B$ (siehe (4.42)).

Eine analoge Überlegung liefert auch den approximativen Wert der erwarteten Anzahl von Riegeln der Länge 1

$$E(r_1) = N \cdot \frac{2\theta(1-\theta)^2}{(2-\theta)(5-4\theta)}$$

(siehe ebenfalls Pflug [PFL84]).

Betrachten wir nun die first-fit Strategie für dasselbe Modell (2) mit konstanter Blockgröße gleich eins. Der zugehörige Markovprozeß hat einen einzigen absorbierenden Zustand, nämlich ein einziger Riegel der Länge B gleich am Anfang des Speicherbereiches. Dies ist leicht einzusehen, da eine Lücke die durch Freigabe entsteht, sofort durch die nächste Reservierung wieder geschlossen wird:

B

absorbierender Zustand

Abb.4.31

In diesem Modell gilt also $F \equiv 1$ (konstant) und $r_1 = 1$. Da die Wahrscheinlichkeit eines oversize-fits sehr klein ist (2/B), ist in diesem Falle E(F) <u>nicht</u> ungefähr gleich B/2. Es gilt also keine 50%-Regel. Die Formel (4.42) gilt hingegen dennoch.

Außerdem verhalten sich in diesem Modell die first-fit und die best-fit Strategie gleich. Die best-fit Strategie besitzt genau denselben einzigen absorbierenden Zustand (siehe Abb. 4.31). Die next-fit Strategie hingegen verhält sich ähnlich wie die random-fit Strategie. In diesem Beispiel zeigt sich deutlich die allgemeinere Eigenschaft dynamischer Allokationsstrategien: first-fit und best-fit einerseits und next-fit und random-fit andererseits verhalten sich ähnlich.

Abgesehen von der soeben betrachteten average-case Analyse, kann natürlich auch eine worst-case Analyse durchgeführt werden. Robson [ROB77] konnte zeigen, daß die best-fit Strategie bezüglich dieses Kriteriums weit schlechter abschneidet als die first-fit Strategie. Wegen der enorm großen Anzahl möglicher Speicherkonfigurationen ist dieser theoretisch denkbare schlechteste Fall jedoch von geringer Bedeutung.

4.2.2.2. Optimale Belegung als Markov'sches Entscheidungsproblem

Beim Durchsuchen der Freispeicherliste nach einem passenden Block entsteht das Problem des Kompromisses zwischen zwei einander widersprechenden Zielen. Einerseits sollen wenig Suchschritte gemacht werden und andererseits soll ein möglichst gut passender Block gefunden werden. Diese beiden Ziele können durch die Angabe von Kostenfunktionen vergleichbar gemacht werden. Es seien also

c ... die Kosten für einen Suchschritt

$f_x(i)$ ... die Kosten für die Reservierung eines Blocks der Länge x in einem freien Bereich der Länge i. (oversize-fit der Länge i-x), wobei stets $i \geqslant x$ sein muß und

$$f_x(i) = \begin{cases} 0 & i = x \\ \text{monoton} & \text{für } i \geqslant x \\ \text{wachsend} \end{cases} \quad \text{gilt.}$$

Sind die Kostenfunktionen spezifiziert, so kann man neben den bereits betrachteten eine weitere Strategie verfolgen:

(v) die optimal-fit Methode. Man durchsuche die Freispeicherliste solange die erwarteten Suchkosten die erwarteten Kosten für den oversize-fit nicht übersteigen.

Man stellt leicht fest, daß sowohl die first-fit Methode als auch die best-fit Methode Spezialfälle der optimal-fit Methode sind, die jeweils einer gewissen Wahl der Konstanten c entsprechen:

first-fit Methode: Hier ist $c = \infty$. Da die Suchkosten ∞ sind, besteht die kostenminimale Strategie im Stoppen beim ersten passenden Block - eben dem first-fit.

best-fit Methode: Hier ist $c = 0$. Da das Suchen nichts kostet, ist es in diesem Fall optimal, die ganze Liste zu durchsuchen.

Die Frage des optimalen Stoppens einer iterativen Prozedur ist von allgemeiner Bedeutung und nicht bloß auf die Speicherbelegung beschränkt. Sie tritt in mannigfacher Form auf z.B.

- bei allgemeinen Optimierungsproblemen (wann soll eine Suche abgebrochen werden?)
- bei Glücksspielen (wann soll man aufhören?)
  (Bemerkung des Autors: am besten gleich!)
- bei wirtschaftlichen Entscheidungen (soll jetzt gekauft/verkauft oder noch zugewartet werden?) .
- bei "Heiratsproblem" (oder "Sekretärinnenproblem") (soll die derzeitige Kandidatin genommen werden, oder noch abgewartet werden?)

In allgemeiner Formulierung besteht das Problem des optimalen Stoppens einer Markovkette in folgendem:

Es sei $P = (p_{ij})$ die Übergangsmatrix einer Markovkette mit den Zuständen $I = \{1,2,...,n\}$. Stoppt man den Prozeß im Zustand i, so seien die damit verbundenen Kosten gleich $f(i)$. Stoppt man nicht, so seien die Fortsetzungskosten gleich $c(i) \geqslant 0$. Die Frage ist nun: Wie muß die optimale Strategie für das Stoppen aussehen, um die erwarteten Kosten zu minimieren?

Seien $V(i)$ die minimal möglichen erwarteten Kosten, falls sich der Prozeß im Zustand i befindet. Stoppt man in i, so ergeben sich die Kosten $f(i)$. Stoppt man nicht, so entstehen die Kosten $c(i)$ und der Prozeß geht mit Wahrscheinlichkeit p_{ij} in den neuen Zustand j über, in dem nun $V(j)$ die minimal möglichen erwarteten Kosten sind. Also genügt V der Gleichung

$$V(i) = \min (f(i),\ c(i) + \sum_j p_{ij} \cdot V(j)) \tag{4.47}$$

Immer wenn die erwarteten zukünftigen Kosten

$$c(i) + \sum_j p_{ij} \cdot V(j)$$

die Kosten für das Stoppen $f(i)$ übersteigen, lohnt sich das sofortige Stoppen. Wenn also S die Menge

$$S = \{i \mid V(i) = f(i)\} \tag{4.48}$$

bezeichnet, so besteht die optimale Strategie im sofortigen Stoppen genau dann, wenn ein Zustand aus S erreicht wird.

Zur Berechnung der optimalen Strategie ist also die Berechnung der Funktion $V(i)$ notwendig, es muß also die Funktionalgleichung (4.47) gelöst werden. Dazu hilft der folgende Satz:

Hauptsatz für das optimale Stoppen von Markovketten:

Die Funktion $V(.)$ (d.h. der Vektor $(V(1),...,V(n))$ der minimalen erwarteten Kosten ist genau die Lösung der linearen Optimierungsaufgabe

$$\sum_{i=1}^{n} U(i) = \max!$$

unter den $2n$ Nebenbedingungen $\qquad\qquad$ (4.49)

$$U(i) \leqslant f(i) \qquad i = 1,...,n$$
$$U(i) - \sum_{j} p_{ij} U(j) \leqslant c(i) \qquad i = 1,...,n$$

Die optimale Strategie besteht im Stoppen genau dann, wenn ein Zustand aus der Menge

$$S = \{i \mid U(i) = f(i)\}$$

erreicht wird.

Zum Beweis dieses Hauptsatzes betrachte man die Menge $\mathbf{V}$ der zulässigen Vektoren der Optimierungsaufgabe (4.49), d.h. jene Vektoren, die die Nebenbedingungen erfüllen:

$$\mathbf{V} = \{U(.) \mid U(i) \leqslant f(i) \quad \text{und} \quad U(i) - \sum_{j} p_{ij} U(j) \leqslant c(i) , 1 \leqslant i \leqslant n\}$$

Wegen $c(i) \geqslant 0$ ist $\mathbf{V}$ nicht leer. Gilt $U_1 \in \mathbf{V}$ und $U_2 \in \mathbf{V}$ so gilt wegen

$$U_1(i) \leqslant c(i) + \sum_{j} p_{ij} (\max(U_1(j),U_2(j))$$
$$U_2(i) \leqslant c(i) \sum_{j} p_{ij} (\max(U_1(j), U_2(j))$$

auch $\max(U_1,U_2) \in \mathbf{V}$. Es sei $V(i) = \max\{U(i) \mid U \in \mathbf{V}\}$. Da $\mathbf{V}$ abgeschlossen ist, ist $V \in \mathbf{V}$. Klarerweise maximiert V auch die Zielfunktion $\sum_{i=1}^{n} U(i)$. Es bleibt zu zeigen, daß V die Gleichung (4.47) erfüllt.

Da $V \in \mathbf{V}$, gilt

$$V(i) \leqslant \min(f(i), c(i) + \sum p_{ij} V(j)). \qquad\qquad (4.50)$$

Angenommen, es gilt für ein i

$$V(i) < \min(f(i), c(i) + \sum p_{ij} V(j)).$$

Dann kann dieses $V(i)$ - wie man leicht sieht - noch vergrößert werden, sodaß die Ungleichung (4.50) weiterhin bestehen bleibt. Dies widerspricht aber der Maximalität von V. Folglich muß für alle i in (4.50) das Gleichheitszeichen gelten, und dies bedeutet, daß V Lösung von (4.49) ist.

Betrachten wir nun wiederum die <u>optimal-fit</u> Methode. Es sei x die angeforderte Blocklänge. In der Freispeicherliste seien Blöcke der Länge i mit einer relativen Häufigkeit p_i eingetragen. Nehmen wir an, daß die Folge der Eintragungen in der Freispeicherliste als unabhängige, identisch verteilte Folge angesehen werden kann (Dies ist nur eine Modellvorstellung. Tatsächlich tendiert ja z.B. die first-fit Methode dazu, längere Blöcke erst am Ende der Liste aufzuweisen). Seien c (konstant) die Kosten für einen oversize-fit in einem freien Block der Länge i. Die Funktion f(i-x) wächst monoton in i. Die Gleichung (4.47) spezialisiert sich in diesem Falle zu

$$V(i) = \min\ (f(i-x),\ c + \sum_j p_j\ V(j)) \qquad\qquad i \geqslant x$$

$$V(i) = c + \sum_j p_j\ V(j) \qquad\qquad j < x$$

Die Lösung dieser Gleichungen ist offensichtlich

$$V(i) = \min\ (f(i-x),\ d)$$

wobei

$$d = c + \sum_{x \leqslant j} p_j\ f(j-x) + d \cdot \sum_{j < x} p_j\ .$$
$$\text{oder} \qquad\qquad \text{oder}$$
$$f(j-x) \leqslant d \qquad\qquad f(j-x) > d$$

Sei k(x) so, daß

$$\lfloor d \rfloor = f(k(x)-x).$$

Dann gilt

$$\lfloor d \rfloor \leqslant c + \sum_{x \leqslant j \leqslant k(x)} p_j\ f(j-x) + f(k(x)-x)\ (1 - \sum_{x \leqslant j \leqslant k(x)} p_j) < \lfloor d \rfloor + 1$$

bzw.

$$0 \leqslant c + \sum_{x \leqslant j \leqslant k(x)} p_j(f(j-x)-f(k(x) - x)) < 1$$

Mit anderen Worten: k(x) ist größter Index k, für den gilt

$$\sum_{x \leqslant j \leqslant k} p_j(f(k-x)-f(j-x)) \leqslant c\ . \qquad\qquad (4.51)$$

Die Stopregel besagt, daß die Suche in der Freispeicherliste zu beenden ist, sobald ein Block gefunden ist, dessen Länge i innerhalb des Bereiches

$$x \leqslant i \leqslant k(x)$$

liegt. Leung [LE82b] hat diese optimale Strategie abgeleitet und durch Simulationen gezeigt, daß sie sowohl der first-fit Methode als auch der best-fit Methode überlegen ist. Allerdings sind die Unterschiede nicht sehr groß.

Ein anderes Modell wurde von Campbell [CAM71] vorgeschlagen. Es ist jenes Problem, das auch als Heiratsproblem, Sekretärinnenproblem oder Radfahrerproblem bekannt ist. Dabei geht es um die Aufgabe, das beste aus einer Folge n Elementen auszuwählen, wobei die Reihenfolge unbekannt ist. Die Elemente werden der Reihe nach beobachtet und es ist sofort die Entscheidung zu fällen, ob dieses Element ausgewählt wird oder weiter beobachtet wird. Auf länger zurückliegende Elemente kann zu einem späteren Zeitpunkt nicht mehr zurückgegriffen werden (Heiratsproblem: Einmal abgelehnte Kandidaten sind beleidigt. Radfahrerproblem: Ein Radfahrer mit Rückenwind sucht das beste Hotel, er kann nicht umkehren). Dieses Problem kann als Markov'sches Stopproblem aufgefaßt werden (siehe Dynkin-Juschkewitsch [DYN69]). Die Lösung lautet: Man warte $\lfloor \frac{n}{e} \rfloor$ Beobachtungen ab und wähle dann das erste Element, das besser als alle vorhergehenden ist. Für die Suche in Freispeicherlisten ist dies jedoch kein adäquates Modell. Denn einerseits kann in dieser Anwendung ohne weiteres auf frühere Elemente in der Liste zurückgegriffen werden und andererseits sind in der Problemformulierung keine Kosten für den Suchschritt berücksichtigt, was jedoch wesentlich wäre.

Weiterführende Literatur zum Thema Verwaltung von segmentierten Systemen:
[BAK85], [BET74], [LE82b], [NIEL7], [REE79], [REE80], [REE83], [ROB77], [SHO75], [SHO77]

4.2.3 Die Fragmentierung von Plattenspeichern

Ein Plattenspeicher besteht aus einer (oder mehreren) rotierenden Scheibe(n), auf der (den) durch einen sich bewegenden Kopf magnetische Informationen gelesen oder geschrieben werden können. Jede Scheibe ist in konzentrische Kreise (Spuren) und jede dieser Spuren wiederum in Sektoren eingeteilt. Da die Scheibe sehr schnell rotiert, braucht das Lesen einer Spur wenig Zeit, falls der Kopf über dieser Spur steht. Was die meiste Zeit kostet, ist das Plazieren des Kopfes auf die richtige Spur (vgl. dazu Abschn. 3.2).
Im folgenden Modell wird deshalb die Einteilung in Sektoren vernachlässigt und nur die Fragmentierung der Spuren berücksichtigt. Der Plattenspeicher habe m Spuren. Jede Spur kann entweder belegt (1) oder frei (0) sein. Typischerweise weist ein solcher Speicher eine Fragmentierung (Schachbrettmuster) auf:

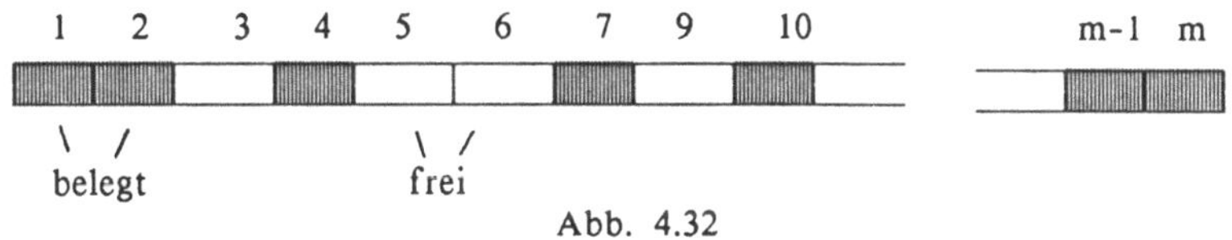

Abb. 4.32

Anders als bei der Zentralspeicherbelegung kann ein zusammenhängendes File auf verschiedene, auch nicht zusammenhängende Spuren aufgeteilt werden. Wird ein File auf diese Art "zerrissen" (fragmentiert), so wird in seinem Kontrollblock im Inhaltsverzeichnis des Plattenspeichers ("volume table of contents" - VTOC) die entsprechende Information eingetragen.

Eine stochastische Analyse soll den mittleren Fragmentierungsgrad der Files
sowie den Allokationsaufwand als Funktion der Speicherbelegung bestimmen.
Dazu ist ein Modell für den Speicherzustand nötig. Es sei der Speicherzustand
durch eine Folge

$$X_1, X_2, ..., X_m$$

beschrieben, wobei X_i die Bedeutung hat:

$$X_i = \begin{cases} 0 & \text{frei ist} \\ & \text{falls die i-te Spur} \\ 1 & \text{belegt ist.} \end{cases}$$

Um die Abhängigkeit aufeinanderfolgender Spuren zum Ausdruck zu bringen,
modellieren wir $\{X_i\}$ als stationäre Markovkette. Diese Idee stammt von
Leung [LE82a]. Es sei

$$p_{ij} = P\{X_k = j \mid X_{k-1} = i\}$$

d.h. die Übergangsmatrix ist

$$P = \begin{bmatrix} p_{00} & p_{01} \\ p_{10} & p_{11} \end{bmatrix}$$

Die zugehörige stationäre Verteilung errechnet sich leicht als $(1-\theta, \theta)$ wobei

$$\theta = \frac{p_{01}}{p_{10} + p_{01}} \quad .$$

θ ist die (stationäre) Wahrscheinlichkeit, daß $X_i = 1$ ist und ist daher
gleichzeitig der Speicherbelegungsgrad. Zunächst berechnen wir die mittlere
Anzahl der Fragmente eines Files der Länge n (n Spuren). Sei f_n diese
Anzahl. Die ersten n-1 Spuren dieses Files benötigen im Mittel f_{n-1} Fragmente.
Ob die letzte Spur ein neues Fragment ist, hängt davon ab, ob die auf die
n-1-ste Spur folgende frei ist oder nicht.

Es ergibt sich also

$$f_n = p_{00}\, f_{n-1} + p_{01}(f_{n-1}+1) \;=$$

$$= f_{n-1} + p_{01} \, .$$

Wegen $f_1 = 1$ ergibt sich insgesamt

$$f_n = 1 + (n-1)p_{01} \qquad\qquad (4.52)$$

Beispielsweise wird, wenn $p_{o1} = 0.2$ ist, ein File der Länge 30 im Mittel in ca. 7 Teile fragmentiert, da $f_{30} = 1 + 29 \cdot 0.2 \approx 7$.

Nun soll die mittlere Anzahl von Spuren d_n berechnet werden, um die der Kopf weiterbewegt werden muß, um ein File der Länge n (d.h. n Spuren) anzulegen. Es sei $d_n^{(0)}$ die mittlere Anzahl dieser Bewegungen, wenn sich der Kopf derzeit über einer freien Spur befindet. Analog sei $d_n^{(1)}$ die gleiche Größe, wenn der Kopf über einer besetzten Spur startet. Ähnlich wie für f_n kann eine rekursive Gleichung für $d_n^{(0)}$ bzw. $d_n^{(1)}$ angegeben werden, nämlich

$$d_n^{(o)} = p_{oo} \cdot (d_{n-1}^{(o)} + 1) + p_{o1} \cdot (d_n^{(1)} + 1) \qquad (4.53)$$

denn je nachdem, ob die nächste Spur frei ist oder nicht, so ist der Aufwand von $1 + d_n^{(o)}$ bzw. $1 + d_n^{(1)}$ nötig. Analog ergibt sich

$$d_n^{(1)} = p_{1o} \cdot (d_{n-1}^{(o)} + 1) + p_{11} \cdot (d_n^{(1)} + 1). \qquad (4.54)$$

Löst man die Gleichungen (4.53) und (4.54) so ergibt sich

$$d_n^{(o)} = n(1 - \frac{p_{o1}}{p_{1o}}) = \frac{n}{1-\theta}$$

und

$$d_n^{(1)} = (n-1) \cdot (\frac{p_{o1} + p_{1o}}{p_{1o}}) + \frac{1}{p_{1o}} = \frac{n-1}{1-\theta} + \frac{1}{p_{1o}} .$$

Die endgültige mittlere Anzahl von Weiterbewegungen des Kopfes ergibt sich als gewichtetes Mittel

$$d_n = (1-\theta) d_n^{(o)} + \theta d_n^{(1)} =$$

$$= n + (n-1) \frac{\theta}{1-\theta} + \frac{\theta}{p_{1o}} . \qquad (4.55)$$

Auf ähnliche Weise kann die mittlere Anzahl der Spuren s_n berechnet werden, die passiert werden müssen, um ein File der Länge n in einem zusammenhängenden Speicherbereich unterzubringen. Wieder unterscheiden wir den Startzustand 0 oder 1. Falls ein zusammenhängender Bereich der Länge n-1 aber nicht der Länge n gefunden wird, so startet die Suchprozedur von neuem und dehalb ergibt sich

$$s_n^{(o)} = (s_{n-1}^{(o)} + 1) \cdot p_{oo} + (s_{n-1}^{(o)} + 1 + s_n^{(1)}) \cdot p_{o1} .$$

und

$$s_n^{(1)} = (s_{n-1}^{(1)} + 1) \cdot p_{oo} + (s_{n-1}^{(1)} + 1 + s_n^{(1)}) \cdot p_{o1}$$

Die letzte Gleichung ist eine Differenzgleichung erster Ordnung:

$$p_{oo} \cdot s_n^{(1)} = s_{n-1}^{(1)} + 1,$$

welche wegen der Anfangsbedingung $s_1^{(1)} = d_1^{(1)} = \dfrac{1}{p_{10}}$ die Lösung

$$s_n^{(1)} = (p_{o1} + p_{1o} - p_{1o}\, p_{oo}^{\,n-1}) / p_{o1}\, p_{1o}\, p_{oo}^{\,n-1}$$

besitzt (nachrechnen !). Analog ergibt sich für

$$s_n^{(o)} = (p_{o1} + p_{1o})\,(1 - p_{oo}^{\,n})/(p_{o1}\, p_{1o}\, p_{oo}^{\,n-1}).$$

Wiederum interessiert das gewichtete Mittel s_n

$$s_n = (1-\theta)\,s_n^{(o)} + \theta\, s_n^{(1)} =$$

$$= \frac{p_{oo}^{-(n-1)}}{(1-\theta)(1-p_{oo})} - \frac{p_{oo} + \theta}{1 - p_{oo}} , \qquad (4.56)$$

was sich nach einigen Umformungen ergibt (siehe Leung [LEU82a]).

Die Abbildung 4.33 zeigt Schaubilder von d_n und s_n in Abhängigkeit von θ. Dabei wurde $p_{oo} = 0.8$ festgehalten.

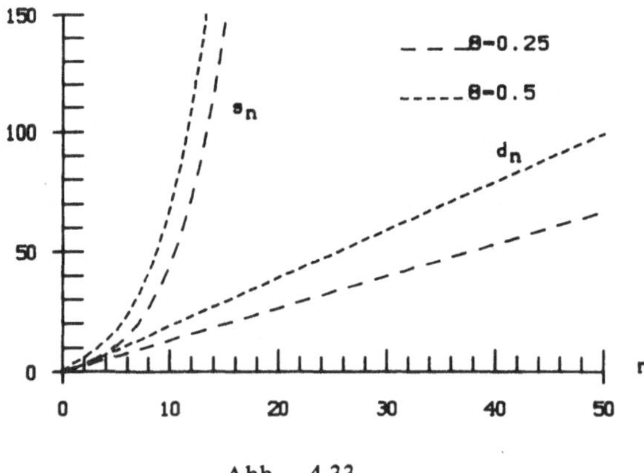

Abb. 4.33

4.3 Hash-Tabellen

Hash-Tabellen dienen zur zugriffsgünstigen Speicherung von unstrukturierten Daten in Listenform. Diese Daten sollen durch einen **Schlüssel** ("key") $K \in \mathbf{K}$ bestimmt sein, wobei $\mathbf{K}$ eine endliche Schlüsselmenge ist. Zur Speicherung stehe ein Array der Länge M zur Verfügung.
Durch eine Funktion h: $\mathbf{K} \to \{1,...M\}$ werden die Schlüssel auf die Arrayindizes abgebildet. Diese Funktion heißt Hashfunktion. Da üblicherweise M $<< \#(\mathbf{K})$ kommt es vor, daß zwei verschiedene Schlüssel auf dieselbe Hashadresse abgebildet werden. Ist die für einen Schlüssel vorgesehene Adresse schon besetzt, so gibt es eine Kollision und eine alternative Adresse muß gewählt werden. Es gibt verschiedene Strategien zur Kollisionsauflösung, von denen die folgenden die wichtigsten sind:

(a) Offene Adreßverfahren.

Hier bestimmt der Schlüssel K alleine die Suchfolge für die alternative Adresse.
(a1) Lineare Suche ("linear probing")
Ist die Adresse h(K) besetzt, so werden die Adressen h(K)+c, h(K) + 2c, h(k) + 3c, etc. der Reihe nach durchsucht. c ist dabei eine feste Konstante (oft ist c=1).
(a2) Doppeltes Hashing ("double hashing")
Hier wird ähnlich wie bei der linearen Suche vorgegangen, nur daß die Konstante c nicht von vornherein fest gewählt ist, sondern vom Schlüssel K abhängen darf (d.h. c= $h_2(K)$, wobei h_2 eine zweite Hashfunktion ist).

(b) Nicht-offene Adreßverfahren.

Hier wird die Suchfolge durch eine Pointerkette bestimmt, die gleichzeitig mit der Tabelle angelegt wird.
(b1) "Bucket search"
Für jede Hashadresse wird ein Kopf einer verketteten Liste angelegt, in der alle Schlüssel mit ebendieser Hashadresse eingetragen werden. Diese Liste ist getrennt von den Köpfen gespeichert. Listen zu verschiedenen Hashadressen sind disjunkt.
(b2) Listenverkettung
Hier wird das erste Element jeder Liste in den Tabellenplatz h(K) selbst eingetragen. Bei Kollision wird ein freier Speicherplatz gesucht und dieser mit der bisherigen Liste durch einen Pointer verkettet. Da die Listenköpfe und die Liste selbst in der selben Tabelle gespeichert werden, kann es vorkommen, daß Listen verschiedener Hashadressen zusammenwachsen.

<u>Beispiel.</u> Es sollen Vornamen von Personen in einer Hashtabelle gespeichert werden. Als Hashfunktion diene

$$h(K) = (2 \cdot \text{Anzahl der Vokale} + \text{Anzahl der Konsonanten}) \bmod 9$$

also z.B.

$$h(\text{"ANTON"}) = 7; \quad h(\text{"BERTA"}) = 7; \quad h(\text{"MARIE"}) = 8 \quad \text{etc.}$$

Die folgende Abbildung gibt den Zustand der Tabelle nach Eintragung der Sequenz ANTON, MARIE, BERTA, BRIGITTE, PAUL, WILFRIED, THEOBALD für die lineare Suche (c=1) und die Listenverkettung wieder:

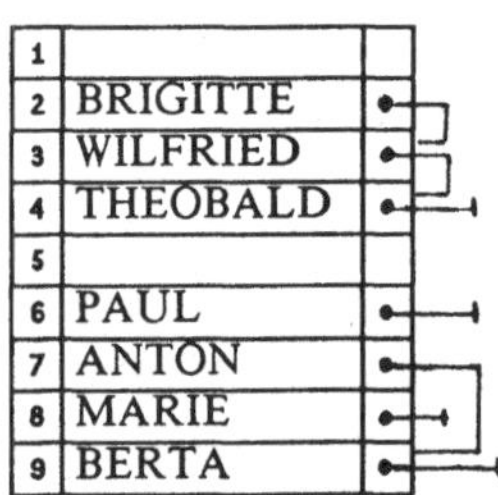

Abb. 4.34

Man beachte, daß beide Verfahren zwar zu der gleichen Tabelle führen, jedoch nur bei der Listenverkettung die Pointer mitgespeichert werden. Dies hat zur Folge, daß bei der linearen Suche die Suchsequenz für "BERTA" auch den Tabellenplatz 8 berührt , welcher bei der Listenverkettung übersprungen wird.

Im allgemeinen schneiden die nicht-offenen Adreßverfahren bezüglich der Zugriffskomplexität günstiger ab. Allerdings sind sie durch die Verwendung zusätzlicher Pointer auch speicheraufwendiger. Eine Komplexitätsanalyse wird hier nur für die lineare Suche durchgeführt. Für Komplexitätsvergleiche der anderen Verfahren siehe:

<u>Weiterführende Literatur:</u>   [GON80], [GUI78], [KNUTH], [LAR82], [LAR83], [YAO85], [MEN83], [PFL86], [RAM83], [RIV78], [VIT83]

Es sei $K_1, K_2, ..., K_N$ die Folge der Schlüssel aus **K** deren Informationen in der Tabelle eingetragen werden sollen. Nach dem Einfügen dieser N Eintragungen wird ein bestimmter Zustand der Tabelle erreicht. Es sei

$$PL(K_i | K_1, ... K_N)$$

die notwendige Anzahl von Zugriffen in die Tabelle, um die Eintragung K_i wiederzufinden (dies ist eine erfolgreiche Suche). Ebenso sei

$$PL(K_{N+1} | K_1, ..., K_N)$$

die notendige Anzahl von Tabellenzugriffen, um die neue Eintragung mit Schlüssel K_{N+1} in die Tabbelle einzutragen (erfolglose Suche). Das Symbol PL steht für den englischen Ausdruck "probe length". Der Eintragungsmechanismus bewirkt, daß stets

$$PL(K_i | K_1,...,K_N) = PL(K_i | K_1,...K_{i-1}) \qquad (4.57)$$

gilt. Die Performanceanalyse eines Hash-Verfahrens unterscheidet zwischen der mittleren Zugriffsanzahl für eine erfolgreiche Suche ("successful search")

$$PL_s(K_1,...K_N) = \frac{1}{N} \sum_{i=1}^{N} PL(K_i | K_1,...,K_N)$$

und für eine erfolglose Suche ("unsuccessful search")

$$PL_u(K_1,...,K_N) = PL(K_{N+1} | K_1,...,K_N)$$

Gesucht sind die erwarteten Werte von PL_s und PL_u über alle möglichen Hash-Tabellen, also

$$EPL_s(M,N) = E \left(\frac{1}{N} \sum_{i=1}^{N} PL(K_i | K_1,...,K_N) \right)$$

und $\qquad EPL_u(M,N) = E \left(PL_u(K_1,...,K_N) \right).$

Wegen (4.57) sind diese beiden Größen durch die Gleichung

$$EPL_s(M,N) = \frac{1}{N} \sum_{i=1}^{N} E \left(PL(K_i | K_1,...,K_N) \right) =$$

$$= \frac{1}{N} \sum_{i=1}^{N} EPL_u(M,i). \qquad (4.58)$$

miteinander verbunden.

In der folgenden Analyse des linearen Probing wird vorausgesetzt, daß die Folge der Hashadressen

$$X_1 = h(K_1) \ , \ X_2 = h(K_2) \ , \ . \ . \ .$$

eine Folge von unabhängigen, in $[1,...,M]$ gleichverteilten Zufallsvariablen bildet. In [PFL86] wird gezeigt, daß die Gleichverteilung zur besten Performance führt und es daher das Ziel sein muß, die Hashfunktion so zu wählen, daß diese Verteilung erreicht wird. Es sei

$$Z_j = \#\{ X_i = j \} \qquad\qquad j = 1,...,M$$

die Anzahl der Eintragungen mit Hashadresse j und

$$S_j = \text{Anzahl der Zugriffe auf den Speicherplatz j bei der}$$
$$\text{Eintragung der Schlüssel } K_1,...K_N.$$

O.B.d.A. kann man annehmen, daß die Konstante c des linearen Probings gleich 1 ist. Dann gilt

$$S_{j+1} = (S_j - 1)^+ + Z_{j+1} \qquad (4.59)$$

wobei (wegen des zirkulären Speichers) der Index 0 mit M identifiziert werden muß. Außerdem ist

$$PL_S = \frac{1}{M} \sum_{i=1}^{M} S_i \qquad (4.60)$$

Die Gültigkeit der Gleichungen (4.59) und (4.60) überlegt man sich am besten an Hand eines Beispiels. Für das vorige Beispiel ist

$$(Z_1,...Z_9) = (0,3,0,0,0,1,2,1,0)$$

$$(S_1,..,S_9) = (0,3,2,1,0,1,2,2,1)$$

$$PL_S = \frac{3+2+1+1+1+2+2+1}{7} = 1.714 .$$

Unter der Gleichverteilungsvoraussetzung sind die Größen Z_j nach einer Binomialverteilung B (N,1/M) verteilt und die S_j haben für alle j dieselbe Verteilung. Es sei G(a) die wahrscheinlichkeitserzeugende Funktion dieser Verteilung. Man bemerke die Analogie von (4.59) zu der Gleichung (3.23), die dort in ganz anderem Zusammenhang auftrat. Die wahrscheinlichkeitserzeugende Funktion von B(N,1/M) ist gleich $(a/M + (M-1)/M)^N$ (vgl. B.19) und es folgt analog wie bei (3.23)

$$G(a) = \left[\frac{G(a) - G(0)}{a} + G(0) \right] \left[\frac{a}{M} + \frac{M-1}{M} \right]^N \qquad (4.61)$$

Eine Umformung liefert unter der Berücksichtigung von G(1) = 1

$$G(a) = \frac{(1 - \frac{N}{M}) (1 - a) (\frac{a}{M} + \frac{M-1}{M})^N}{(\frac{a}{M} + \frac{M-1}{M})^N - a}$$

und durch Differenzieren findet man

$$E(S_j) = G'(1) = \frac{2MN - N(N+1)}{2M^2 - 2MN} . \qquad (4.62)$$

Also folgt

$$EPL_S(M,N) = \frac{1}{N} \sum_{i=1}^{M} E(S_i) = \frac{M}{N} E(S_j) =$$

$$= \frac{2M^2 - M(N+1)}{2M^2 - 2MN} = \frac{2M - N - 1}{2(M-N)} \qquad (4.63)$$

und wegen (4.58) gilt

$$EPL_u(M,N) = N \cdot EPL_s(M,N) - (N-1) \, EPL_s(M,N-1) =$$
$$= \frac{N^2 - 2MN + 2M^2 - N}{2 \cdot (M-N) \cdot (M-N+1)} \, . \qquad (4.64)$$

Führt man den Speicherbelegungsgrad $\Theta = M/N$ ein, so lassen sich (4.63) und (4.64) für große M und N durch

$$EPL_s(M,N) = \frac{2 - \Theta}{2 - 2\Theta}$$

bzw.

$$EPL_u(M,N) = \frac{\Theta^2 - 2\Theta + 2}{2(1 - \Theta)^2} = \frac{1}{2 \cdot (1 - \Theta)^2} + \frac{1}{2}$$

approximieren. Diese beiden Funktionen sind in Abb. 4.35 dargestellt.

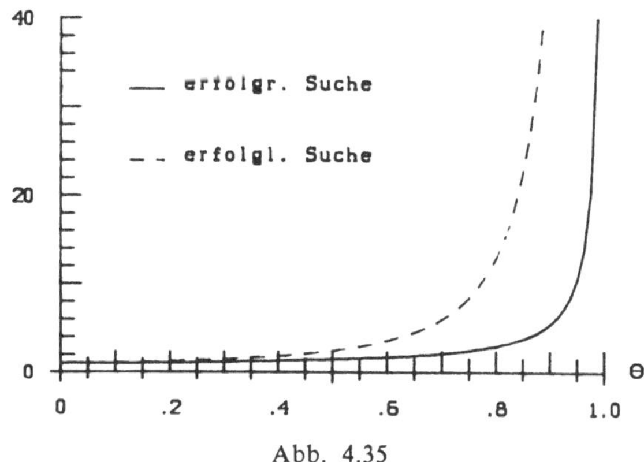

Abb. 4.35

Übungsaufgaben zu Kapitel 4

1. Optimale Seitengröße. Wenn ein Segment der Länge s (Worte) in Seiten der Länge g aufgeteilt wird, so entstehen $\lfloor s/g \rfloor$ volle Seiten. Die letzte Seite hat $\lceil s/g \rceil \cdot g - s$ Leerworte (interne Fragmentierung). Es seien c_1 die Fixkosten pro begonnener Seite und c_2 die Kosten pro Leerwort auf der letzten Seite. Man berechne die optimale Seitengröße, für die die erwarteten Gesamtkosten minimal sind, in Abhängigkeit der mittleren Segmentlänge E(s).
<u>Hinweis.</u> Für die Verteilung der Fragmentlänge auf einer letzten Seite kann man näherungsweise die Gleichverteilung in [0,g] einsetzen.

2.Seitenflattern ("thrashing"). In einem Multi-Programmsystem teilen n quasiparallele Prozesse die Speicherressourcen auf. Da der gesamte Hauptspeicher begrenzt ist, müssen bei der Hinzunahme eines n+1-sten Prozesses die

Arbeitsbereiche aller anderen Prozesse verkleinert werden. Manchmal beobachtet man dabei eine schlagartige Zunahme der Seitenaustauschschritte (Seitenflattern). Zum Verständnis dieses Phänomens betrachte man eine Seitenverwaltung, deren Seitenfehlerwahrscheinlichkeit α von der Anzahl der Zentralspeicherseiten k wie folgt abhängt: $\alpha(k) = q \cdot k^{-5}$. Der relative Zeitanteil, der durch Seitenaustausch verlorengeht, ist $(1 + T \cdot \alpha(k))^{-1}$, wobei T der Zeitbedarf (gemessen in Instruktionsschritten) für einen Seitenaustausch ist (Begründung?). Der Hauptspeicher fasse s Seiten. Bei der Zuweisung gleich großer Bereiche an alle Prozesse ist $k = s/n$. Die relative Effizienzabnahme durch Hinzunahme eines weiteren Prozesses ist

$$r(n) = \frac{1 + T \cdot \alpha(s/n)}{1 + T \cdot \alpha(s/(n+1))}$$

Für die Spezifikation $T=10.000$, $q=0.01$, $s=100$ zeige man, daß $r(n)$ für $n=4$ drastisch absinkt und für $n=6$ den minimalen Wert erreicht.

3. Die Strategien LFU und MFU. Eine weitere mögliche Ersetzungsstrategie entsteht, wenn man die <u>Anzahl</u> der Zugriffe zu einer Seite berücksichtigt, seit diese in die Zentralspeichermenge aufgenommen wurde.
   - LFU ("least frequenty used")-Strategie: die Seite mit den wenigsten Zugriffen wird ausgelagert
   - MFU ("most frequently used") -Strategie: die Seite mit den meisten Zugriffen wird ausgelagert.

Zur Begründung für LFU betrachte man ein Modell mit unabhängigen Seitenreferenzen und Referenzwahrscheinlichkeiten p_i, wobei $p_1 \leqslant p_2 \leqslant .. \leqslant p_m$. Es sei Z_i die Anzahl der Zugriffe zur Seite i innerhalb der letzten k Schritte. Man zeige, daß die Z_i *stochastisch geordnet* sind, daß also

$$P\{Z_i \leqslant t\} \geqslant P\{Z_j \leqslant t\} \text{ für alle } i \leqslant j \text{ und alle } t.$$

4. Optimales Stoppen eines Spielautomaten.

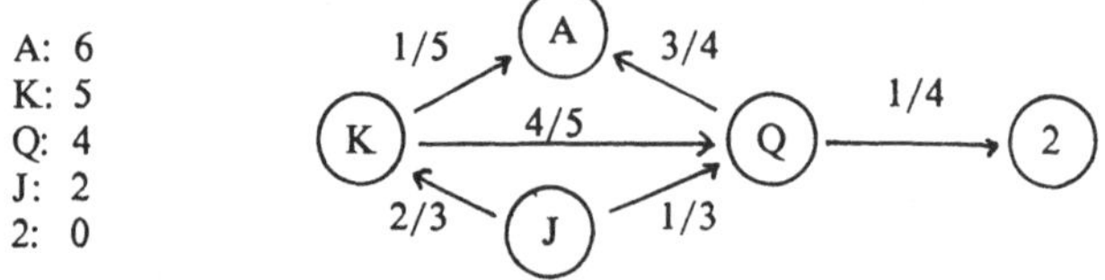

Nach Geldeinwurf (5 Münzen) startet das Gerät und eines der Felder A,K,Q,J,2 leuchtet auf. Durch Drücken der Taste STOP erhält der Spieler den links aufgelisteten Gewinn. Drückt er CONTINUE, so leuchtet als nächstes eines der angrenzenden Felder (mit der angegebenen Übergangswahrscheinlichkeit) auf. Wann muß optimal gestoppt werden?

5. Für die LRU-Strategie im Irrfahrmodell stelle man die Operationscharakteristik graphisch dar.

6. In der Notation von Abschnitt 4.2.2 betrachte man einen zyklischen Speicher mit $N=6$, $b_1=2$, $b_i=0$; $i>1$. Da der Speicher zyklisch betrachtet wird, gibt es genau 6 mögliche Speicherzustände. Man berechne die Übergangswahrscheinlichkeiten für die random-fit Methode.

5. Lernen und Erkennen (Stochastische Modelle für Verfahren der künstlichen Intelligenz)

Mit der Entwicklung schnellerer Rechenanlagen größerer Kapazität entstand naturgemäß der Wunsch, der Maschine komplexere Aufgaben zu übertragen, die bis dato dem menschlichen Gehirn vorbehalten waren. Unter diese komplexeren Aufgaben fallen insbesondere die Bereiche

      (i)   Erkennen
      (ii)   Lernen
      (iii)   Wissen
      (iv)   Schließen.

Da die Algorithmen, die derartige Aufgaben erfüllen können, sich in Aufbau und Komplexität von gewöhnlichen zahlen- oder textverarbeitenden Programmen unterscheiden, werden sie unter dem Namen **"Algorithmen der künstlichen Intelligenz"** ("artificial intelligence - AI") zusammengefaßt.
Im einzelnen können die obengenannten vier Bereiche der künstlichen Intelligenz wie folgt charakterisiert werden:

(i) Erkennen. Der Bereich des Erkennens umfaßt das Auffangen optischer oder akustischer Information (Bilderkennung, Lauterkennung) und die Interpretation derselben. Der erste Teil dieser Aufgabe hängt eng mit der technischen Entwicklung entsprechender Eingabegeräte zusammen. Sehr oft werden Eingabesignale schon hardwaremäßig vorverarbeitet (z.B. durch Fourieranalyse, Filterung etc.). Der zweite Teil, die eigentliche Erkennung, setzt meistens die Fähigkeiten des Lernens, Wissens und Schließens voraus. Erst durch diese Eigenschaften wird aus der Laut- oder Silbenerkennung die **Spracherkennung** ("speech recogniton") und aus der **Mustererkennung** ("pattern recognition") das Bildverstehen.

(ii) Lernen bedeutet die zielgerichtete Anpassung von inneren Zuständen eines Systems durch äußere Einflüsse zum Zwecke der Leistungsverbesserung. Das Lernen ist die Vorstufe des Wissens. Ein lernfähiges Computerprogramm muß "belehrt" werden, um wissen zu können - völlig analog zu einem Informatikstudenten, der zunächst lernen muß, um später das Gelernte wiedergeben zu können. Eine Inputfolge, die dazu bestimmt ist, ein lernfähiges Programm zu belehren wird als **Lernsequenz** oder **Trainingsequenz** ("training sequence") bezeichnet.
Das Wort "Lernen" tritt im normalen Sprachgebrauch in vielfältiger Weise auf. Man sagt zum Beispiel
    (1) Ich lerne Englischvokabel
    (2) Ich lerne Schachspielen
    (3) Ich lerne Schifahren
obwohl Lernziel und Lerntechnik bei diesen drei Beispielen ganz verschieden sind. Demnach unterscheidet man (in Anlehnung an die obigen Beispiele):
    (1) **Faktenlernen.** Hier besteht das Lernziel in der Speicherung und Verwaltung der angebotenen Fakten. Die Organisation dieser Fakten als Datenbank ist hier das eigenliche Problem.

(2) **Regellernen.** Dieses schwierige Gebiet befaßt sich mit der automatischen Extraktion von Bildungsregeln aus Fakten. Beispiele sind etwa das Lernen grammatikalischer Regeln aus Texten oder das Erkennen typischer syntaktischer Strukturen in Mustern. Lernen in diesem Sinne bedeutet stets "Neuentdeckung".

(3) **Parameterlernen.** Darunter versteht man das Lernen von charakteristischen Kennwerten, welche das Erkennen und Schließen ermöglichen. Solche Kennwerte sind z.B. Parameter von Verteilungen, aber auch Zuordnungfunktionen und Klassifikationsbäume. Beispiele hierzu sind etwa des Lernen der Charakteristika einer bestimmeten Handschrift auf deren Erkennen ein Programm trainiert werden soll, oder das Erlernen von Merkmalen einer bestimmten Stimme bei der Spracherkennung. Lernen in diesem Sinne ist also leistungsverbessernde Adaption.

Im Zusammenhang dieses Buches interessiert naturgemäß das Lernen von Parametern aus einer stochastischen Trainingsequenz am meisten. Dies wird in Abschnitt 5.1 näher besprochen.

(iii) **Wissen** bedeutet organisiertes Speichern von Fakten, Regeln etc. Neben den allgemeinen Fragen der Speicherorganisation ist hier die Frage der interne Darstellung des Wissens, der sogenannten Wissensrepräsentation von Bedeutung. Dieses Problem hängt eng mit der dem Wissen inhärenten Logik zusammen und liegt nicht im Rahmen dieses Buches.

(iv) **Schließen.** Wenn ein Programm die Fähigkeit besitzt, neue Fakten aus bekannten Fakten und Regeln zu folgern (oder eine Stufe höher: neue Regeln aus bekannten Regeln und einem Kalkül) spricht man von der Fähigkeit des Schließens. Dazu zählen komplexe Muster- oder Spracherkennungsprobleme ebenso wie Probleme des automatischen Beweisens ("automated theorem proving") oder des "intelligenten" Spielens strategischer Spiele.

Der Bereich der künstlichen Intelligenz hat in den letzten Jahren ein lebhaftes Interesse gefunden. Insbesonders die Entwicklung der logischen Programmierung (PROLOG) hat neue Perspektiven eröffnet. Das Problem der computerunterstützten Nachbildung der menschlichen Intelligenz ist ein Gebiet, mit dem sich in zunehmenden Maße auch Logiker, Psychologen und Philosophen auseinandersetzen.

Es ist wichtig festzuhalten, daß im Rahmen dieses Buches nur die Modellierung der Leistungsfähigkeit von Verfahren von Interesse ist. Wir fragen hier also hier nicht nach der Korrektheit oder Anwendbarkeit eines Algorithmus, sondern nach einer numerischen Quantifizierung der Performance, die durch ein stochastisches Modell beschrieben werden kann. Deshalb werden im folgenden nur zwei Bereiche herausgegriffen, die eine solche Modellbildung erlauben, nämlich

      (i) die Lerntheorie (Abschnitt 5.1)
      (ii) die Mustererkennung (Abschnitt 5.2) .

5.1 Lernmodelle

Ein lernfähiges System ist dadurch ausgezeichnet, daß sein innerer Zustand durch äußere Einflüsse, nämlich die Trainingssequenz, zielgerichtet verändert wird. Es bezeichne $y_1, y_2, y_3, ..$ eine Trainingssequenz. Ob es sich dabei um Zahlen, Bilder, Texte oder Geräusche handelt ist zunächst belanglos. Wenn $x_1, x_2, x_3, ...$ den jeweiligen inneren Zustand des Systems beschreibt, so wird der Zustandsübergang durch die **Lerngleichung**

$$x_{n+1} = f_n(x_n, y_{n+1}) \qquad (5.1)$$

wiedergegeben:

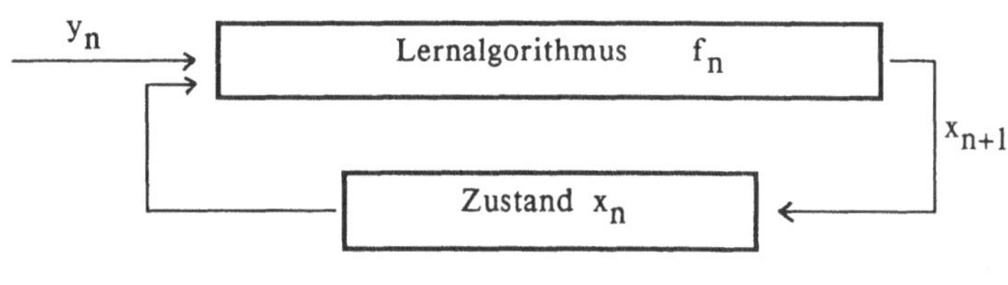

Abb. 5.1

Hierbei ist es zugelassen, daß der **Lernalgorithmus** f_n von der Schrittanzahl n abhängt. Da die **Zahl** n das Ausmaß der bisher gesammelten Erfahrung widerspiegelt, ist dies auch sinnvoll.

Mit jedem Lernalgorithmus ist ein **Lernziel** x^* verbunden. Es ist jener Idealzustand, der durch das Lernen angestrebt wird. Es kann sein, daß dieser Zustand nie erreichbar ist (Angeblich können z.B. Chinesen ihre eigene Sprache niemals vollständig lernen), jedoch bedeutet jeder Lernfortschritt eine gewisse Annäherung an das Ziel x^*. Der Begriff des Lernfortschritts ist von grundlegender Bedeutung: Er macht das Lernen zu einem *irreversiblen Prozeß*.

Zur Messung des Lernfortschritts verwendet man eine reelle Funktion V(x), für die gilt

(i) $V(x) \geqslant 0$
(ii) $V(x) = 0$ genau dann falls $x = x^*$
(iii) $V(x_n) \to 0$ genau dann falls $x_n \to x^*$.

V mißt -grob gesagt- die Distanz zum Lernziel x^*. Natürlich ist es wünschenswert, einen Lernalogarithmus zu entwerfen, für den $V(x_n)$ stets abnimmt. Besser ist noch, wenn man erreichen kann, daß $V(x_n)$ gegen Null strebt. Denn dann gilt auch $x_n \to x^*$, d.h. das Lernziel wird für lange Trainigsfolgen beliebig nahe erreicht. Dies ist beispielsweise dann der Fall, wenn $V(x_n)$ eine Ungleichung der Form

$$V(x_{n+1}) \leqslant q \cdot V(x_n) + \epsilon_n$$

für $0 < q < 1$ und $\epsilon_n \to 0$ erfüllt.

Im folgenden sollen **stochastische Lernmodelle** näher dargestellt werden. Wir setzen dazu voraus, daß die Trainingsfolge nun eine Folge unabhängiger, identisch verteilter Zufallsvariabler $Y_1, Y_2, Y_3, \ldots$ ist. Dann sind auch die inneren Zustände $X_1, X_2, X_3, \ldots$ zufällige Größen. Nimmt man an, daß X_0 irgendein (fester oder zufälliger) Startzustand ist, so wird durch die Lerngleichung

$$X_{n+1} = f_n(X_n, Y_{n+1}) \qquad n \geqslant 0 \qquad\qquad (5.1')$$

ein Markovprozeß beschrieben. Da jedoch die Übergänge von der Schrittanzahl n abhängen, ist dies ein **inhomogener Markovprozeß.** Ein solcher besitzt im allgemeinen keine eindeutige stationäre Verteilung. Die asymptotische Verteilung - falls existent - ist bedeutend schwieriger zu ermitteln als im homogenen Fall. Deshalb betrachtet man meist nicht die Markoveigenschaften, sondern die **Martingaleigenschaften** eines solchen Prozesses. Genauer gesagt, betrachtet man den Lernfortschritt $V_n := V(X_n)$ und dessen bedingten Erwartungswert, gegeben die bisherigen Zustände

$$E(V_{n+1} \mid X_1, \ldots, X_n) = E(V(X_{n+1}) \mid X_n).$$

Wenn

$$E(V_{n+1} \mid X_1, \ldots, X_n) \leqslant V_n \qquad\qquad (5.2)$$

gilt, so nennt man V_n ein **Supermartingal** und die Funktion V eine **Ljapunov-Funktion.** Die Gleichung (5.2) besagt, daß V_n *im Mittel abnimmt.* Ljapunov-Funktionen spielen eine bedeutende Rolle in vielen Bereichen, nicht nur in der Lerntheorie, sondern auch z.B. in der Stabilitätstheorie für dynamische Systeme. Die Anwendung von Ljapunov-Funktionen in deterministischen Systemen beruht auf dem einfachen Satz, daß eine monoton fallende Folge nichtnegativer reeller Zahlen stets einem Grenzwert zustrebt. Hat ein System eine fallende Ljapunov-Funktion, so ist es irreversibel, eine Eigenschaft, die man von Lernsystemen fordert.

Der eben zitierte Satz besitzt ein wichtiges stochastisches Analogon:

Konvergenzsatz für nichtnegative Supermartingale: Ist $V_n = V(X_n)$ eine Folge von Zufallsvariablen mit den Eigenschaften

    (i) $V_n \geqslant 0$
    (ii) $E(V_{n+1} \mid X_1, \ldots, X_n) \leqslant V_n$,

so ist $\{V_n\}$ mit Wahrscheinlichkeit 1 konvergent.

Der Beweis dieses Satzes geht über den Rahmen dieses Buches hinaus. Er findet sich z.B. in Neveu [NEV75] (siehe auch Abschn B.5).

Findet man zu einem Lernsystem eine Ljapunovfunktion V sodaß (5.2) gilt, so folgt die Konvergenz von $V(X_n)$. Dies ist jedoch im allgemeinen zu wenig. Man möchte ja haben, daß $V(X_n)$ gegen Null strebt. Dafür benötigt man allerdings stärkere Voraussetzungen. Die folgenden Sätze, die hier ohne Beweis zitiert werden, zeigen einige Möglichkeiten auf:

Robbins-Siegmund Lemma. Es gelte

$$E(V_{n+1} \mid X_1,...,X_n) \leqslant V_n - U_n + W_n$$

wobei $U_n, W_n \geqslant 0$, $\sum_n W_n$ konvergiert und $\sum_n U_n = \infty$.
Dann gilt mit Ws. 1
$$V_n \to 0.$$

Der <u>Beweis</u> findet sich in [ROB71].

Erweitertes Robbins-Siegmund Lemma. Es gelte

$$E(V_{n+1} \mid X_1,...,X_n) \leqslant \max\,(\alpha_n, V_n - U_n + W_n)$$

wobei V_n, U_n und W_n die Voraussetzungen des Robbins-Siegmund Lemmas erfüllen und α_n eine Folge von nichtnegativen Konstanten ist, für die $\alpha_n \to 0$ gilt. Dann folgt (mit Ws. 1)

$$V_n \to 0.$$

Satz von Dvoretzky. Es sei $\{X_n\}$ eine Folge in $\mathbf{R}^k$ und

$$\| E(X_{n+1} \mid X_1,...,X_n) - x^* \| \;\leqslant\; \max(\,\alpha_n, (1+\beta_n)\|X_n - x^*\| - \gamma_n)$$

wobei α_n, $\gamma_n \geqslant 0$, $\alpha_n \to 0$, $\sum \beta_n$ konvergiert und $\sum \gamma_n = \infty$ gilt.

Außerdem sei

$$\sum_n E([X_{n+1} - E(X_{n+1} \mid X_1,...,X_n)]^2) < \infty$$

Dann gilt mit Ws. 1

$$X_n \to x^*.$$

Dieses Resultat bleibt richtig, falls $\alpha_n, \beta_n, \gamma_n$ Zufallsvariable sind, die die obigen Bedingungen mit Ws. 1 erfüllen.

Der <u>Beweis</u> findet sich für den univariaten Fall (k=1) in der Arbeit Dvoretzky [DVO55]; dieser wurde von Derman & Saks [DER59] für vektorwertige Folgen verallgemeinert. Es ist jedoch auch möglich, diesen Satz direkt aus dem erweiterten Robbins-Siegmund Lemma abzuleiten.

Die drei genannten Resultate sind eine kleine, aber wichtige Auswahl aus der großen Menge der einschlägigen Literatur. Der interessierte Leser muß hier auf die Bücher von Tsypkin [TSY73], Norman [NOR72] oder Iosifescu [IOS69] verwiesen werden. Die IEEE Transactions on Computers bzw. on Systems Science and Cybernetics enthalten häufig Artikel über Lernmodelle, insbesondere zur Mustererkennung.

Spezielle Lernalgorithmen werden auch Verfahren der **Stochastischen Approximation** genannt. Typisch für diese Verfahren ist, daß die Lernfunktion f_n die Gestalt

$$f_n(X_n, Y_n) = X_n - a_n \cdot g(X_n, Y_n)$$

besitzt. Die Konstanten a_n müssen $a_n \geqslant 0$, $\Sigma\, a_n = \infty$, $\Sigma\, a_n^2 < \infty$ erfüllen. Die

häufigste Wahl ist $a_n = 1/n$. Näheres findet sich in den Büchern von Kushner & Clark [KUS78], Wasan [WAS69] und den Arbeiten von Ljung (z.B. [LJU77]). Ljung zeigt auch die Querverbindungen zwischen Stochastischer Approximation und allgemeiner Systemtheorie.

Es folgen nun einige einfache Beispiele von parametrischen Lernalgorithmen.

Beispiel 1 (Lernen des Mittelwertes einer Verteilung)

Es seien $Y_1, Y_2, \ldots$ unabhängige, identisch verteilte Zufallsvariablen mit gemeinsamem Mittelwert μ und Varianz σ^2.

Bekanntlich kann man den Mittelwert μ aus den Beobachtungen lernen. Dazu dient die Lerngleichung (=Rekursionsgleichung)

$$X_{n+1} = \frac{n}{n+1}\, X_n + \frac{1}{n+1}\, Y_{n+1} \cdot$$

Es ist zu zeigen, daß X_n für jeden Anfangswert X_1 gegen μ strebt. Wir wählen $V(X) = (X-\mu)^2$ als Ljapunov-Funktion. Dann gilt

$$E(V(X_{n+1}) \mid X_n) = E((\, \frac{n}{n+1}\, X_n + \frac{1}{n+1}\, Y_{n+1} - \mu)^2 \mid X_n) =$$

$$= E([\frac{n}{n+1}\, (X_n - \mu) + \frac{1}{n+1}\, (Y_{n+1} - \mu)]^2 \mid X_n) = \frac{n^2}{(n+1)^2}\, V(X_n) + \frac{1}{(n+1)^2}\, \sigma^2 =$$

$$= V(X_n) - \frac{2n+1}{(n+1)^2}\, V(X_n) + \frac{1}{(n+1)^2}\, \sigma^2.$$

Sei $\alpha_n = \dfrac{1}{\log n}$. Dann gilt

$$E(V_{n+1} \mid X_n) \leqslant \max(\alpha_n, V(X_n) - \frac{2n+1}{(n+1)^2 \cdot \log n} + \frac{1}{(n+1)^2}\, \sigma^2)$$

Da $\Sigma\, \dfrac{2n+1}{(n+1)^2 \cdot \log n} = \infty$ und $\Sigma\, \dfrac{1}{(n+1)^2} < \infty$ ist das erweiterte

Robbins-Siegmund Lemma anwendbar und es folgt, daß $V_n \to 0$, also $X_n \to \mu$ mit Wahrscheinlichkeit 1 strebt.

Beispiel 2 (Lernen eines Antennensystems)

Ein Antennensystem bestehe aus k strahlenförmig angeordneten Teilantennen. Wenn das Signal $y^{(0)}$ gesendet wird, so empfangen die k Teilantennen die Signale $y^{(1)},...,y^{(k)}$. Aus diesen Signalen wird durch Linearkombination wieder ein einziges Signal

$$\hat{y} = \sum_{i=1}^{k} x^{(i)}y^{(i)}$$ erzeugt. Die Frage ist, wie die Konstanten $x^{(i)}$ gewählt werden

müssen, damit das ursprüngliche Signal am besten wiedergegeben wird. Falls die

Verteilung der Signale $y^{(0)},y^{(1)},...y^{(k)}$ durch einen (k+1)-dimensionalen

Zufallsvektor $\underline{Y} = (Y^{(0)},Y^{(1)},...,Y^{(k)})$ beschrieben wird, so ist also eine Lösung der Aufgabe

$$E((Y^{(0)} - \sum_{i=1}^{k} x^{(i)}Y^{(i)})^2) = \text{min!} \tag{5.3}$$

gesucht.

Ein lernender Algorithmus, der die Aufgabe (5.3) rekursiv auf der Basis einer unabhängigen Sequenz von Vektoren $Y_1, Y_2,...$ löst, hat beispielsweise die folgende Gestalt

$$X_{n+1}^{(j)} = X_n^{(j)} + \frac{1}{n}(Y_{n+1}^{(0)} - \sum_{i=1}^{k} X_n^{(i)} \cdot Y_{n+1}^{(i)}) \cdot Y_{n+1}^{(j)} \tag{5.4}$$

(j=1,...,k). Hierbei ist $\underline{X}_n = (X_n^{(1)},...,X_n^{(k)})$ der k-dimensionale Vektor, der den augenblicklichen Näherungswert für die Konstanten $\underline{x} = (x^{(1)},...,x^{(k)})$ enthält. Die Lösung x^* der Minimierungsaufgabe (5.3) kann man in der Form

$$x^* = C^{-1}\underline{d}$$

darstellen, wobei $\underline{d}$ der Vektor

$$\underline{d} = (E(Y^{(0)}Y^{(1)}),...,E(Y^{(0)}Y^{(k)}))$$

und C die Matrix

$$C = \left(E(Y^{(i)}Y^{(j)})\right) \qquad i = 1,...,k \ ; \ j = 1,...,k$$

ist. Man prüft leicht nach, daß die Funktion $V(\underline{x}) = (\underline{x} - x^*)'C \cdot (\underline{x} - x^*)$ eine Ljapunov-Funktion für den Algorithmus (5.4) darstellt sodaß mit Hilfe des erweiterten Robbins-Siegmund Lemmas die Konvergenz von X_n gegen x^* mit Ws. 1 folgt.

Ein Blockschaltbild für das lernende Antennensystem ist in Abb. 5.2 wiedergegeben.

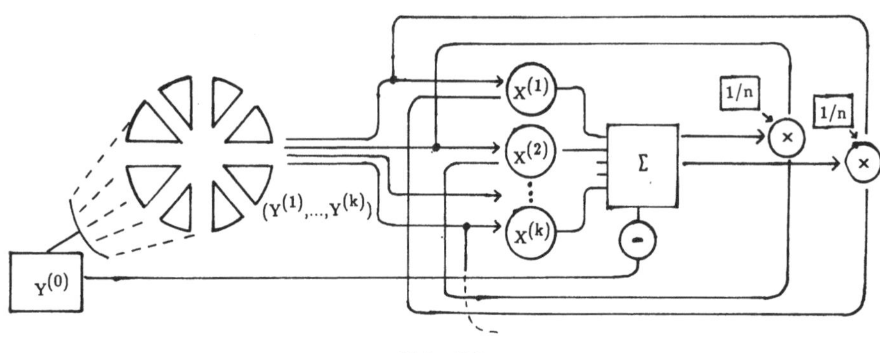

Abb. 5.2

Beispiel 3 (Lernen eines optimalen Filters)

Angenommen ein Signal wird durch ein unbekanntes Medium geschickt, z.B. von einem Raumschiff zur Erde. Das ankommende Signal ist durch ein Rauschen verzerrt. Dieses Rauschen soll optimal weggefiltert werden. Zu diesem Zweck wird ein Signal von der Erde zum Raumschiff und zurück geschickt und nach jenem Filter gesucht, der das bekannte Originalsignal am besten wiederherstellt

Es sei $Y_1, Y_2, Y_3, \ldots$ die ausgesendete Signalfolge und Z_1, Z_2, Z_3 die zurückempfangene. Die Indizierung sei so gewählt, daß $Y_i = Z_i$ gelten würde, falls es keine Störung gäbe.

Ein linearer Filter der Länge $N + 1$ transformiert die Folge $\{Z_i\}$ in die Folge

$$\{\sum_{j=0}^{N} x^{(j)} \cdot Z_{i-j}\}, \text{ wobei } x^{(0)}, \ldots x^{(N)} \text{ gewisse Konstanten sind.}$$

Der optimale Filter transformiert Z_i in Werte die möglichst nahe an den ursprünglichen Signalen Y_i liegen, d.h. er löst die Extremwertaufgabe

$$E((Y_i - \sum_{j=0}^{N} x^{(j)} Z_{i-j})^2) = \text{min!}$$

für den optimalen Filter. Ein möglicher Lernalgorithmus für die unbekannten Filterkonstanten $\{x^{(j)}\}$ ist

$$X_{n+1}^{(j)} = X_n^{(j)} + \frac{1}{n} (Y_{n+1} - \sum_{j=0}^{N} Z_{n+1-j}) \cdot X_n^{(j)} \tag{5.4}$$

Man kann nachweisen, daß der durch X_n in (5.4) gegebene Filter tatsächlich mit Wahrscheinlichkeit 1 gegen den optimalen Filter konvergiert (siehe Tsypkin [TSY73]).

<u>Weiterführende Literatur zur Lerntheorie:</u> [AGA70], [DAS79], [NOR72], [REN83], [TSY73]

5.2 Mustererkennung

Die grundlegende Aufgabe der **Mustererkennung** ("pattern recognition") besteht darin, ein durch ein optisches oder akustisches Aufnahmegerät registriertes Objekt zu identifizieren. Im folgenden wird nur die optische Erkennung (Bilderkennung) behandelt - die Verfahren der akustischen Erkennnung (z.B. Spracherkennung) sind aber ähnlich.

Für die Bilderkennung wird vorausgesetzt, daß es eine bestimmte Anzahl vorgegebener Klassen gibt und daß jedes aufgenommene Objekt einer dieser Klassen angehört. Beispiele sind etwa das Erkennen von handgeschriebenen Buchstaben, Ziffern und Symbolen, das Unterscheiden guter bzw. schlechter Stücke in der Qualitätskontrolle oder normaler bzw. auffälliger Röntgenbilder in der Medizin.

Das ebenfalls sehr bedeutende Problem der **Szenenanalyse** ("scene analysis"), d.i. das Erkennen verschiedener Objekte in einem Bild und ihre Relation zueinander (z.B. im Vordergrund: ein Baum, im Hintergrund: ein Haus) geht noch über den Rahmen der Mustererkennung hinaus. Wegen seiner Komplexität wird es hier nicht besprochen.

Jedes Mustererkennungsverfahren setzt die Existenz von endlich vielen verschiedenen Klassen voraus. Objekte, die derselben Klasse angehören sind in ihren Merkmalen ähnlich aber nicht notwendigerweise identisch. Da es typischerweise beliebig (d.h. unendlich) viele Objekte in einer Klasse gibt, können nicht alle möglichen Objekte gespeichert und verglichen werden, d.h. die Klassifikation muß nach gewissen Regeln erfolgen. Gerade die Entwicklung solcher Klassifikationsregeln ist das eigentliche Problem der Mustererkennung.

Als Beispiel betrachte man die Abbildung 5.3. Die links gezeichneten Objekte gehören alle zur Klasse "Hunde" und die rechts gezeichneten zur Klasse "Vögel". Obwohl die einzelnen Objekte einer Klasse sich voneinander stark unterscheiden, haben sie doch gemeinsame Merkmale. Das Objekt in der Mitte unten ist nicht eindeutig zuzuordnen.

Abb. 5.3

Es ist die Aufgabe der Psychologie zu erklären, warum die menschliche Intelligenz in der Lage ist, diese Gestalten richtig zu erkennen und zuzuordnen. Die deutsche Schule des Gestaltsehens hat sich insbesondere dieser Frage gewidmet. Ihr bedeutendster Vertreter ist Max Wertheimer. Doch haben diese Forschungen zu keinen Ergebnissen geführt, die in den Bereich der künstlichen Intelligenz übertragbar sind. Insbesondere die Fähigkeit des Menschen, Gestalten, Formen und Zusammenhänge gleichzeitig und als Ganzes zu erkennen, ist weitgehend unerforscht.

Im Gegensatz dazu besteht jedenfalls die automatische Mustererkennung aus einer ganzen Kette verschiedener Verfahren, die nacheinander ablaufen.

Die typische Struktur einer Mustererkennung ist in Abb. 5.4 dargestellt:

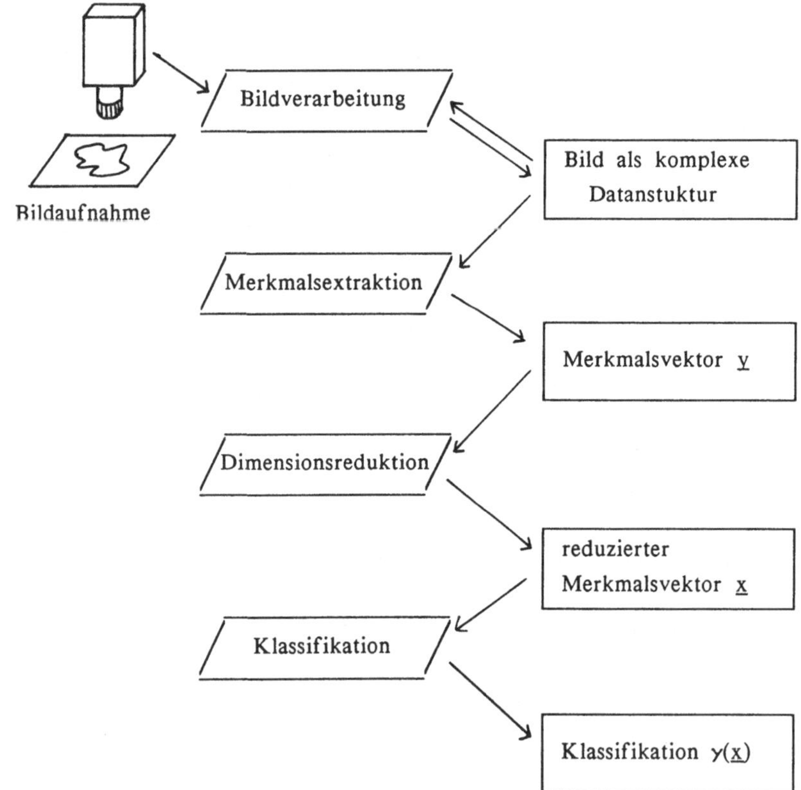

Abb. 5.4

Die Schritte sind im einzelnen.

(i) **Bildverarbeitung.** Das abgetastete elektronische Signal, das die optische Information enthält, wird meistens hard- oder softwaremäßig vorverarbeitet um zur internen Bilddarstellung zu führen. Bildverarbeitungsprogramme haben auch die Aufgabe:
- verschiedene interne Bilddarstellungen ineinander überzuführen
- Bilder zu transformieren (Rotation, Translation, Skalierung) und zu filtern
  (Rauschunterdrückung)
- Informationen zu gewinnen, die als Grundlage für die nachfolgende Merkmalsextraktion dienen wie z.B. das Erkennen von Ecken, Kanten, Flächen, etc.

(ii) **Merkmalsgewinnung.** Aus dem vorverarbeiteten Bild werden Merkmale gewonnen, die in einem Vektor $\underline{y} = (y_1,...,y_m)$ zusammengefaßt werden. Im Abschnitt 5.2.1 wird dieser Vorgang näher besprochen.

(iii) **Dimensionsreduktion.** Der Merkmalsvektor $\underline{y} = (y_1,...,y_m)$ ist meistens hochdimensional. Durch die Algorithmen der Dimensionsreduktion wird dieser Vektor in einen Vektor $\underline{x} = (x_1,...x_r)$ geringerer Länge r (r < m) transformiert. Diese Transformation ist so zu wählen, daß möglichst wenig Information über die Klassenzugehörigkeit dabei verlorengeht. Auf diese Algorithmen wird im Abschnitt 5.2.3 näher eingegangen. Da man zur optimalen Dimensionsreduktion Eigenschaften der Klassifikation kennen muß, ist dieser Abschnitt jenem über Klassifikation (5.2.2) nachgestellt.

(iv) **Klassifikation.** Auf der Basis eines Merkmalsvektors $\underline{y}$ (oder reduzierten Merkmalsvektors $\underline{x}$) wird über die Klassenzugehörigkeit entschieden. Eine Klassifikationsregel ist eine Abbildung y, die jedem Vektor $\underline{x}$ eine der möglichen Klassen $K_1,...,K_s$ zuordnet.

Je nachdem, auf welcher Information die Klasseneinteilung beruht, unterscheidet man:
  (a) Klassifikation mit vorgegebener Klasseneinteilung
      (aa) durch ad-hoc Entscheidungsregeln
          (z.B. einem Entscheidungsbaum)
      (ab) durch Vergleich mit Idealbildern ("template matching")
          unter Verwendung eines Distanzbegriffs für Bilder
      (ac) durch Diskriminationsregeln, welche auf den Verteilungen der
          Merkmalsvektoren beruhen. Dies geschieht durch
          (aca) den optimalen Klassifikator, falls die Verteilungen
              bekannt sind
          (acb) einen Klassifikator, welcher Schätzungen benützt
              (siehe Abschn. 5.2.2)
          (acc) einen lernenden Klassifikator, welcher durch feedback
              gesteuert wird ("supervised learning", s.Abschn.5.2.4)

  (b) Klassifikation ohne vorgegebene Klasseneinteilung
      d.h. automatische Klassifikation, Clusteranalyse ("unsupervised learning").

Die rasante Entwicklung auf dem Hardwaresektor hat dazu geführt, daß viele Hersteller Geräte anbieten, die Bildverarbeitung und Merkmalextraktion hardwaremäßig durchführen. Dies erweist sich als zweckmäßig, da viele Algorithmen in Parallelverarbeitung durchgeführt werden können. Zur Speicherung der Bildinformation können spezielle Graphikspeicher oder allgemeine Speicher benützt werden. Benützt man einen allgemeinen Speicher so stellt sich die Frage, durch welche Datenstruktur das Bild am besten repräsentiert wird. Vier wichtige Darstellungsformen sind verbreitet:

(1) Grauwertbilder.
Diese Bilder werden durch eine Grauwertmatrix $\underline{z} = [z_{ij}]$ der Dimension MxN dargestellt. Jedes Matrixelement z_{ij} entspricht einem Bildpunkt ("pixel" = pictorial element). Der Wert von z_{ij} ist die Helligkeitsstufe dieses Punktes. Übliche Dimensionierungen sind für M und N: zwischen 200 und 1024 und für die Anzahl der (diskreten) Helligkeitsstufen zwischen 16 und 256. Auf analoge Weise können auch Farbbilder dargestellt werden, wenn z_{ij} gleichzeitig die Farb- und Helligkeitsstufe repräsentiert.

(2) Binärbilder.
Diese Bilder enthalten nur zwei Grauwertstufen: 0 (dunkel) und 1 (hell). Jeder Bildpunkt kann durch ein bit dargestellt werden. Für Binärbilder gibt es mehrere Speicherungsformen. Diese werden am Beispiel des einfachen Bildes in Abb. 5.5 erläutert.

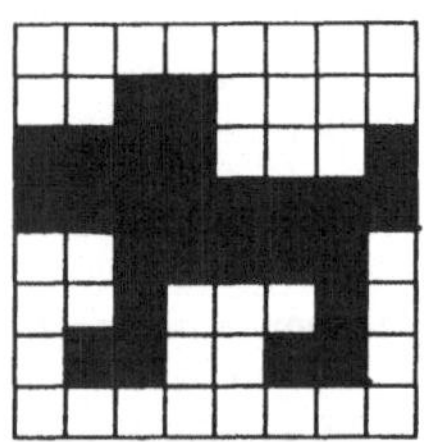

Abb. 5.5

(2.1) <u>Bitmatrix</u>
In dieser einfachsten Speicherungsform wird das Bild - analog zur Grauwertmatrix - als Bitmatrix ("bit-board") $\underline{z} = [z_{ij}]$, $z_{ij} = 0$ oder 1 dargestellt.

(2.2) <u>Lauflängencodes</u> ("run-length codes")
Anstatt einen langen Vektor von Nullen und Einsen zu speichern kann man auch festhalten, wieviele Nullen auf jeweils wieviele Einsen folgen. Dazu muß die Bildmatrix in einen Vektor zusammengefaßt werden. Dies kann wiederum auf mehrere Arten geschehen (zeilenweise, spaltenweise, bustrophedon (= wie der Ochse pflügt) oder quadweise:

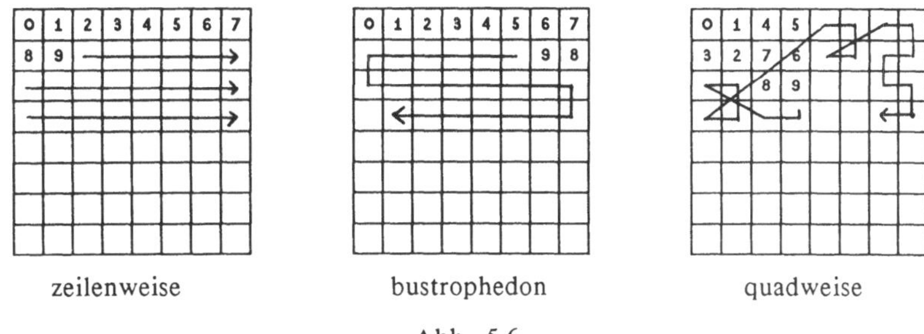

zeilenweise   bustrophedon   quadweise

Abb. 5.6

Die quad-weise Enumerierung der Matrix hat vor allem den Vorteil, daß übereinanderliegende Zeilen nicht notwendigerweise auseinandergerissen werden, wie dies bei der zeilenweisen Enumerierung der Fall ist. Der Lauflängencode ist die Aufzählung der Anzahlen (jeweils abwechselnd) der weißen und schwarzen Bildpunkte. Beispielsweise ist der Lauflängencode des Bildes 5.5

zeilenweise:
    10,2,4,4,3,9,2,5,3,1,3,1,2,2,2,2,9

bustrophedon
    12,2,2,4,3,9,1,5,4,1,3,1,2,2,2,2,9

quadweise:
    6,10,9,3,2,4,2,1,2,2,4,1,6,2,1,2,4,1,2

(2.3) <u>Quad-Bäume</u> ("quad-trees") (Kawaguchi & Endo [KAW80])

Diese Speicherungsform benützt einen quaternären Baum zur Bilddarstellung. Dazu wird das (quadratische) Bild in vier gleichgroße Teilbilder zerlegt. Wenn ein Teilbild nur schwarz oder nur weiß ist, so wird es durch einen schwarzen bzw. weißen Endknoten dargestellt. Enthält ein Teilbild sowohl schwarze als auch weiße Punkte, so wird es durch einen inneren Knoten dargestellt und das Verfahren rekursiv fortgesetzt. Auf diese Weise ergibt sich beispielsweise der Baum 5.7 aus dem Bild 5.5.

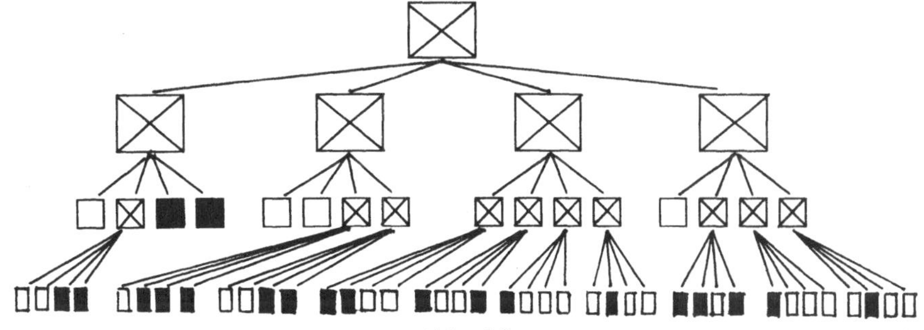

Abb. 5.7

(3) **Konturbilder**

Konturbilder sind - wie der Name sagt - durch Konturlinien bestimmt. Sie entsprechen also Strichzeichnungen, wie in Abb. 5.8 wiedergegeben.

(a) Konturbild   (b) Polygonzug   (c) Diskretisierung
                                                      für den Kettencode

Abb. 5.8

Diese Bilder können dargestellt werden als:

(3.1) <u>Polygonzug</u>.

Ein Polygonzug ist eine Folge von Koordinatenpunkten der Zeichenebene die - durch Geradenstücken verbunden - das Bild ergeben. Etwas glattere Kurven erhält man wenn diese Punkte durch Polynomkurven (Bezierkurven oder Splines) approximiert werden (siehe z.B. Giloi [GIL78]). Natürlich kann ein Bild auch mehrere Polygonkurven enthalten.

(3.2) <u>Kettencodes</u> ("chain codes")

Eine Konturlinie in einem Binärbild kann dadurch beschrieben werden, daß zu jedem Punkt auf der Konturlinie die Position des nächsten angegeben wird. Jeder Punkt hat 8 Nachbarpunkte, die durch die Himmelsrichtungen N, NO, O, SO, S, SW, W, NW dargestellt werden können. (dafür genügen 3 bit). Ein Kettencode ist die Folge von Richtungen, in die die Kurve fortschreitet. Beispielsweise kann die Kurve 5.8 (c) beginnend vom Punkt ganz links durch den Kettencode

NO, N, NO, N, O, SO, O, SO,...

dargestellt werden.

Es gibt nur wenig Leistungsvergleiche von verschiedenen Bilddarstellungen in Bezug auf Speicherökonomie bzw. Zugriffsgeschwindigkeit. Dazu muß ja ein Wahrscheinlichkeitsmodell auf der Menge aller Bilder definiert werden. Wenn dieses Modell realitätsnah sein soll, muß es sehr komplex sein. Ein sehr einfaches Modell verwendet z.B. Dyer [DYE82] zum Vergleich von Lauflängencodes und Quad-Bäumen.
Die Transformation von Bildern von einer Datenstruktur in eine andere geschieht durch Bildverarbeitungsprogramme, wie z.B. das Auffinden von Kanten und das Verdünnen von Linien (führt (2) in (3) über), das Füllen von Konturen (führt (3) in (2) über) etc. Derartige Algorithmen sind in den Büchern von Pavlidis [PAV82], Newman & Sproull [NEW79] enthalten.

<u>Weiterführende Literatur</u> zur Effizienz von Quad-Bäumen [DYE83],[GAR84]
zur Computergraphik [NEW79],[PAV82],[GIL78]

5.2.1 Merkmalsextraktion ("feature extraction")

Durch die Merkmalsextraktion wird dem Bild als komplexer Datenstruktur ein m-dimensionaler Vektor $\underline{y} = (y_1,...,y_m)$ zugeordnet. Wie dies im Konkreten zu geschehen hat, hängt von der Eigenart der zu erkennenden Objekte ab und ist die eigentliche Kunst der Mustererkennung. Dennoch gibt es allgemeine Prinzipien. Nehmen wir der Einfachheit halber an, daß das Bild ein dunkles Objekt auf weißem Hintergrund zeigt. Man unterscheidet zwischen

    (i) lageunabhängigen Merkmalen,
        diese Merkmale sind invariant bezüglich Lageveränderung (Drehung, Verschiebung) des gezeigten Objektes,
und (ii) lageabhängigen Merkmalen.

(i) **lageunabhängige Merkmale**
Bei Grauwertbildern zählen dazu vor allem
(1) **das Histogramm**
    d.i. die Häufigkeit des Auftretens jeder Grauwertstufe

(2) die **co-occurence matrix**
    d.i. die Häufigkeit des Auftretens eines bestimmten Grauwertpaars in einem bestimmten Abstand

Bei Binärbildern kann man lageunabhängig messen

(3) die Anzahl der zusammenhängenden dunklen Gebiete
(4) ihre Fläche
(5) ihren Durchmesser (= größter Abstand zweier Randpunkte)
(6) die Länge und Krümmung des Randes.

Konturbilder werden lageunabhängig durch die

(7) Winkeländerungskurve
wiedergegeben. Diese Kurve mißt die Winkeländerung der Konturlinie gemessen an der Bogenlänge (vgl. Zahn & Roskies [ZAH72]).

(ii) **lageabhängige Merkmale**

Unter diese Gruppe fallen vor allem die verschiedenen Bildtransformationen. Es sei $\underline{z} = (z_{ij})$ die Matrix eines Grauwertes oder Binärbildes. Dann wird durch die Formel

$$y_{kn} = \sum_{i=1}^{M} \sum_{j=1}^{N} w(i,j,k,n) \cdot z_{ij} \qquad (5.5)$$

eine lineare Transformation auf dem Bild definiert. Dabei sind $w(i,j,k,n)$ irgendwelche Gewichte.
Besondere Bedeutung haben hierbei die folgenden speziellen Gewichtsfunktionen.

(1) Fouriertransformation

$$w(i, j, k, n) = \frac{1}{\sqrt{MN}} \exp\left[2\pi \sqrt{-1} \left(\frac{ik}{M} + \frac{jn}{N}\right)\right]$$

(2) Walsh-Hadamard Transformation (vg. Pichler [PIC73])

$$w_S(i, j, k, n) = \frac{1}{\sqrt{MN}} \, \text{sgn}\left(\sin\left(2\pi \left(\frac{ik}{M} + \frac{jn}{N}\right)\right)\right)$$

und

$$w_C(i, j, k, n) = \frac{1}{\sqrt{MN}} \, \text{sgn}\left(\cos\left(2\pi \left(\frac{ik}{M} + \frac{jn}{N}\right)\right)\right)$$

(3) Hough Transformation zur Auffindung von Geradenstücken

$$w(i,j,k,n) = \begin{cases} \dfrac{1}{M+N} & \text{falls } \left|\left(2\dfrac{i}{M} -1\right)\cos\left(\dfrac{k}{M}2\pi\right) + \left(2\dfrac{j}{N} -1\right)\sin\left(\dfrac{k}{M}2\pi\right) - \sqrt{2}\dfrac{n}{N}\right| \leqslant \dfrac{\sqrt{2}}{N} \\[3ex] 0 & \text{sonst} \end{cases}$$

Die Hough Tranformation entsteht aus der Parametrisierung einer Geraden durch Neigungswinkel und Abstand vom Ursprung: $(x,y) \mapsto x \cdot \cos\theta + y \cdot \sin\theta$ ($-1 \leqslant x,y \leqslant 1$; $0 \leqslant \theta \leqslant 2\pi$; $0 \leqslant r \leqslant \sqrt{2}$). Aus Gründen der Diskretisierung setzt man $x = 2i/M - 1$; $y = 2j/N - 1$; $r = \sqrt{2}\, n/N$; $\theta = 2\pi \cdot k/M$. Falls im Originalbild eine Gerade mit Parametern (θ,r) zu sehen ist, so erscheint im transformierten Bild an der Stelle (θ,r) ein heller Punkt.

Diese Bildtransformationen müssen schnell durchgeführt werden. Um dies zu erreichen, kann man entweder Parallelverarbeitung vorsehen, oder schnelle Algorithmen entwerfen (z.B. Fast-Fourier Transform (FFT) (siehe z.B. Elliott & Rao [ELI82])).

Nicht zur Merkmalsextraktion, sondern zur Bildtransformation dienen die sogenannten Faltungsfilter, die von der Form (5.5) mit

$$w(i,j,k,n) = w(i - k, j - n) \tag{5.6}$$

sind, so zum Beispiel der gleitende Mittelwertsfilter ("moving average filter")

$$w(i, j) = \begin{cases} \dfrac{1}{9} & \text{falls } i, j = 0, \pm 1 \\[3ex] 0 & \text{sonst.} \end{cases}$$

Dieser Filter wird zur Rauschunterdrückung eines gestörten Bildes eingesetzt.

5.2.2 Klassifikation

Durch den Merkmalsvektor $\underline{x} = (x_1,...,x_r)$ wird der für die Klassifikation relevante Bildinhalt zusammengefaßt. Sind s Klassen - nämlich $K_1,...,K_s$ - vorhanden, so ist eine Klassifikationsregel γ eine Abbildung, die jedem Merkmalsvektor $\underline{x}$ eine der Klassennummern zuordnet, also

$$\underline{x} \rightarrow \gamma(\underline{x}) \in \{1,...,s\}.$$

Jede Klassifikationsregel erzeugt eine Einteilung des Merkmalsraumes in s disjunkte Mengen $A_1,..,A_s$, wobei $A_i = \{\underline{x} \mid \gamma(\underline{x}) = i\}$. Umgekehrt führt jede solche Partition zu einer Klassifikationsregel. Wir nennen A_i den Zuordnungsbereich der Klassifikationsregel.

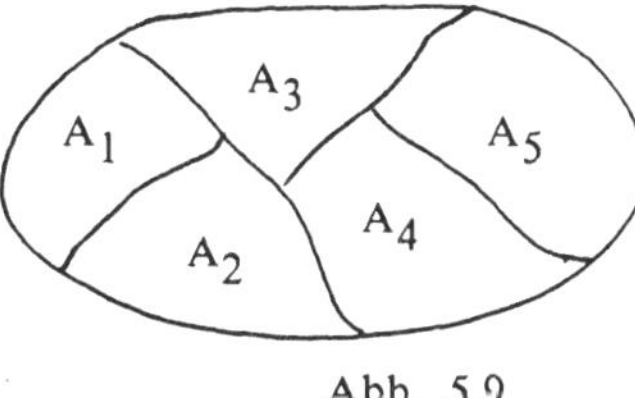

Abb. 5.9

Zur Performanceanalyse einer Klassifikationsregel benötigt man ein stochastisches Modell für die Inputverteilung des zu klassifizierenden Merkmalvektors. Wir nehmen deshalb an, daß ein Objekt der Klasse K_i mit der Häufigkeit p_i auftritt.

$$(p_i > 0; \sum_{i=1}^{s} p_i = 1)$$

Innerhalb der Klasse K_i seien die Merkmalsvektoren mit einer Dichte $f_i(\underline{x})$ verteilt.

Als Leistungsfähigkeitsparameter definieren wir die Wahrscheinlichkeit ρ einer korrekten Klassifikation. Benützt man die Klassifkationsregel γ (mit den Zuordnungsbereichen A_1, A_2,...,A_s), so ergibt sich diese Wahrscheinlichkeit zu

$$\rho = \sum_{i=1}^{s} P\{\text{Klasse ist } K_i\} \cdot P\{\text{richtige Zuordnung} \mid \text{Klasse ist } K_i\} =$$

$$= \sum_{i=1}^{s} p_i \int_{A_i} f_i(\underline{x}) \, d\underline{x} \, . \tag{5.7}$$

Sind die Klassenwahrscheinlichkeiten $\{p_i\}$ und die Dichten $\{f_i\}$ bekannt, so kann man eine optimale Klassifikationsregel berechnen. Zu diesem Zweck muß man die folgende Optimierungsaufgabe lösen:

$$\left\| \quad \sum_{i=1}^{s} p_i \int_{A_i} f_i(\underline{x}) \, d\underline{x} \; = \; \max ! \right.$$

$\left\| \quad \{A_i\}$ ist eine disjunkte Zerlegung des Merkmalsraumes.

Die Lösung dieser Aufgabe ergibt sich durch folgenden

Satz. *Die Zuordnungsbereiche $\{A_i\}$ sind genau dann optimal gewählt, falls*

$$A_i \subseteq \{\underline{x} \mid p_i \cdot f_i(\underline{x}) = \max_j p_j \cdot f_j(\underline{x})\}. \tag{5.8}$$

Der **Beweis** dieses Satzes ergibt sich aus der Tatsache, daß gilt

$$\sum_{i=1}^{s} \int_{A_i} p_i \cdot f_i(\underline{x}) \ d\underline{x} \leqslant \sum_{i=1}^{s} \int_{A_i} \max_j \ (p_j \cdot f_j(\underline{x})) \ d\underline{x} = \int \max_j \ (p_j \cdot f_j(\underline{x})) \ d\underline{x}$$

Das Gleichheitszeichen gilt genau dann, falls die Zuordnungsbereiche $\{A_i\}$ die Bedingung (5.8) erfüllen.

Die praktische Anwendung dieser optimalen Klassifikationsregel scheitert daran, daß die Dichten $f_1,...,f_s$ sowie die Klassenwahrscheinlichkeiten $p_1,...,p_s$ im allgemeinen nicht bekannt sind. Deshalb benützt man entweder Methoden, die Schätzungen dieser Dichten verwenden, oder man konstruiert Klassifikationsregeln nach anderen Prinzipien:

(1) Klassifikationsmethoden, welche Dichteschätzungen verwenden

Je nachdem, ob diese Dichteschätzungen parametrische oder nichtparametrische Methoden verwenden, unterscheidet man:

(1.1) parametrische Verfahren

Hier setzt man voraus, daß die unbekannten Dichten $f_1,f_2,...,f_s$ einer parametrischen Familie $f(x,\Theta)$ angehören, wobei Θ ein unbekannter ein- oder mehrdimensionaler Parameter ist. Die unbekannten Parameter $\Theta_1,...,\Theta_s$ werden für jede Klasse getrennt aus einer Lernfolge geschätzt. Falls die Schätzwerte $\hat{\Theta}_1,...,\hat{\Theta}_s$ ermittelt wurden, so ist die zugehörige Klassifikationsregel wegen (5.8) durch

$$\gamma(\underline{x}) = i \quad \text{falls} \quad p_i \, f(\underline{x},\hat{\Theta}_i) = \max_j p_j \, f(\underline{x},\hat{\Theta}_j) \tag{5.9}$$

gegeben. (Wird an einer Stelle $\underline{x}$ das Maximum an mehreren Indizes angenommen, so kann ein beliebiger aus diesen ausgewählt werden.)
In den meisten Anwendungsfällen nimmt man an, daß die Dichten f_i mehrdimensionale Normalverteilungsdichten

$$f(\underline{x},\mu_i,\Sigma_i) = (2\pi)^{-r/2} \, |\det \Sigma_i|^{1/2} \, \exp[-\tfrac{1}{2}(\underline{x}-\mu_i)\Sigma_i^{-1}(\underline{x}-\mu_i)] \tag{5.10}$$

mit (unbekannten) Mittelwerten μ_i bzw. Kovarianzmatrizen Σ_i sind. Für jede Klasse K_i können diese unbekannten Parameter durch das arithmetische Mittel $\hat{\mu}_i$ bzw. die empirische Kovarianzmatrix $\hat{\Sigma}_i$ geschätzt werden. Da es in der Entscheidungsregel (5.9) nur auf die Größenbeziehungen ankommt, kann man auch den Logarithmus der Dichten vergleichen, also nach der größten der Funktionen

$$L_i(\underline{x}) = \log p_i - \frac{1}{2} \log \,|\det \hat{\Sigma}_i| - \frac{1}{2} (\underline{x}-\hat{\mu}_i)' \, \hat{\Sigma}_i \, (\underline{x}-\hat{\mu}_i) \qquad (5.11)$$

zuordnen. Diese sogenannte **Diskriminationsfunktionen** sind quadratische Funktionen in $\underline{x}$. Wenn man hingegen annimmt, daß die Kovarianzmatrizen Σ_i in allen Klassen gleich sind und eine gemeinsame Schätzung $\hat{\Sigma}$ für sie verwendet, so kann man die $L_i(\underline{x})$ in (5.11) äquivalent durch eine in $\underline{x}$ lineare Funktion ersetzen ("Fisher's linear discriminant"), da der quadratische Term $-1/2 \cdot \underline{x}'\Sigma^{-1}\underline{x}$ in allen Diskriminationsfunktionen vorkommt und daher weggelassen werden kann.

(1.2) nichtparametrische Verfahren

Die unbekannten Dichten können auch ohne die Verwendung eines parametrischen Modells aus einer Lernsequenz geschätzt werden.
Ist $X_1, X_2, \ldots$ eine Folge von Beobachtungen, so ist der **Kernschätzer** ("kernel estimate") für f gleich

$$\hat{f}(x) = \frac{1}{n \cdot h_n} \sum_{i=1}^{n} K\left(\frac{X_i - x}{h_n}\right) \, ,$$

wobei $K(x)$ eine Kernfunktion und h_n die Bandbreite ist. Mögliche Kerne sind z.B. der Normalverteilungskern $K(\underline{x}) = (2\pi)^{-r/2} \exp(-1/2 \cdot \underline{x}'\underline{x})$ oder der Epanechnikovkern

$$K(\underline{x}) = (3/4\sqrt{5}\,)^r \prod_{i=1}^{r} (1 - x_i^2/5) \qquad |x_i| \leqslant 5.$$

Für eine Übersicht über Verfahren der Dichteschätzung siehe z.B. Wertz **[WER78]**. Sind $\hat{f}_1(x), \ldots, \hat{f}_s(x)$ jeweils die Dichteschätzungen für die i-ten Klassen, so ist die zugehörige Klassifikationsregel gleich

$$y(\underline{x}) = i \qquad \text{falls } p_i \cdot \hat{f}(\underline{x}) = \max_j p_j \cdot \hat{f}_j(x) \qquad (5.12)$$

Devroye und Wagner **[DEV80]** haben die Eigenschaften dieser Klassifikationsregel untersucht.

(1) Klassifikation ohne Dichteschätzung.

Meistens sind die auf Dichteschätzern basierenden Klassifikationsregeln kompliziert. Wenn einfachere Regeln schon eine sehr gute Leistungsfähigkeit aufweisen, so zieht man natürlich diese vor. Einfachere Klassifikationsregeln sind etwa

(1.1) die nächste Nachbarschafts-Regel
Wenn $\underline{X}_1^*, \ldots \underline{X}_n^*$ gewisse Prototypen von Merkmalsvektoren repräsentieren, so kann man eine Regel der Form

$$y(\underline{x}) = i \, , \quad \text{falls dist } (\underline{x}, \underline{x}_i^*) = \min_j \text{ dist } (\underline{x}, \underline{x}_j^*) \qquad (5.13)$$

definieren, wobei dist irgendeine Distanz im Merkmalsraum bedeutet, z.B.

dist $(\underline{x},\underline{y})$ = $\|\underline{x} - \underline{y}\|$. Diese Regeln heißen Nächste-Nachbarschafts-Regeln ("nearest-neighborhood rules"). Etwas allgemeiner kann man auch zu jener Klasse zuordnen, von der die meisten Vertreter innnerhalb der kleinsten Kugel liegen, die mindestens k Punkte (egal welcher Klasse) enthält. Eine solche Regel heißt k-Nächste -Nachbarschafts-Regel ("k-nearest-neighborhood-rule").

<u>(1.2) lineare Klassifikatoren</u>

Falls $\underline{w}_1,...,\underline{w}_s$ gewisse Vektoren und $\omega_1,...\omega_s$ gewisse Konstanten sind, so heißt die Regel

$$\gamma(\underline{x}) = i \quad \text{falls} \quad \underline{w}_i{}'\underline{x} - \omega_i \geqslant \underline{w}_j{}'\underline{x} - \omega_j$$

lineare Diskriminationsregel, weil sie auf den linearen Diskriminanzfunktionen

$$L(\underline{x}) = \underline{w}_i{}'x - \omega_i$$

($\underline{w}\,'\underline{x}$ ist das innere Produkt von $\underline{w}$ und $\underline{x}$) beruhen. Diese Klassifikationsregeln haben eine weite Verbreitung gefunden, da sie

    (i) von einfacher Struktur sind
    (ii) sich besonders für lernfähige Algorithmen eignen (siehe 5.2.4)
    (iii) im normalverteilten Fall bei identischen Kovarianzmatrizen mit
        der parametrischen Regel übereinstimmen (siehe (5.11)).

5.2.3 Dimensionsreduktion

Im allgemeinen sind die extrahierten Merkmalsvektoren $\underline{y}$ sehr hochdimensional. Es erhebt sich daher in natürlicher Weise die Frage, ob nicht schon niedrigerdimensionale Merkmalsvektoren ausreichen, um gute Klassifikationsergebnisse zu erzielen. Unter dem Problem der Dimensionsreduktion versteht man die Aufgabe, eine Merkmalstransformation $\underline{x}$ = $T(\underline{y})$ so durchzuführen, daß

    (i) der Vektor $\underline{x}$ erheblich niedrigerdimensional als $\underline{y}$ ist
    (ii) die Klassifikationsgüte (d.i. die Wahrscheinlichkeit einer
        korrekten Klassifikation) unter dieser Informationsreduktion
        kaum leidet.

Für die folgenden Überlegungen wollen wir annehmen, daß es nur zwei Klassen K_1 und K_2 gibt. Der allgemeine Fall von s Klassen kann ja stets auf diesen zurückgeführt werden, wenn man für jede Klasse K_i separat die Alternative K_i gegen alle übrigen Klassen betrachtet.

Es seien also p bzw. (1-p) die Wahrscheinlichkeiten für die Zugehörigkeit zu den Klassen K_1 und K_2 sowie f_1 und f_2 die entsprechenden Dichten. Wie im Abschnitt 5.2.2 ausgeführt wurde, ist die Wahrscheinlichkeit einer korrekten Klassifikation mittels der optimalen Zuordnungsregel durch

$$\rho(p) = \int \max\,(p\ f_1(\underline{x}),(1-p)f_2(x))\ d\underline{x} \qquad (5.14)$$

gegeben. Die Größe $\rho(p)$ stellt eine Art Distanz zwischen f_1 und f_2 dar. Denn mittels der Gleichung

$$\max\,(u,v) = \frac{1}{2}\,(u + v + |\,u - v\,|)$$

erhält man aus (5.14)

$$\rho(p) = \frac{1}{2}\int pf_1(\underline{x})d\underline{x} + \frac{1}{2}\int(1 - p)f_2(\underline{x})d\underline{x} + \frac{1}{2}\int|pf_1(\underline{x}) - (1- p\,)f_2(\underline{x})|\ d\underline{x} =$$

$$= \frac{1}{2} + \frac{1}{2}\int|p\ f_1(\underline{x}) - (1 - p)\ f_2(\underline{x})|\ d\underline{x}.$$

Führt man die allgemeinen Distanzen d_α

$$d_\alpha = \left[\ \int|(p\ f_1(\underline{x}))^{\frac{1}{\alpha}} - ((1 - p)\ f_2(\underline{x}))^{\frac{1}{\alpha}}\ |^\alpha\ d\underline{x}\ \right]^{\frac{1}{\alpha}}$$

ein, so gilt also

$$\rho(p) = \frac{1}{2} + \frac{1}{2}\ d_1 \qquad (5.15)$$

Die Distanzen d_α stehen für verschiedene α zueinander in Relation. Genauer gesagt gelten folgende Ungleichungen:

$$\left(\tfrac{\alpha}{\beta}\right) d_\alpha \leqslant d_\beta \leqslant d_\alpha^{\,\alpha/\beta} \qquad\qquad \text{für } \alpha \leqslant \beta \qquad (5.16)$$

Verwendet man die Ungleichung $d_2^2 \geqslant d_1$ und beachtet man, daß

$$d_2^2 = \int(\sqrt{p}f_1 - \sqrt{(1-p)\ f_2}\,)^2\ d\underline{x} = 1 - 2\sqrt{p(1-p)}\int\sqrt{f_1 f_2}\ d\underline{x},$$

so ergibt sich aus (5.15)

$$\rho(p) \leqslant \frac{1}{2} + \frac{1}{2}\ d_2^2$$

$$P\{\text{Fehlklassifikation}\} = 1 - \rho(p) \leqslant \sqrt{p(1-p)}\int\sqrt{f_1 f_2}\ d\underline{x}; \qquad (5.17)$$

diese Ungleichung heißt auch **Chernoff-Schranke.**

Die Frage der optimalen Dimensionsreduktion läßt sich nun auf die Frage zurückführen, wie eine Abbildung T zu wählen ist, damit

    (i)   die Dimension von $T(\underline{y})$ möglichst klein ist.
    (ii)   der Abstand d_α der Bildverteilungen unter T jedoch möglichst gleich groß bleibt.

Oftmals betrachtet man nicht alle möglichen Transformationen T sondern nur jene, die in der Auswahl von einigen Variablen bestehen. Dieses *Variablenselektionsproblem* besteht also darin, jenes r-Subset der m Komponenten des Merkmalsvektors $\underline{y}$ zu finden, für das die Distanz d_α (für ein bestimmtes α) maximal ist. Diese Aufgabe kann mit der **Branch-and-Bound Methode** gelöst werden: Alle möglichen Selektionen (d.h. alle Teilmengen von {1,...,n} werden als Knoten eines kreislosen, gerichteten Graphen aufgefaßt. An jedem Knoten muß die Distanz der niedrigdimensionaleren Randverteilungen der ursprünglichen Verteilungen berechnet werden. Es ist klar, daß diese Distanzen auf jedem Weg von der Wurzel zu den Endknoten nur abnehmen können. Ein Beispiel für einen solchen Selektionsgraphen ist in Abb. 5.10 dargestellt.

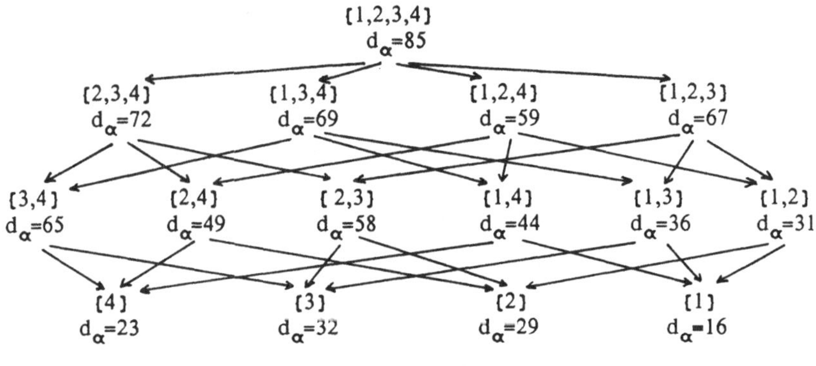

Abb. 5.10

Ist eine mögliche Selektion von r Variablen gefunden, so können alle Zweige unberücksichtigt bleiben, in denen schon auf höherem Niveau ein niedrigerer Distanzwert auftritt. Diese Tatsache reduziert die Anzahl der notwendigen Schritte oft erheblich. Das ist besonders dann wichtig, wenn die Berechnung des Abstandes d_α nur durch numerische Integration möglich und daher aufwendig ist.

Sind die zugrundliegenden Verteilungen mehrdimensionale Normalverteilungen, so läßt sich der Abstand d_2 jedoch leicht analytisch berechnen. Es gilt

$$d_2(N(\mu_1,\Sigma_1),N(\mu_2,\Sigma_2)) =$$

$$=1 - \exp(\tfrac{1}{2}\,(\mu_1-\mu_2)'(\Sigma_1+\Sigma_2)^{-1}(\mu_1-\mu_2))\,[\det((\Sigma_1+\Sigma_2)/2)]^{1/2}\,[\det(\Sigma_1)\cdot\det(\Sigma_2)]^{-1/4}$$

(vgl. [YOU74], Seite 250). Im Normalverteilungsmodell betrachtet man aber üblicherweise nicht Variablenselektion, sondern *lineare Dimensionsreduktion*, also die Reduktion der Dimension durch eine lineare Abbildung. Bekanntlich ist für eine Matrix T die Größe $Y=TX$ nach $N(T\mu,T\Sigma T')$ verteilt, falls X nach $N(\mu,\Sigma)$ verteilt ist. Also ist die lineare Dimensionsreduktionsaufgabe gleichbedeutend mit der Aufgabe, eine [r×m]−Matrix T zu finden, die

$$d_2(\,N(T\mu_1,T\Sigma_2T'),\ N(T\mu_2,T\Sigma_2T')\,)$$

maximiert. Falls für die beiden Kovarianzmatrizen gilt, daß $\Sigma_1 = \Sigma_2 = \Sigma$, so hat diese Aufgabe eine verblüffende Lösung. Es ist nämlich eine Reduktion auf einen eindimensionalen Merkmalsvektor ohne Distanzverlust möglich. Denn für den $[1 \times n]$-Vektor

$$T = (\mu_1 - \mu_2)' \ \Sigma^{-1}$$

gilt :

$$d_2(\ N(\mu_1,\Sigma),\ N(\mu_2,\Sigma)\ ) = 1 - \exp(\ 1/2\ (\mu_1-\mu_2)'\ \Sigma^{-1}\ (\mu_1-\mu_2)\ ) =$$

$$= 1 - \exp(1/2\ (\mu_1-\mu_2)'\Sigma^{-1}(\mu_1-\mu_2)\ [\ (\mu_1-\mu_2)'\Sigma^{-1}\Sigma\Sigma^{-1}(\mu_1-\mu_2)]\ (\mu_1-\mu_2)\Sigma^{-1}\ (\mu_1-\mu_2))$$

$$= 1 - \exp\ (1/2\ (\mu_1-\mu_2)'T'(T\Sigma T')^{-1}T(\mu_1-\mu_2)) = d_2(\ N(T\mu_1,T\Sigma T',\ N(T\mu_2,T\Sigma T')\ )$$

Die eindimensionale Größe $x = (\mu_1-\mu_2)\ \Sigma^{-1}\underline{y}$ trägt also genausoviel Information über die Klassenzugehörigkeit wie der ursprüngliche Vektor $\underline{y}$.

5.2.4. Lernende Klassifikatoren

Im Abschnitt 5.2.2 wurde beschrieben, wie eine Beobachtungssequenz zur Ermittlung einer guten bzw. optimalen Klassifikation herangezogen werden kann. Bei diesen Überlegungen gingen wir davon aus, daß eine Trainingssequenz fester Länge vorliegt (die als Grundlage zur Konstruktion der Klassifikationsregeln dient) und nach Ablauf der Trainingsphase das System autonom arbeitet.

Oftmals besteht jedoch der Wunsch, eine Klassifikationsregel so adaptiv zu gestalten, daß erkannte Fehlklassifikationen zu jedem Zeitpunkt zur Korrektur der Zuordnungsregel führen können. Um dies zu erreichen, muß man ein lernendes Klassifikationssystem entwerfen, bei dem Informationen über eine Fehlklassifikation in einer feedback-Schleife (vgl. Abb. 5.1) zur Adaption der Klassifikationsregel führen. Solche Systeme sind verbreitet im Einsatz (z.B. Klarschriftlesegeräte, welche Charakteristiken der Handschrift einer bestimmten Person adaptiv lernen können).

Es ist wichtig, daß lernfähige Klassifikatoren von einfacher Bauart sind: Erstens soll die Adaption schnell vor sich gehen und andererseits soll der benötigte Speicherumfang nicht mit der Länge der Trainingsfolge wachsen. Typischerweise beruht daher eine solche Klassifikationsregel auf einer festen Anzahl von Parametern, deren Adaption rekursiv möglich ist.

Im folgenden betrachten wir den einfachsten Fall der linearen Klassifikation in genau zwei Klassen, K_1 bzw. K_2. Jede dieser Klassen bestimmt eine Verteilung mit Dichte f_1 bzw. f_2 auf den Merkmalsvektoren $\underline{x} = (x_1,...,x_r)$. Eine lineare Klassifikationsregel ist von der Form

$$y(\underline{x}) = \begin{cases} 1 & \text{falls} & \underline{x}'\ \underline{w} \geqslant w_0 \\ 2 & \text{falls} & \underline{x}'\ \underline{w} < w_0 \end{cases} \tag{5.18}$$

wobei $\underline{w} = (w_1,...,w_r)$ ein r-dimensionaler Klassifikationsvektor ist. Die Trainingsfolge sei

$$\begin{bmatrix} X_1 \\ k_1 \end{bmatrix} \;,\; \begin{bmatrix} X_2 \\ k_2 \end{bmatrix} \;,...,\; \begin{bmatrix} X_n \\ k_n \end{bmatrix}$$

wobei $X_i \in \mathbf{R}^r$ der Merkmalsvektor und k_i die Klassenzugehörigkeit ($k_i = 1$ oder 2) beschreibt. Um die Notation zu vereinfachen bilden wir die $(r+1)$ dimensionalen Vektoren

$$\underline{v} = \begin{bmatrix} v_0 \\ \vdots \\ v_r \end{bmatrix} = \begin{bmatrix} -w_0 \\ w_1 \\ \vdots \\ w_r \end{bmatrix} \;,\; Y_i = \begin{bmatrix} 1 \\ X_i \end{bmatrix} \tag{5.19}$$

und

$$Z_i = \begin{cases} Y_i & \text{falls} \quad k_i = 1 \\ -Y_i & \text{falls} \quad k_i = 2 \,. \end{cases} \tag{5.20}$$

Die Klassifikationsregel (5.18) kann mit Hilfe von (5.19) umgeschrieben werden zu

$$\gamma(Y) = \begin{cases} 1 & \text{falls} \quad v'Y \geqslant 0 \\ 2 & \text{falls} \quad v'Y < 0 \end{cases} \tag{5.21}$$

Man beachte, daß v in (5.21) nur bis auf einen positiven Faktor bestimmt ist. Der Vorteil der Darstellung des Gewichtsvektors im $\mathbf{R}^{r+1}$ liegt darin, daß man nur das Vorzeichen des Produkts v'Y in (5.21) überprüfen muß. Der Unterschied zur ursprünglichen Darstellung in $\mathbf{R}^r$ ist in Abb. 5.10 dargestellt.

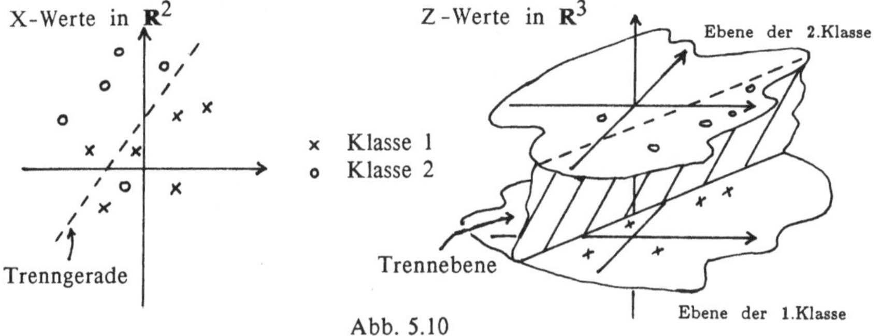

Abb. 5.10

Mit der in (5.20) eingeführten Bezeichnung Z_i gilt nun :

Fehlklassifikation $\longleftrightarrow$ $v'Z_i < 0$.

Nicht-lernfähige Systeme bauen auf einer festen Trainingssequenz der Länge n und lösen z.B. die Minimierungsaufgabe

$$J_0(v) = \# \ \{Z_i \mid v'Z_i < 0\} = \min \ ! \tag{5.22}$$

Da die Aufgabe (5.22) ein komplexes Problem der kombinatorischen Optimierung ist, wird die Zielfunktion J_0 oft durch eine einfachere, z.B.

$$J_2(v) = \sum_{i=1}^{n} (v'Z_i - 1)^2 \tag{5.23}$$

ersetzt. Man nimmt dabei in Kauf, daß die Lösung von (5.23) nicht für (5.22) optimal ist, wenn der Minimierungsalgorithmus dadurch erheblich einfacher wird. Letztere Optimierungsaufgabe löst z.B. die Ho-Kashyap-Prozedur (vgl. Sklansky & Wassel [SKL81]).

Im Gegensatz dazu ist man bei lernenden Systemen gar nicht daran interessiert, die Aufgabe (5.22) bzw. (5.23) für festes n tatsächlich exakt zu lösen. Vielmehr begnügt man sich damit, in jedem Schritt eine kleine Verbesserung einer Zielfunktion zu erhalten und zwar so, daß für $n \to \infty$ die Klassifikationsregel der optimalen zustrebt. Wegen (5.21) wird die Fehlklassifikationswahrscheinlichkeit durch jenes v minimiert, das die Aufgabe

$$J_0(v) = P\{v'Z < 0\} = \min \ ! \tag{5.24}$$

löst. Verfahren, die diese Zielfunktion minimieren, sind leider sehr kompliziert. Deshalb ersetzt man auch hier diese Aufgabe oft durch eine einfachere, z.B.

$$J_1(v) = E(-v'Z \ 1_{\{v'Z < 0\}}) = \min \ ! \tag{5.25}$$

("Rosenblatt's perceptron Kriterium") oder durch

$$J_2(v) = E((v'Z - 1)^2) = \min \ ! \tag{5.26}$$

("Mean square error"-Kriterium). Die Lösungen von (5.25) bzw. (5.26) stimmen zwar i.a. nicht mit der Lösung von (5.24) überein, für praktische Zwecke ist der Unterschied jedoch nicht gravierend. Ein Lernalgorithmus, der zur Minimierung von J_1 geeignet ist, ist die "proportional increment procedure", die bei einer entdeckten Fehlklassifikation den Vektor v leicht adaptiert und ihn bei korrekter Klassifikation unverändert läßt.

$$v_{n+1} = \begin{cases} v_n + \frac{1}{n} Z_n & \text{falls } v_n Z_n < 0 \\ v_n & \text{sonst} \end{cases} \tag{5.27}$$

Hingegen wird der Algorithmus

$$v_{n+1} = v_n - \frac{1}{n} (v_n'Z_n - 1) \cdot Z_n \tag{5.28}$$

zur Minimierung von J_2 herangezogen. Mit Hilfe geeigneter Ljapunovfunktionen kann man nachweisen, daß die Algorithmen (5.27) bzw. (5.28) tatsächlich gegen die Lösungen von (5.25) bzw. (5.26) konvergieren.

Übungsaufgaben zu Kapitel 5

1. Es sei $Y_1, Y_2, ..$ eine Folge von unabhängigen, identisch verteilten Zufallsvariablen. Man zeige, daß durch die Folge

$$X_{n+1} = \begin{cases} X_n - \frac{1}{n} & \text{falls } Y_n > X_n \\ X_n - \frac{1}{n} & \text{falls } Y_n \leqslant X_n \end{cases}$$

der Median der Verteilung F gelernt wird.
<u>Anleitung:</u> Es sei m der Median von F. Man zeige, daß $V(x) = (X - m)^2$ eine Ljapunov-Funktion ist.

2. Einfache Effizienzabschätzung für die Darstellung von Binärbildern. Die Pixel eines Grauwertbildes der Größe M×M seien unabhängig voneinander mit Wahrscheinlichkeit p weiß und mit Ws. 1-p schwarz. (Dies ist eine Modellvorstellung - tatsächlich sind natürlich nebeneinanderliegende Bildpunkte irgendwie voneinander abhängig). Man berechne die mittlere Länge des Lauflängencodes.
<u>Anleitung:</u> Man benütze einen ähnlichen rekursiven Ansatz wie in Abschnitt 4.2.3.

3. Ein Binärbild der Größe $2^n \times 2^n$ bestehe aus einem schwarzen Quadrat der Größe $2^r \times 2^r$ auf weißem Hintergrund. Für die die verschiedenen Lagen dieses Quadrats gebe man die minimale bzw. maximale Anzahl der Knoten eines Quad-Baumes an, der dieses Bild beschreibt.

4. Man zeige die Gültigkeit der Ungleichungen $d_1 \leqslant d_2 \leqslant 2d_1$.

5. Es seien $N(\mu_1, \sigma_1^2)$ bzw. $N(\mu_2, \sigma_2^2)$ zwei Normalverteilungen, welche die Verteilung eines eindimensionalen Merkmals X in zwei Klassen K_1 bzw. K_2 beschreiben. Die Anteile von K_1 bzw. K_2 seien p bzw. 1-p. Man zeige,daß für die betrachteten Zielfunktionen J_1, J_2 und J_3 in Abhhängigkeit von

$$v = \begin{pmatrix} -w_0 \\ 1 \end{pmatrix} \quad \text{gilt:}$$

$$J_0(v) = p \; \Phi\left(\frac{w_0 - \mu_1}{\sigma_1}\right) + (1-p)\left(1 - \Phi\left(\frac{w_0 - \mu_2}{\sigma_2}\right)\right)$$

$$J_1(v) = p \; [(1+w_0)^2 - 2\mu_1(1+w_0) + \sigma_1^2] + (1-p)[(1-w_0)^2 + 2\mu_2(1-w_0) + \sigma_2^2]$$

$$J_2(v) = p[\mu_1^2 + \sigma_1^2 - 2\mu_1(w_0+1) + (w_0+1)^2] + [(1-p)[\mu_2^2 + \sigma_2^2 - 2\mu_2(w_0-1) + (w_0-1)^2]$$

Für die konkreten Parameter $\mu_1 = 0$, $\mu_2 = 3$, $\sigma_1 = 1$, $\sigma_2 = 2$ berechne man jeweils die Werte von w_0, an denen das Minimum angenommen wird (Für J_0 muß das durch numerische Iteration erfolgen). Man sieht, daß die Lage des Minimums für alle drei Funktionen verschieden ist.

A. Simulation

A.1 Modelle und Sprachen

In vielen Fällen erweist sich die analytische Berechnung eines Performance-Parameters für ein komplexes System als undurchführbar, etwa wenn komplizierte Integralgleichungen den Lösungsweg versperren. In solchen Fällen, wo die **Systemberechnung** versagt, kann eine **Systembeobachtung** helfen. Beispielsweise können in einem Computernetzwerk durch ein **Monitorprogramm** (= Systemdokumentationsprogramm) Kennzahlen über den laufenden Betrieb, wie mittlere Auslastungen, mittlere Nachrichtenlängen etc. gewonnen werden. Eine solche Systembeobachtung ist natürlich nur bei bereits installierten Systemen möglich. Möchte man Aussagen über geplante Systeme machen, so ist man auf **Systemsimulation** angewiesen.

Der Übergang von einem realen System zu einem Simulationsmodell setzt einen gewissen Grad an Abstraktion voraus. Im **Modellbildungsprozeß** muß entschieden werden, welche Objekte mit welchen Attributen aus der Realität in das Simulationsmodell übernommen werden (und welche nicht) und auf welche Weise diese Objekte zueinander in Beziehung treten können. Nach einem Vergleich des amerikanischen Mathematikers Kac ist ein gutes Modell wie eine gelungene Karrikatur, die die Wesenszüge des Vorbildes mit wenigen, gut gesetzten Strichen festhält.

Zur Theorie der Modellbildung gibt es eine umfangreiche Literatur (z.B. Mihram [MIH72], Payne [PAY82], Niemeyer [NIEM7]). In letzter Zeit sind auch computerunterstützte und wissensbasierte Verfahren zur Modellbildung vorgeschlagen worden. Bei der Vielfalt möglicher Anwendungen der Simulationstechnik gibt es jedoch kaum allgemeine Prinzipien: Alle Qualitätsüberlegungen von Simulationsmodellen hängen stark vom Einzelfall ab. Jedenfalls lassen sich bei jeder Anwendung die Schritte

- Systemanalyse und Modellbildung
- Implementation
- Datenerhebung und Parameterschätzung
- Modellvalidierung
- Simulationslauf (bzw. -läufe)
- Outputanalyse

unterscheiden.
Durch die Verwendung spezieller Simulationssprachen können die Schritte **Modellbildung** und **Implementation** einander angenähert werden. Denn solche Simulationssprachen bieten durch eine Reihe von Systembausteinen Hilfen bei der Formulierung des Modells in einem Programm. Insbesondere enthalten Simulationssprachen üblicherweise folgende Konzepte

- vorprogrammierte Ablaufsteuerung
- dynamische Generierung von Objekten (Einheiten, Prozessen, etc.)
- automatische Speicherplatzverwaltung
- Zufallszahlengeneratoren

Man unterscheidet prinzipiell zwischen speziellen Simulationssprachen (die nur für Simulationszwecke entworfen wurden) und allgemeinen Sprachen mit zusätzlichen Strukturen zur Simulation.

Eine kurze Übersicht über Simulationssprachen:

(a) spezielle Simulationssprachen
    (aa) zur Simulation diskreter Systeme
        GPSS (general purpose simulation system), G. Gordon (IBM), 1961
        BORIS (Block-oriented Simulation), Siemens, 1982
        SPIRO, Bell 1982
    (ab) zur Simulation kontinuierlicher Systeme
        DYNAMO, J. Forrester, 1971
        CSMP (Continuous System Modeling Program), IBM 1967
    (ac) zu Simulation diskret/kontinuierlicher Systeme
        SLAM (Simulation Language for Alternative Modelling) Pritsker & Pedgen, 1979
        ACSL (Advanced Continuous Systems Language), Rodrigues, 1981

(b) allgemeine Sprachen mit speziellen Simulationsroutinen
    (ba) zur Simulation diskreter Systeme
        SIMSCRIPT (Basis: FORTRAN), RAND-Corporation. 1962
        SIMULA (Basis: ALGOL), Dahl, Nygaard, Myhrhaug, 1967
        SIMON (Basis: ALGOL), Hills, 1967
        SPL (Basis: PL/1), 1968
        ASSE (Basis: ADA), Adelsberger 1982
    (bb) zur Simulation kontinuierlicher Systeme
        GASP (general activity simulation program, Basis: FORTRAN), 1969

Manche Simulationssprachen haben die Entwicklung der allgemeinen Programmiersprachen entscheidend beeinflußt. So eignet sich z. B. SIMULA auch als Grafik- oder Betriebssystemsprache und hat einige Nachfolgesprachen (z.B. SMALLTALK) hervorgebracht.

A2. Zufallszahlen

Ein elektronischer Prozessor ist selbstverständlich nicht in der Lage, zufällige Phänomene zu produzieren, da er geradezu das Paradebeispiel eines deterministischen Automaten ist. Nur durch eigene, zufallsgesteuerte Hardware-Komponenten (z. B. einer radioaktiven Quelle mit angeschlossenem Emissionszähler, wie er z.B. in Japan gebaut wurde), lassen sich Zufallsalgorithmen in Elektronenrechnern verwirklichen.

Allerdings ist es möglich, durch einen deterministischen Algorithmus Zahlenfolgen zu erzeugen, deren Baugesetz so undurchsichtig ist, daß sie *wie zufällig wirken*. Solche **Pseudo-Zufallszahlen** ("pseudo random numbers") müssen eine Reihe von statistischen Tests auf Zufälligkeit passieren, um als geeignete Nachbildungen echter Zufallsfolgen zu gelten.

Das Grundproblem der Zufallszahlenerzeugung besteht in der Generierung einer Folge $U_1, U_2, U_3, \ldots$ von Nachbildungen unabhängiger, in $[0,1]$ gleichverteilter Zufallswerte. Die geforderte Regellosigkeit setzt unter anderem voraus, daß die Folge der k-Vektoren $(U_1, U_2, \ldots, U_k)$, $(U_{k+1}, \ldots, U_{2k})$, $(U_{2k+1}, \ldots, U_{3k}), \ldots$ für jedes k das Bild einer Gleichverteilung im k-dimensionalen Einheitswürfel $[0,1]^k$ macht, also in diesem Quader gleichmäßig verstreut ist. Diese Forderung ist meist umso schwieriger zu erfüllen, je größer k ist. Da praktisch alle alle Pseudo-Zufallszahlen eine endliche (wenn auch oft astronomisch große) Periode haben, ist die Folge der k-Vektoren jedenfalls nur ein einziger Punkt, falls k gleich der Periodenlänge ist.

Der am häufigsten verwendete Algorithmus zur Erzeugung von $[0,1]$-Pseudo-Zufallszahlen ist der

(i) **einfache lineare Kongruenzgenerator** (Lehmer 1951, Rotenberg 1960)
Ausgehend von ganzen Zahlen y_1, a, b und m wird eine Zahlenfolge $\{y_k\}$ rekursiv durch

$$y_n \equiv a \, y_{n-1} + b \pmod{m} \qquad 0 \leqslant y_n < m$$

definiert und dann

$$U_n = \frac{y_n}{m}$$

gebildet. Selbstverständlich ist jede so definierte Zahlenfolge periodisch, da es nur m verschiedene Reste modulo m gibt und jede Zahl ihren eigenen Nachfolger eindeutig festlegt. Knuth [KNUTH] (Vol II, Seite 16) hat bewiesen, daß die Folge genau dann die maximale Periode m hat, falls (i) b relativ prim zu m ist, (ii) a-1 ein Vielfaches aller Primteiler von m und (iii) a-1 ein Vielfaches von 4 ist, falls 4 den Modul m teilt. Allerdings ist die Eigenschaft der maximalen Periode kein ausreichendes Gütekriterium (auch a = 1 und b = 1 erfüllt die Voraussetzungen, liefert aber einen unsinnigen Generator). Marsaglia (1968) hat gezeigt, daß aufeinander folgende k-Tupel immer auf parallelen Hyperebenen des $[0,1]^k$ liegen, deren Anzahl kleiner gleich $(k! \, m)^{1/k}$ ist. Ahrens, Dieter und Grube (1970) haben untersucht, wie die Konstanten zu wählen sind, damit diese Hyperebenenzahl möglichst hoch ist.
Die meisten Bibliotheken von Standardfunktionen enthalten Zufallsgeneratoren, deren Qualität jedoch manchmal zu wünschen übrig läßt. Dennoch seien hier einige verwendete Werte für die Konstanten angegeben:

RANDU (IBM)

$m = 2^{31}$ $\qquad\qquad$ $a = 2^{16} + 3 = 65539$ $\qquad\qquad$ $b = 0$

RANDA (PRIME)

$m = 2^{31} - 1$ $\qquad\qquad$ $a = 16\,807$ $\qquad\qquad$ $b = 0$

SIMULA (CDC)

$m = 2^{59}$ $\qquad\qquad$ $a = 5^{11}$ $\qquad\qquad$ $b = 0$

Eine direkte Verallgemeinerung des einfachen linearen Kongruenzgenerators ist der

(ii) mehrfache lineare Kongruenzgenerator

mit dem Baugesetz

$$y_n = a_1 \, y_{n-1} + a_2 \, y_{n-2} + \ldots + a_k \, y_{n-k} + b \qquad (\text{mod } m)$$

$$U_n = \frac{y_n}{m}$$

Die Periodizitätseigenschaften dieses Generators wurden von Grube [GRU75] untersucht. Falls m eine Primzahl ist, so ist die Periodenlänge maximal und gleich m^k-1, falls das Polynom $y^k - a_1 y^{k-1} - \ldots - a_k$ modulo m eine Primitivwurzel ist, d.h. daß $x^n \bmod (f(x),m)$ alle Polynome vom Grad k durchläuft. Beispielsweise ist $y^3 + y^{10} + 1$ modulo 2 ein solches Polynom. Ein Spezialfall des mehrfach linearen Kongruenzgenerators ist der Fibonacci-Generator

$$y_n \equiv y_{n-1} + y_{n-2} \qquad (\text{mod } m) \; ,$$

von dem aber abgeraten werden muß, da ein Tripel $U_{n-1} < U_n < U_{n-2}$ niemals vorkommen kann. Manchmal werden mehrfache lineare Kongruenzgeneratoren auch als Tausworthe-Generatoren bezeichnet, weil dieser Autor sie (für den Fall $m = 2$) als erster betrachtet hat. Der eigentliche Tausworthe-Generator dient jedoch zur Erzeugung zufälliger Bits, die dann zu Zufallszahlen zusammengesetzt werden:

(iii) Tausworthe Generator. Aus einer Folge von $[0,1]$–Werten x_i (Pseudozufällige Bits), welche nach der Rekursion

$$x_n = a_1 \, x_{n-1} + \ldots + a_k \, x_{n-1} \qquad (\text{mod } 2)$$

gebildet sind, werden durch

$$
\begin{aligned}
U_1 &= 0 . x_0 \; x_1 \quad \cdot \; \cdot \; \cdot \quad x_s \\
U_2 &= 0 . x_g \; x_{g+1} \quad \cdot \; \cdot \; \cdot \quad x_{g+s} \\
&\quad \cdot \\
&\quad \cdot \\
&\quad \cdot \\
U_m &= 0 . x_{mg} x_{mg+1} \quad \cdot \; \cdot \quad x_{mg+s}
\end{aligned}
$$

Dualbrüche der Länge $s+1$ zusammengesetzt, die im Intervall $[0,1]$ liegen. Hierbei sollte g mindestens doppelt so groß wie s sein. Durch die mögliche Verwendung von Schieberegistern ist dieser Generator besonders schnell.

(iv) Gemischte Generatoren. Durch Zusammensetzen von Generatoren aus mehreren Stufen können viele neue Varianten gebildet werden. Z.B. schlagen Lurie und Mason [LUR73] vor, zwei lineare Kongruenzgeneratoren

$$v_n = a_1\, v_{n-1} \qquad (\text{mod } m_1)$$

$$\text{durch} \qquad w_n = a_2\, w_{n-2} \qquad (\text{mod } m_1)$$

$$y_n = v_n + w_n \qquad (\text{mod } m_2)$$

$$U_n = \frac{y_n}{m_2}$$

aneinanderzukoppeln. Marsaglia und Bray [MAR68] erzeugen eine zufällige Permutation der von einem Generator gelieferten Werte durch einen zweiten Generator. Dieses nachherige "Durcheinanderwürfeln" verbessert die Gleichverteilungseigenschaften der Folge.

Unabhängige, [0,1]-gleichverteilte Zufallsvariable $U_1, U_2, U_3, \ldots$ weisen einige in der Wahrscheinlichkeitstheorie wohlbekannte Eigenschaften auf (Gesetze der großen Zahlen, Lückenverteilungen, Extremwertverteilungen, Erdös-Renyi-Gesetze, etc.). Nur wenn die von algebraischen Generatoren erzeugten Zahlenfolgen diese Eigenschaften ebenfalls aufweisen, kommen sie als Pseudo-Zufallszahlen in Betracht. Deshalb hat man Testbatterien für Pseudo-Zufallszahlen entwickelt. Wenn diese alle Tests auf Zufälligkeit passieren, erhalten sie das Gütesiegel "Zufallszahlen". Eine solche Testbatterie ist z.B. von Dudewicz und Ralley ("TESTRAND") entwickelt worden. Üblicherweise unterwirft man die erzeugten Zahlen folgenden Tests

- Kolmogoroff-Smirnoff Test auf Gleichverteilung
- χ^2-Test für die empirischen Häufigkeiten von s frei gewählten disjunkten Intervallen $I_1, \ldots, I_s$ in [0,1]
- Lückentest (= Zeitintervall für die Rückkehr nach I_j, $j = 1, \ldots s$).
- "Coupon's collector test" (= Zeitintervall, bis jedes der Intervalle $I_1, \ldots, I_s$ mindestens einmal getroffen wurde)
- Permutationstest (= Test auf Gleichverteilung der Rangvektoren von k-Tupeln aufeinanderfolgender Zufallszahlen
- Autokorrelationstests (Test von $\text{Corr}(U_n, U_{n+k}) = 0$)
- Ermittlung der Hyperebenenzahl, in der aufeinanderfolgende k-Tupel liegen (auch Spektraltest genannt)

Aus der bekannten Verteilung der Teststatistik im Gleichverteilungsfall lassen sich die kritischen Schranken berechnen und damit ein Test auf Gleichverteilung konstruieren. Man beachte aber, daß bei allen diesen Tests die Nullhypothese die der Gleichverteilung ist und daß daher eine Vergrößerung des Signifikanzniveaus α (d.h. eine Verkleinerung des Fehlers erster Art) stets zur Nichtablehnung (d.i. Annahme) dieser Nullhypothese führt. Bei Festlegung des Signifikanzniveaus ist also Vorsicht geboten.

Die Generierung von Zufallszahlen $X_1, X_2, X_3, \ldots$, die einer beliebigen Verteilung F entstammen sollen, läßt sich auf verschiedene Weise auf die Generierung von [0,1]-gleichverteilten Zufallszahlen $U_1, U_2, U_3, \ldots$ zurückführen. (Deswegen ist die Erzeugung der Gleichverteilung tatsächlich das fundamentale Problem).

Einige Methoden dieser Rückführung sind:

(i) die **Methode der inversen Verteilungsfunktion.**

Es sei $F^{-1}(u) = \inf\{x\,|\,F(x) \geqslant u\}$. Durch diese Festsetzung wird jeder Verteilungsfunktion eine linksseitig stetige "Inverse" zugeordnet, für die gilt, daß $F^{-1}(u) \leqslant x$ genau dann, falls $u \leqslant F(x)$. Ist U nach einer $[0,1]$-Gleichverteilung verteilt und $X = F^{-1}(U)$, so besitzt X wegen

$$P\{X \leqslant x\} = P\ \{F^{-1}(U) \leqslant x\} \quad = P\ \{U \leqslant F(x)\} = F(x)$$

die Verteilungsfunktion F. Beispielsweise kann eine Exponentialverteilung mit der Verteilungsfunktion $F(x) = 1 - e^{-\lambda x}$ durch

$$X = \frac{1}{\lambda} \cdot (- \log(U))$$

aus einer $[0,1]$-Gleichverteilung U erzeugt werden.

(ii) **die Transformationsmethode.**

Manchmal gelingt es, eine nach F verteilte Zufallsvariable als Funktion anderer Zufallsvariabler darzustellen, die sich leichter berechnen lassen.

Beispiele sind etwa:

$$\left.\begin{array}{l} (-2\ \ln\ U)^{1/2}\ \cos\ 2\pi V \\[2mm] (-2\ \ln\ U)^{1/2}\ \sin\ 2\pi V \end{array}\right\} \quad \text{sind unabhängig nach}$$

der Normalverteilung $N(0,1)$ verteilt, falls U und V unabhängige $[0,1]$-Gleichverteilungen sind (Box–Muller-
-Methode).

- $X^{1/\beta}$ ist nach Weibull verteilt, falls X exponentialverteilt ist.

- $\displaystyle\sum_{i=1}^{k} X_i$ ist Erlang(λ,k) verteilt, falls die X_i unabhängig exponentialverteilt (λ) sind.

- $\displaystyle\sup\{k\,|\,\sum_{i=1}^{k} X_i \leqslant 1\}$ ist Poisson (λ) verteilt,

  falls die X_i unabhängig exponentialverteilt (λ) sind.

(iii) **die Kompositionsmethode**

Manchmal läßt sich die gewünschte Verteilungsfunktion F als Linearkombination mehrerer Verteilungsfunktionen F_i darstellen

$$F = \sum_{i=1}^{k} \alpha_i \, F_i \ .$$

Dann kann man eine nach F verteilte Zufallsvariable X wie folgt erzeugen:
Man generiere einen zufälligen Index I mit $P(I = i) = \alpha_i$ und wähle für X eine nach F_i verteilte Größe, falls $I = i$ ist.

Beispielsweise kann man durch die Vorschrift

$$X = \begin{cases} X_1 & \text{falls} \quad U \leqslant \dfrac{1}{2} \\[2ex] -X_1 & \text{falls} \quad U > \dfrac{1}{2} \end{cases}$$

aus einer Gleichverteilung U und einer Exponentialverteilung X_1 eine Laplaceverteilung erzeugen.

(iv) **die Verwerfungsmethode**

Die gewünschte Verteilungsfunktion F(x) habe die Dichte f(x) und es sei leicht möglich, eine Zufallsgröße Y mit Dichte g(x) zu erzeugen.

$$\text{Es sei} \ \sup_x \ \frac{f(x)}{g(x)} = \rho < \infty \qquad\qquad (A.1)$$

und U eine [0,1]–Gleichverteilung. Durch die Vorschrift

$$\text{ziehe eine Zufallszahl Y und akzeptiere Y als X, falls } \rho U \leqslant \frac{f(Y)}{g(Y)}$$

wird eine nach der Dichte f verteilte Zufallsgröße X gewonnen.   Falls Y nicht akzeptiert wird, muß ein neuer Versuch gestartet werden. Die Wahrscheinlichkeit ,daß Y akzeptiert wird, ist

$$P(\text{"Y akzeptiert"}) = \int \frac{1}{\rho} \cdot \frac{f(y)}{g(y)} \cdot g(y) \ dy = \frac{1}{\rho} \ .$$

Um eine mittlere "Ausbeute" von n Zufallszahlen X zu erhalten, muß man daher $\rho \cdot n > n$ Zufallszahlen Y erzeugen. Die Korrektheit der Methode folgt aus

$$P\{ X \leqslant x \mid Y \text{ akzeptiert} \} = \int_{-\infty}^{x} \frac{P\{Y \text{ akzeptiert} \mid Y=y\}}{P\{Y \text{ akzeptiert}\}} \ g(y) \ dy \ =$$

$$= \rho \int_{-\infty}^{x} \frac{1}{\rho} \frac{f(x)}{g(x)} \cdot g(y) \, dy = F(x)$$

Beispielsweise ergibt sich für

$$f(x) = \frac{1}{\sqrt{2\pi}} e^{-x^2/2} \qquad \text{(Normalverteilung)}$$

und

$$g(x) = \frac{1}{2} e^{-|x|} \qquad \text{(Laplaceverteilung)}$$

die Konstante ρ von (A.1) zu $\rho = \sqrt{2/\pi} \cdot e^{1/2} = 1.315489$.

Im Mittel können also nur 76 % der Y-Werte als X-Werte übernommen werden. Die Situation ist in Abb. A.1 verdeutlicht.

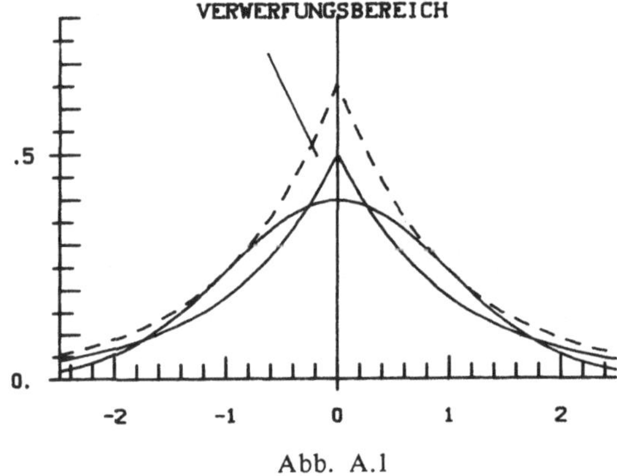

Abb. A.1

(v) **Die Generierung diskreter Verteilungen**

Es soll eine Zufallsgröße mit der diskreten Verteilung

$$P\{X = u_j\} = p_j \qquad j = 1,\dots,J$$

erzeugt werden. Am einfachsten geschieht dies, indem eine [0,1]-gleichverteilte Zufallszahl U_n gezogen wird und

$$X = u_j \qquad \text{gesetzt wird, falls}$$

$$\sum_{k=1}^{j-1} p_k \leqslant U_n < \sum_{k=1}^{j} p_k \cdot \tag{A.1}$$

Offensichtlich gilt dann $P\{X = u_j\} = P\{ \sum_{k=1}^{j-1} p_k \leqslant U_n < \sum_{k=1}^{j} p_k \} = p_j \cdot$

Wenn man das Intervall, in dem U_n liegt, durch sequentielle Suche bestimmt, benötigt man im Mittel

$$\sum_{j=1}^{J} j \, p_j \qquad \text{Suchschritte.}$$

Organisiert man diese Suche in einem binären Suchbaum, dann kann die mittlere Schrittanzahl auf höchstens

$$2 + \sum p_j \log_2(1/p_j) \quad \text{reduziert werden}$$

(vgl. Knuth [KNUTH], Vol. I, Seite 445). Betrachten wir dazu ein Beispiel.

Die diskreten Wahrscheinlichkeitswerte seien
$$p_1 = 0.17 \qquad p_2 = 0.14 \qquad p_3 = 0.41 \qquad p_4 = 0.20 \qquad p_5 = 0.08$$

Sequentielles Vergleichen der Zufallszahl U mit den Intervallgrenzen 0.17; 0.31; 0.72; 0.92 ergibt eine mittlere Suchschrittanzahl von $0.17 + 2 \cdot 0.14 + 3 \cdot 0.41 + 4 \cdot (0.20 + 0.08) = 2.8$. Ordnet man die Intervalle der Größe nach (das größte zuerst), so vermindert sich dieser Wert zu $0.41 + 2 \cdot 0.20 + 3 \cdot 0.17 + 4 \cdot (0.14 + 0.08) = 2.2$.
Der optimale binäre Suchbaum hat hingegen die Gestalt

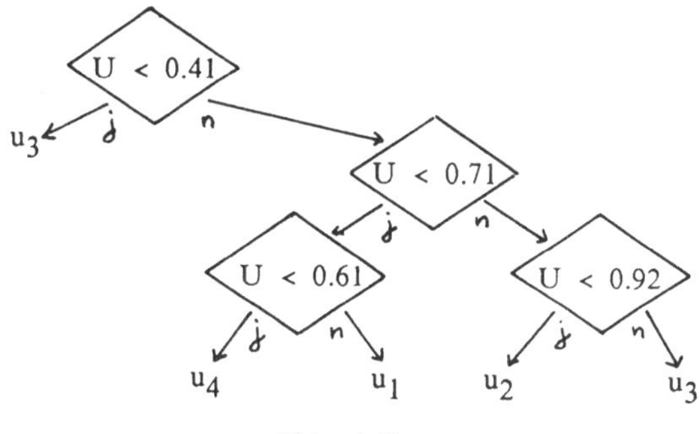

Abb. A.2

mit der mittleren Suchtiefe $0.41 + 3 \cdot (0.2 + 0.17 + 0.14 + 0.08) = 2.18$.

Es ist allerdings möglich, die mittlere Schrittanzahl noch weiter zu reduzieren, wenn man bedenkt, daß sich eine diskrete Gleichverteilung auf J Punkten $\{u_1,...,u_J\}$ durch die Festsetzung

$$\text{"Wähle den } \lceil J \cdot U \rceil \text{-ten Punkt", wobei } U \sim \text{Gleichvert. } [0,1]$$

in einem Schritt erzeugen läßt. Durch eine Modifikation dieses Verfahrens, die auf Walker (1976) zurückgeht, kann man beliebige andere Verteilungen in höchstens einem zusätzlichen Schritt generieren. Dazu definiert man einen Vektor von Wahrscheinlichkeiten $(q_1,...,q_J)$ und einen Vektor von Indizes $(i_1,...,i_J)$ und wählt

$$u_{\lceil JU \rceil} \qquad \text{falls } JU - \lfloor JU \rfloor < q_{\lfloor JU \rfloor}$$

$$u_{i_{\lceil JU \rceil}} \qquad \text{sonst ,}$$

wobei die q_j so gewählt werden, daß $p_j = q_j + \sum\limits_{i_k \neq j} (\frac{1}{J} - q_k)$.

Eine entsprechende Wahl der beiden Vektoren ist stets möglich.

Zum Beweis dieser Behauptung beachte man, daß man stets ein Paar p_{j1}, p_{j2} finden kann, sodaß $p_{j1} \leqslant 1/J$ und $p_{j1} + p_{j2} \geqslant 1/J$. Man wählt dann

$$q_{j1} := p_{j1}$$
$$i_{j1} := j_2$$

Durch Induktion nach j folgt nun, daß man auch die anderen p_j-Werte sowie den verbleibenden Teil von p_{j1} auf die restlichen J-1 Intervalle aufteilen kann.

In unserem Beispiel kann man z.B.

$$(q_1,...,q_5) \quad = \quad (0.17,\ 0.14,\ 1.0,\ 1.0,\ 0.08)$$
$$(i_1,...,i_5) \quad = \quad (3,\ 3,\ -,\ -,\ 3)$$

wählen. Die Situation ist in Abb. A.3 verdeutlicht:

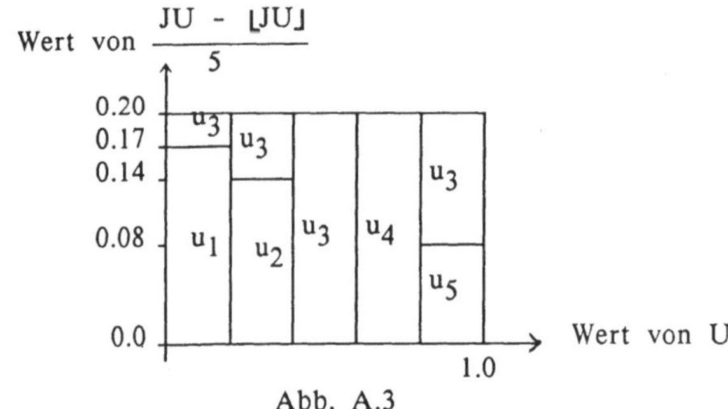

Abb. A.3

Mit diesem Verfahren beträgt die mittlere Schrittanzahl $2 \cdot 0.6 + 1 \cdot 0.4 = 1.6$

A.3 Die Simulation von Markovketten mit diskreter Zeit

Es sei $\{X_n\}$ eine Markovkette mit den Zuständen $\{u_1, u_2,...,u_J\}$ und der Übergangsmatrix $P = (p_{ij})$. Zur Simulation dieses Prozesses muß in jedem Schritt $X_n = u_i$ eine diskrete Verteilung mit den Wahrscheinlichkeiten $\{p_{i1},...,p_{iJ}\}$ erzeugt werden. Verfahren dazu wurden im vorigen Abschnitt erläutert. Wir setzen voraus, daß die Kette eine einzige rekurrente Klasse besitzt, also die stationäre Verteilung eindeutig ist. Im allgemeinen interessiert man sich für den stationären Erwartungswert einer reellen Funktion f, welche auf den Zuständen $\{u_1,...,u_J\}$ definiert ist, also

$$E(f) = \sum_{j=1}^{J} \pi_j \, f(u_j)$$

wobei $\underline{\pi} = (\pi_1,...,\pi_J)$ die (im allgemeinen) unbekannte stationäre Verteilung der Markovkette ist.
Die Simulaton von Markovketten beruht auf folgendem Satz:

Ergodensatz für endliche Markovketten.
Es sei $\{X_n\}$ eine ergodische Markovkette. Dann gilt

$$\frac{1}{n} \sum_{i=1}^{n} 1_{[X_i = u_j]} \qquad \text{strebt gegen } \pi_j \qquad \text{für } n \to \infty. \quad (A.2)$$

Zum <u>Beweis</u> dieses Satzes zieht man den Hauptsatz (Seite 24) heran. Ohne Beschränkung der Allgemeinheit starte die Kette in u_1. Aus dem Hauptsatz folgt, daß

$$p_{ij}^{(n)} \; \to \; \pi_j \qquad \text{für } n \to \infty \quad \text{und alle } i \; . \quad (A.3)$$

Nun betrachtet man

$$E\left[\frac{1}{n}\sum_{i=1}^{n}(1_{[X_i = u_j]} - \pi_j)\right]^2 =$$

$$= \frac{1}{n^2} \sum_{i=1}^{n} \sum_{j=1}^{n} E(1_{[X_i = u_j]} - \pi_j)(1_{[X_k = u_j]} - \pi_j) =$$

$$= \frac{1}{n^2} \sum_{1 \leq i \leq k \leq n} (1 + 1_{[i<k]})(p_{1j}^{(i)} p_{jj}^{(k-i)} - p_{1j}^{(k)}\pi_j - p_{1j}^{(i)}\pi_j - \pi_j^2)$$

Wegen (A.3) strebt dieser Ausdruck gegen Null und dies impliziert (A.2).
Der soeben bewiesene Satz hat zur Folge, daß

$$\frac{1}{n} \sum_{i=1}^{n} f(X_i) \qquad \text{gegen} \qquad \sum_{j=1}^{J} \pi_j \, f(u_j)$$

strebt. Beobachtet man eine simulierte Markovkette innerhalb von n Schritten und bildet den Wert

$$\frac{1}{n} \sum_{i=1}^{n} f(X_i)$$

so hat man somit einen konsistenten Schätzwert für $E(f)$. Um über die Qualität dieses Schätzwertes eine Aussage machen zu können, d.h. Konfidenzbereiche (Intervallschätzungen) angeben zu können, müßte man die Simulation m Mal wiederholen, also m unabhängige Replikationen derselben Markovkette betrachten.

Die **regenerative Methode** (Crane & Iglehart [CRA74]) der Simulation erlaubt es jedoch, mit einer einzigen Trajektorie der Markov-Kette sowohl für die Punkt- als auch für die Intervallschätzung auszukommen. Dazu benützt man Ideen aus dem Beweis des Hauptsatzes für Markovketten mit endlichem Zustandsraum (vgl. Abschnitt 1.2.1). Es sei u_1 ein ausgezeichneter Anfangszustand der Kette und $v_1, v_2, \dots$ die Rückkehrzeitpunkte zu u_1. Wegen der Markoveigenschaft gilt, daß

(i)   die Abschnitte der Kette zwischen den Rückkehrzeitpunkten v_k voneinander unabhängig sind

(ii)   die Rückkehrintervalle

$$T_k^{(1)} = v_{k+1} - v_k \qquad (\text{mit } v_1 = 0)$$

unabhängig und identisch verteilt sind.

Aus dem Hauptsatz wissen wir überdies, daß

(i) $\pi_1 = \dfrac{1}{E(T_k^{(1)})}$ für alle k

(ii)   für A_j = "Anzahl der Besuche im Zustand u_j zwischen den Zeitpunkten 1 und $T_1^{(1)}$"

gilt

$$E(A_j) = \pi_j \, E(T_1^{(1)}).$$

Betrachtet man nun die Werte

$$Y_k = \sum_{n=v_k+1}^{v_{k+1}} f(X_n) \qquad\qquad (A.4)$$

so gilt

(i) $\cdot \ (Y_k, T_k^{(1)})$ sind unabhängige, identisch verteilte Zufallsvektoren

(ii) $E(f) = \dfrac{E(Y_k)}{E(T_k^{(1)})} \ \cdot$ (A.5)

Die Aussage (i) ist klar. Zum Beweis von (ii) beachte man die Gleichungskette

$$E(Y_k) = E\left(\sum_{n=v_k+1}^{v_{k+1}} f(X_n)\right) = E\left(\sum_{n=1}^{v_2} f(X_n)\right) = E\left(\sum_{j=2}^{J} f(u_j)\cdot A_j + f(u_1)\right) =$$

$$= \sum_{j=2}^{J} f(u_j)\cdot \pi_j \cdot E(T_1^{(1)}) + f(u_1).$$

Daraus folgt

$$\frac{E\left(\sum\limits_{\nu_k+1}^{\nu_{k+1}} f(X_n)\right)}{E\,(\nu_{k+1} - \nu_k)} = \frac{\sum\limits_{j=2}^{J} f(u_j)\,\pi_j\,E(T_1^{(1)}) + f(u_1)}{E\,(T_1^{(1)})} = \sum\limits_{j=1}^{J} \pi_j\,f(u_j) = E(f)$$

und damit ist (A.5) gezeigt.

Aus dem soeben gezeigten ergibt sich eine Vorschrift zur regenerativen Simulation:

    (i)   Man simuliere n Rückkehrintervalle und ermittle $(Y_k, T_k^{(1)})$, $k=1,...,n$

    (ii)   Es sei

$$\overline{Y} = \frac{1}{n}\sum\limits_{k=1}^{n} Y_k\ ,\qquad \overline{T} = \frac{1}{n}\sum\limits_{k=1}^{n} T_k^{(1)}$$

$$\sigma_Y^2 = \frac{1}{n}\sum\limits_{k=1}^{n} (Y_k - \overline{Y})^2\ ,\quad \sigma_T^2 = \frac{1}{n}\sum\limits_{k=1}^{n} (T_k^{(1)} - \overline{T})^2$$

Dann schätze man $E(f(X_n))$ durch

$$\frac{\overline{Y}}{\overline{T}} \tag{A.6}$$

Ein asymptotisches Konfidenzintervall zum Niveau $1 - 4\cdot\alpha$ für diesen Schätzwert ist

$$\frac{\overline{Y} - n^{-1/2}\,\sigma_Y\,k_\alpha}{\overline{T} + n^{-1/2}\,\sigma_T\,k_\alpha} \leqslant E(f(X_n)) \leqslant \frac{\overline{Y} + n^{-1/2}\,\sigma_Y\,k_\alpha}{\overline{T} - n^{-1/2}\,\sigma_T\,k_\alpha} \tag{A.7}$$

wobei k_α der obere α-Punkt der Standard-Normalverteilung ist, d.h.

$$\Phi\,(k_\alpha) = 1 - \alpha.$$

Diese Aussage bedeutet, daß für große n die Wahrscheinlichkeit, daß die beiden Schranken (A.6) den unbekannten Wert $E(f(X_n))$ einschließen, größer gleich $1-4\alpha$ ist. Man nennt den Schätzwert (A.6) einen Punktschätzer und das Intervall (A.7) einen Intervallschätzer für $E(f(X_n))$. Die Formel (A.7) beruht auf dem Zentralen Grenzwertsatz, der besagt, daß $\overline{Y}$ und $\overline{T}$ asymptotisch normalverteilt sind.

<u>Weiterführende Literatur:</u> [CRA74], [CRA75].

A.4 Simulation von Markovprozessen mit stetiger Zeit

Es sei $X(t)$ eine Markovkette mit stetiger Zeit und endlichem Zustandsraum $U = [u_1,...,u_J]$. Wir setzen voraus, daß eine Intensitätsmatrix $Q = (q_{ij})$ existiert und setzen $q_i = - q_{ii}$. Die Simulation des Prozesses $X(t)$ stützt sich auf den Hauptsatz für Markovprozesse mit stetiger Zeit (s. Abschn. 1.2.3). Dieser Satz besagt, daß die Verweildauer von $X(\cdot)$ in jedem Zustand u_i nach einer Exponentialverteilung mit der Dichte $q_i \exp(-q_i x)$ verteilt ist und daß der Prozeß danach mit der Übergangswahrscheinlichkeit

$$r_{ij} := \begin{cases} \dfrac{q_{ij}}{q_i} & \text{für } i \neq j \\[2em] 0 & \text{für } i = j \end{cases}$$

in den Zustand u_i springt. Die Generierung einer zufälligen Trajektorie erfordert also bloß die Erzeugung der exponentialverteilten Verweildauer (siehe Abschn. A.1-Methode der inversen Verteilungsfunktion) und der diskreten Übergangswahrscheinlichkeiten (siehe Abschn. A.2).

Es sei wiederum die Aufgabe gestellt, den Erwartungswert einer reellen Funktion $f: U \to R$ unter der stationären Verteilung von X durch Simulation zu bestimmen, also

$$E(f(X(\cdot))) = \sum_{j=1}^{J} \pi_j \, f(u_j)$$

wobei $\underline{\pi} = (\pi_1,...,\pi_J)$ die (unbekannten) stationären Wahrscheinlichkeiten des Prozesses $X(\cdot)$ sind, der als ergodisch vorausgesetzt wird. Nach (1.20) erfüllt der Vektor $\underline{\pi}$ die Gleichung

$$\underline{\pi} \cdot Q = 0$$

oder ausführlich

$$\sum_{i \neq j} \pi_i \cdot q_{ij} = \pi_j \cdot q_j \qquad\qquad j = 1,...,J \qquad (A.8)$$

Auch für Markovprozesse mit stetiger Zeit ist die regenerative Simulationsmethode angebracht. Es sei o.B.d.A. u_1 der ausgewählte Zustand und $v_1, v_2,...$ die Rückkehrzeitpunkte zu u_1. Es sei weiters

$$Y_k = \int_{v_k}^{v_{k+1}} f(X(t)) \, dt$$

und

$$T_k = v_{k+1} - v_k.$$

Völlig analog wie im zeitdiskreten Fall gilt auch hier.

(i) (Y_k, T_k) sind unabhängige, identisch verteilte Zufallsvektoren

(ii) $E(f) = \dfrac{E(Y_k)}{E(T_k)}$

Deshalb ist auch in diesem Fall die regenerative Methode (A.4) zielführend.

Es stellt sich allerdings die Frage, ob es überhaupt notwendig ist, das Verweilen in einem festen Zustand zu simulieren, oder ob es nicht ausreicht, den Prozeß nur zu den Zeitpunkten der Zustandsänderungen τ_n, also $X_n = X(\tau_n)$ zu betrachten.

Dies ist jedoch nicht der Fall. Denn die eingebettete Markovkette $X_n = X(\tau_n)$ besitzt die Übergangsmatrix $R = (r_{ij})$ und die stationären Wahrscheinlichkeiten $\underline{\pi}' = (\pi'_1,...,\pi'_J)$, wobei

$$\sum_{i \neq j} r_{ij}\,\pi'_i = \sum_{i \neq j} \frac{q_{ij}}{q_i}\,\pi'_i = \pi'_j \tag{A.9}$$

Ein Vergleich mit (A.8) zeigt, daß π_i und π'_i in der Beziehung

$$\pi'_i = q_i \cdot \pi_i \qquad\qquad i = 1,...,J$$

stehen. Simuliert man bloß die eingebettete Markovkette, so muß man die Werte der Funktion f umgewichten, also

$$Y_k = \sum_{n=\nu_k+1}^{\nu_k} \frac{f(X_n)}{q(X_n)}$$

$$T_k = \sum_{n=\nu_k+1}^{\nu_k} \frac{1}{q(X_n)} \tag{A.10}$$

setzen, wobei $q(u_i) = q_i$ gesetzt wurde. Mit den so gewonnenen Werten (A.10) kann man E(f) durch (A.5) schätzen.

Es gibt noch eine andere Möglichkeit, die Simulation des stetigen Prozesses $X(t)$ durch die Simulation einer diskreten Kette X'_n zu ersetzen. Es sei X'_n eine Markovkette mit Zustandsraum $U = \{u_1,...,u_J\}$ und den Übergangswahrscheinlichkeiten

$$s_{ij} = \begin{cases} \dfrac{q_{ij}}{\lambda} & \text{für } i \neq j \\[2ex] 1 - \dfrac{q_i}{\lambda} & \text{für } i = j \end{cases}$$

wobei $\lambda > 0$ so groß gewählt wird, daß $s_{ii} \geqslant 0$ gilt. Wegen (A.8) gilt

$$\sum_i s_{ij}\, \pi_i \;=\; \sum_{i\neq j} \frac{q_{ij}}{\lambda}\, \pi_i \;+\; (\,1 - \frac{q_j}{\lambda}\,)\; \pi_j \;=\; \pi_j$$

und daraus folgt, daß der Prozeß $X(t)$ und die Kette X'_n dieselben stationären Verteilungen besitzen. Deshalb gilt

$$E(f(X(t))) \;=\; E(f(X'_n))$$

und der gesuchte Schätzwert kann auch durch die Simulation der Kette X'_n mit dem Verfahren aus Abschn. A.3 gefunden werden. Die Frage, welche der vorgestellten Verfahren zur Ermittlung von $E(f(X(t)))$ am effizientesten ist, wird in Hordijk, Iglehart und Schassberger [HORD 76] untersucht.

<u>Weiterführende Literatur:</u> [BAU76], [CAV81], [IGL83], [MIR72], [MIT82], [NIEM7], [PAY82], [RUB81]

A.5 Varianzreduktion

Durch Simulation findet man Schätzwerte für unbekannte Parameter Θ eines stochastischen Systems. Es sei z.B. $\hat{Z}_1$ ein solcher Schätzwert. Dieser Wert hängt von den generierten Zufallsgrößen $X_1,...,X_n$ ab, die im Simulationsmodell vorkommen, also

$$\hat{Z}_1 = h_n(X_1,...,X_n) \tag{A.11}$$

Üblicherweise betrachtet man nur solche Schätzwerte, die

    (i)   **konsistent** (d.h. $h_n(X_1,...,X_n)$ strebt für $n \to \infty$ gegen den wahren Parameter Θ)

und   (ii)   **erwartungstreu** (d.h. $E(\hat{Z}_1)$ ist gleich dem wahren Parameter Θ)

sind. Neben dieser "Minimalforderung" interessieren nur solche Schätzwerte, die kleine Varianz aufweisen. Eine kleine Varianz bedeutet ja eine große Genauigkeit des Schätzwertes. Es ist daher das Ziel der folgenden Überlegungen, die Varianz der Schätzwerte, die aus der Simulation gewonnen werden, zu reduzieren.

Es gibt nun einige Möglichkeiten, die Varianz von Schätzern zu verkleinern. Alle Überlegungen zur Varianzreduktion gehen von der Beobachtung aus, daß mit $\hat{Z}_1$ und $\hat{Z}_2$ auch $1/2(\hat{Z}_1+\hat{Z}_2)$ ein erwartungstreuer Schätzwert ist, der

$$\mathrm{Var}\,(\,\frac{1}{2}\,(\hat{Z}_1+\hat{Z}_2) = \frac{1}{4}\,[\mathrm{Var}(\hat{Z}_1) + \mathrm{Var}(\hat{Z}_2) + 2\mathrm{Cov}(\hat{Z}_1,\hat{Z}_2)\,]$$

erfüllt.

Falls es gelingt, zwei Schätzwerte zu finden, für die

$$\text{Cov}(\hat{Z}_1,\hat{Z}_2) < \tfrac{1}{2}\,[\text{Var}(\hat{Z}_1) + \text{Var}(\hat{Z}_2)] - |\text{Var}(\hat{Z}_1) + \text{Var}(\hat{Z}_2)| \qquad (A.12)$$

gilt, so bedeutet der Übergang zu $\tfrac{1}{2}(\hat{Z}_1 + \hat{Z}_2)$ eine *Verkleinerung* der Varianz. Aus dieser Ungleichung ersieht man, daß es das Ziel sein muß, negativ korrelierte Schätzwerte zu finden. Auf dieser Tatsache beruhen insbesondere folgende Verfahren der Varianzreduktion:

$\qquad$ (i) $\qquad$ die Methode der antithetischen Variablen

$\qquad$ (ii) $\qquad$ die Methode der Kontrollvariablen

ad (i). **Methode der antithetischen Variablen.** Praktisch alle Verfahren zur Erzeugung von Zufallszahlen basieren auf der Erzeugung gleichverteilter Zufallszahlen. Deshalb kann der Schätzwert Z_1 (A.9) auch als eine Funktion einer Folge [0,1] gleichverteilter Zufallszahlen $U_1,U_2,U_3,...$ geschrieben werden, also

$$\hat{Z}_1 = h_n(U_1,...,U_n).$$

Es kann sein, daß $h_n(u_1,...u_n)$ eine monoton wachsende Funktion in $u_1,...,u_n$ ist. In diesem Falle benutzt man die zu U_i **antithetischen Variablen** V_i

$$V_i = 1 - U_i,$$

um daraus einen Schätzwert $\hat{Z}_2$ zu konstruieren, der mit $\hat{Z}_1$ negativ korreliert ist:

$$\hat{Z}_2 = h_n(V_1,...,V_n).$$

Da $V_i = 1 - U_i$ wiederum [0,1] Gleichverteilungen sind, so besitzen $\hat{Z}_1$ und $\hat{Z}_2$ dieselben Eigenschaften.

Für jede monoton wachsende Funktion h gilt die Steffenson-Ungleichung:

$$\int h(u)\cdot h(1-u)\,du \;\leqslant\; \int h(u)\,du \;\cdot\; \int h(1-u)\,du$$

und da man diese Ungleichung komponentenweise für h_n anwenden kann, so folgt

$$E(\hat{Z}_1\cdot\hat{Z}_2) = \int..\int h(u_1,...,u_n)\cdot h_n(1-u_1,...,1-u_n)\,du_1...du_n \;\leqslant$$

$$\leqslant \int...\int h(u_1,...,u_n)\,du_1...du_n \;\cdot\; \int...\int h(1-u_1,...1-u_n)\,du_1...du_n =$$

$$= E(\hat{Z}_1)\,E(\hat{Z}_2)$$

Also ist $\text{Cov}(\hat{Z}_1,\hat{Z}_2) = E(\hat{Z}_1\cdot\hat{Z}_2) - E(\hat{Z}_1)\cdot E(\hat{Z}_2) \leqslant 0$, d.h. mit antithetischen Variablen gebildete Schätzwerte sind i.a. negativ korreliert.

Wegen $\text{Var}(\hat{Z}_1)=\text{Var}(\hat{Z}_2)$ ist die Bedingung (A.11) erfüllt und der Schätzwert

$$\hat{Z}_3 = \tfrac{1}{2}(\hat{Z}_1 + \hat{Z}_2)$$

bringt einen Varianzgewinn.

ad (ii) **Methode der Kontrollvariablen.** Manchmal gelingt es, einige Parameter des simulierten Systems analytisch zu berechnen. Ist der interessierende Parameter darunter, so erübrigt sich die Simulation. Es ist jedoch möglich, auch von der Kenntnis eines anderen als des interessierenden Parameters einen Nutzen zu ziehen. Es sei μ ein durch theoretische Überlegungen gefundener Parameter und $\hat{Z}_2$ ein erwartungstreuer Schätzwert für diesen. Man nennt dann $\hat{Z}_2$ eine Kontrollvariable. Für eine Konstante β bildet man

$$\hat{Z}_3 := \hat{Z}_1 - \beta\,(\,\hat{Z}_2 - \mu) \tag{A.13}$$

Dieser neue Schätzwert ist erwartungstreu und hat die Varianz

$$\text{Var}(\hat{Z}_1 - \beta\,(\hat{Z}_2 - \mu)) = \text{Var}\,(\hat{Z}_1) - 2\,\beta\,\text{Cov}\,(\hat{Z}_1,\hat{Z}_2) + \beta^2\,\text{Var}(\hat{Z}_1).$$

Falls

$$2\beta\,\text{Cov}(\hat{Z}_1,\hat{Z}_2) > \beta^2\,\text{Var}\,(\hat{Z}_2)$$

so hat $\hat{Z}_3$ eine niedrigere Varianz als $\hat{Z}_1$.

Beispiel. Es sei $\{X_n\}$ eine ergodische Markovkette. Es interessiere der stationäre Erwartungswert

$$E(\,f(X_n)).$$

Angenommen es gibt eine weitere Funktion $g(\cdot)$, für die $E(g(X_n)) = \mu$ bekannt ist. Dann ist

$$\hat{Z}_3 := \frac{1}{n}\sum_{k=1}^{n}[f(X_k) - \beta\,(\,g(X_k) - \mu\,)]$$

ein Schätzwert für $E(f(X_n))$. Die Konstante β muß so gewählt werden, daß die empirische Varianz

$$\frac{1}{n}\sum_{k=1}^{n}(\,f(X_k) - \beta\,(g(X_k) - \mu) - \hat{Z}_3)^2$$

minimal wird. Für die Ermittlung von Konfidenzbereichen für diesen Schätzwert $\hat{Z}_3$ kann wiederum die regenerative Methode herangezogen werden.

B. Grundbegriffe der Wahrscheinlichkeitsrechnung

B.1 Elementare Wahrscheinlichkeitsrechnung

Wahrscheinlichkeitsmodelle sind immer dann angebracht, wenn über Aussagen eine *quantifizierbare Ungewißheit* herrscht. Die Ungewißheit unterscheidet Wahrscheinlichkeitsaussagen von Aussagen der mathematischen (zweiwertigen) Logik und die Quantifizierbarkeit unterscheidet sie von der mehrwertigen (mengenwertigen) Logik.
Eine Aussage ist im abstrakten Sinn nichts anderes als eine Teilmenge A einer Universalmenge U möglicher Situationen. So bedeutet die beispielsweise Frage "Wie wahrscheinlich ist der Sortieralgorithmus I schneller als der Sortieralgorithmus II" nichts anderes als die Frage nach der Wahrscheinlichkeit der Menge A, wobei

$$A = \text{Menge aller Inputfolgen, für die der Algorithmus}$$
$$\text{I schneller als II ist.}$$

In diesem Falle ist U gleich der Menge aller denkbaren Inputfolgen.

Ein Wahrscheinlichkeitsmodell ordnet jeder Aussage A einen Wahrscheinlichkeitswert $P(A)$ zu, wobei folgende Regeln erfüllt sein müssen:

Wahrscheinlichkeitsaxiome

(i) $0 \leqslant P(A) \leqslant 1$.
Der Wahrscheinlichkeitswert ist eine reelle Zahl zwischen 0 und 1.

(ii) $P(U) = 1$.
Die Universalmenge U hat die Wahrscheinlichkeit 1, d.h. ihr Eintreffen ist sicher.

(iii) $P(\bigcup_{i=1}^{\infty} A_i) = \sum_{i=1}^{\infty} P(A_i)$, falls   (B.1)
die A_i paarweise disjunkt sind, d.h. $A_i \cap A_j = \emptyset$ (leere Menge) für $i \neq j$. (σ-Additivität). *Falls je zwei Aussagen A_i, A_j jeweils nicht gleichzeitig erfüllt sein können, so soll die Aussage*

$$\bigcup_{i=1}^{\infty} A_i = \{\text{irgendeine Aussage } A_1, A_2 \dots \text{ trifft zu}\}$$

genau die Summe der $P(A_i)$ als Wahrscheinlichkeit haben.

Wenn P eine Wahrscheinlichkeit auf U ist, so nennt man das Paar (U,P) einen **Wahrscheinlichkeitsraum** ("probability space"). U wird oft **Ereignis- oder Stichprobenraum** ("sample space") genannt. P heißt **(Wahrscheinlichkeits)verteilung** ("probability distribution") oder **Wahrscheinlichkeitsmaß** ("probability measure").

Eine Verteilung P ist durch die Werte P(A) für alle Aussagen (auch "Ereignisse" genannt) festgelegt. Die Gesamtheit aller dieser Mengen A ist meistens riesig groß. Es stellt sich daher die Frage, ob P nicht schon durch ein Subsystem von Ereignissen eindeutig festgelegt ist. Dies ist tatsächlich der Fall. Wir unterscheiden 2 Hauptfälle:

(1) U ist endlich oder abzählbar und
(2) U ist gleich den reellen Zahlen $\mathbf{R}$ oder gleich $\mathbf{R}^n$.

ad(1): U ist endlich oder abzählbar .

Es sei U zunächst eine endliche Menge $U = \{u_1,...,u_J\}$. Eine Wahrscheinlichkeitsverteilung P auf U ist dadurch festgelegt, daß man die Wahrscheinlichkeiten p_j der einzelnen Elemente u_j definiert

$$p_j = P(\{u_j\}).$$

Die Wahrscheinlichkeiten aller anderen Teilmengen A von U ergeben sich durch Anwenden der Additivitätsregel (B.1), also durch Summation aller Wahrscheinlichkeiten der Elemente von A.

<u>Beispiel</u>. Würfeln mit 3 fairen Würfeln. Dann besteht die Menge U aus allen Tripeln (a_1,a_2,a_3), wobei $a_i \in \{1,2,...,6\}$ die Augenzahl des i-ten Würfels angibt. U hat $6^3 = 216$ Elemente. Die Anzahl der möglichen Aussagen, d.h. der Teilmengen von U ist $2^{216} \approx 10^{65}$. Wenn die Würfel fair sind, so hat jedes Element U die gleiche Wahrscheinlichkeit $1/216 = 0.00463$. Die Wahrscheinlichkeit einer Aussage, wie

$$A = \{\text{die Augensumme beträgt } 11\}$$

ermittelt man in diesem Fall, indem man die Anzahl der Elemente von A durch 216 teilt, also

$$P(A) = \frac{\#(A)}{\#(U)} = \frac{\text{"Anzahl der günstigen Fälle"}}{\text{"Anzahl der möglichen Fälle"}} . \tag{B.2}$$

So findet man $P(A) = \frac{27}{216} = 0.125$. Das mühsame Abzählen der Menge

$A = \{(6,4,1) , (6,3,2) , (6,2,3) ... (1,4,6)\}$ kann man sich durch eine kombinatorische Überlegung sparen.

Die Berechnung der Wahrscheinlichkeit (B.2) ist nur dann gerechtfertigt, wenn man zuvor die <u>Gleichverteilungshypothese</u> gemacht hat, also angenommen hat, daß alle Elemente von U gleichwahrscheinlich sind. Daß dies voraussetzt, daß der Begriff der Gleichheit von Zuständen vorher präzisiert wurde (was oft auf mehrere Arten sinnvoll ist), soll das folgende Beispiel zeigen.

<u>Beispiel</u>. Die Struktur eines Programmes einer höheren Programmiersprache kann als Baum aufgefaßt werden, der folgende Arten von Knoten besitzt:

B   Block (<u>begin</u> - <u>end</u>)

L   Schleife (<u>loop</u>)

I   Verzweigung (<u>if</u> - <u>then</u> - <u>else</u>)

Die mögliche Anzahl der Nachfolger ist für B: 0,1,2,... (beliebig), für I: genau zwei und für L: genau eins. Ein Programmstrukturbaum sieht beispielsweise so aus

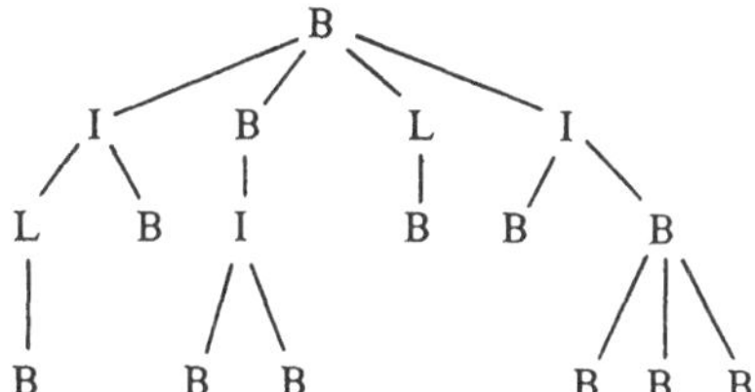

Zur Analyse der Performance des Strukturerkennungsteils eines Compilers ist es notwendig, auf der Menge der Strukturbäume (z.B. mit höchstens n Knoten) eine Wahrscheinlichkeitsverteilung zu definieren. Entschließt man sich zur Gleichverteilungshypothese, so muß weiters spezifiziert werden, ob zwei Bäume, die sich nur durch Permutation jeweiliger Teilbäume unterscheiden, dasselbe oder verschiedene Elemente in U sind (ob also z.B. der obige Baum mit

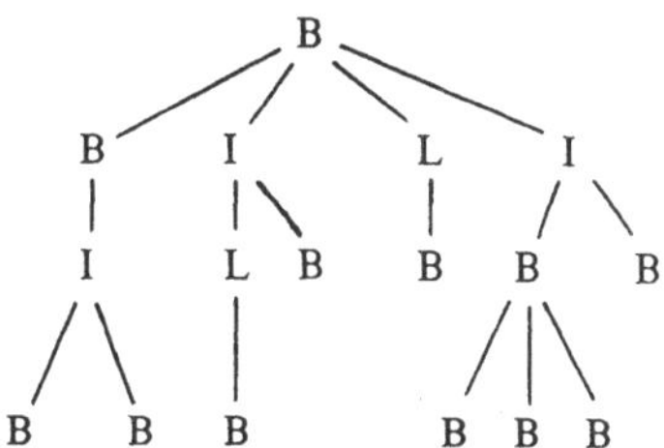

identisch ist oder nicht). Je nachdem ist das Gleichverteilungsmodell ein völlig anderes.

Ganz analog wie im endlichen Fall genügt auch für abzählbares $U=\{u_1,u_2,...\}$ die Angabe der "elementaren" Wahrscheinlichkeiten

$$p_1 = P(\{u_1\}) , \quad p_2 = P(\{u_2\}) . , \quad \text{etc.}$$

zur Festlegung der Verteilung. Das wichtigste Beispiel für eine abzählbare Grundmenge ist $\mathbf{N}_0$, die Menge der natürlichen Zahlen mit Einschluß der Null. Eine Verteilung auf $\mathbf{N}_0$ wird durch eine Zahlenfolge $\{p_0,p_1,...\}$ repräsentiert, wobei $p_i \geqslant 0$ und $\Sigma\, p_i = 1$ gilt.

Einige wichtige Beispiele:

Binomialverteilung: Binomial (n,p)

$$p_i = \begin{cases} P\{i\} = \binom{n}{i} p^i (1 - p)^{n-i} & i = 0,1,\dots,n \\ 0 & \text{sonst.} \end{cases} \qquad \text{(B.3)}$$

geometrische Verteilung: Geometr. (p)

$$p_i = P\{i\} = (1 - p)p^i \qquad\qquad i = 0,1,\dots,n \qquad\qquad \text{(B.4)}$$

Poissonsverteilung: Poisson (λ)

$$p_i = P\{i\} = e^{-\lambda}\, \frac{\lambda^i}{i\,!} \qquad\qquad i = 0,1,\dots,n \qquad\qquad \text{(B.5)}$$

ad(2): U ist die Menge der reellen Zahlen $\mathbf{R}$ (oder $\mathbf{R}^n$)

Eine Wahrscheinlichkeitsverteilung auf der überabzählbaren Menge $\mathbf{R}$ kann nicht mehr durch einzelne Werte definiert werden, man benötigt ein anderes Konzept, nämlich das der Verteilungsfunktion. Dazu betrachtet man ganz spezielle Teilmengen von $\mathbf{R}$, die halboffenen Intervalle $(-\infty,x]$ und definiert die Verteilungsfunktion ("distribution function") F gemäß

$$F(x) = P((-\infty,x]). \qquad\qquad \text{(B.6)}$$

Da die Mengen $(-\infty,x]$ für wachsendes x immer größer werden, ist F monoton wachsend in x und strebt für $x \to \infty$ gegen $P(\mathbf{R}) = 1$. Eine typische Verteilungsfunktion, nämlich die der Standard-Normalverteilung ist in Abb. B.1 dargestellt.

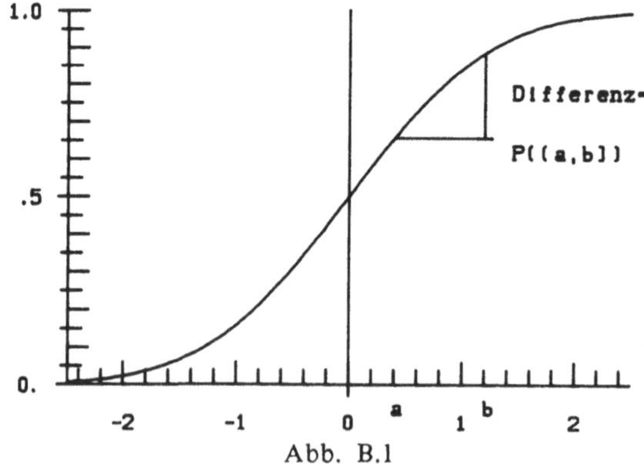

Abb. B.1

Es ist klar, daß zu jeder Wahrscheinlichkeitsverteilung P eine Verteilungsfunktion F gehört. Man kann jedoch auch zeigen, daß P durch F eindeutig bestimmt ist, d.h. daß *die Verteilungsfunktion zur Angabe einer Wahrscheinlichkeitsverteilung ausreicht*:

Wegen

$$(-\infty, a] \cup (a,b] = (-\infty, b]$$

und

$$(-\infty, a] \cap (a,b] = \emptyset$$

gilt auf Grund der Additivität (B.1)

$$P((-\infty,a]) + P((a,b]) = P((-\infty,b])$$

also

$$P((a,b]) = F(b) - F(a). \tag{B.7}$$

Damit sind die Wahrscheinlichkeiten von allen Intervallen festgelegt. Es läßt sich zeigen, daß damit auch die Wahrscheinlichkeiten von komplizierteren Mengen als Intervallen festliegen (siehe z.B. Feller [FEL71] Seite 116).

Eine Verteilung in mehreren Komponenten, also auf $\mathbf{R}^n$, wird im Prinzip genauso beschrieben, nur daß hier mehrdimensionale Verteilungsfunktionen

$$F(x_1,x_2,...,x_n) = P(\ (-\infty,x_1] \times (-\infty,x_2] \times ... \times (-\infty,x_n]\ )$$

Verwendung finden.

In den meisten Fällen betrachten wir Verteilungsfunktionen F, welche eine Dichte f besitzen, d.h. für die gilt

$$f(x) = F'(x) \quad \text{(Ableitung)} \quad \text{b.z.w.} \quad F(x) = \int_{-\infty}^{x} f(u)\ du$$

Im Falle der Existenz einer Dichte kann man (B.7) auch so schreiben

$$P((a,b]) = F(b) - F(a) = \int_{a}^{b} f(x)\ dx.$$

Die Wahrscheinlichkeit eines Intervalls ist also gleich dem Integral der Dichte auf diesem Intervall. Dies läßt sich auch auf Mengen, die komplizierter als Intervalle sind, ausdehnen und man erhält

$$P(A) = \int_{A} f(x)\ dx \tag{B.8}$$

Es folgen einige wichtige Beispiele für Wahrscheinlichkeitsdichten.

<u>Exponentialverteilung</u>   Exponential(λ)

$$f(x) = \begin{cases} \lambda\, e^{-\lambda x} & x \geqslant 0 \\[2mm] 0 & \text{sonst} \end{cases} \qquad (B.9)$$

<u>Hypoexponentialverteilung</u>   Hypo(λ_1,λ_2)

$$f(x) = \begin{cases} \dfrac{\lambda_1\cdot\lambda_2}{\lambda_2 - \lambda_1}\,(e^{-\lambda_1 x} - e^{-\lambda_2 x}) & x \geqslant 0\,,\ \lambda_1 \neq \lambda_2 \\[4mm] \lambda_1^2\, x\, e^{-\lambda_1 x} & x \geqslant 0,\ \lambda_1 = \lambda_2 \end{cases} \qquad (B.10)$$

<u>Normalverteilung</u> $N(\mu,\sigma^2)$

$$f(x) = \frac{1}{\sigma\sqrt{2\pi}}\ \exp\left(-\frac{1}{2}\frac{(x-\mu)^2}{\sigma^2}\right) \qquad (B.11)$$

Die Dichte der Normalverteilung $N(0,1)$, d.h. die Ableitung der Funktion aus Abb. B.1 ist in Abb. B.2 wiedergegeben.

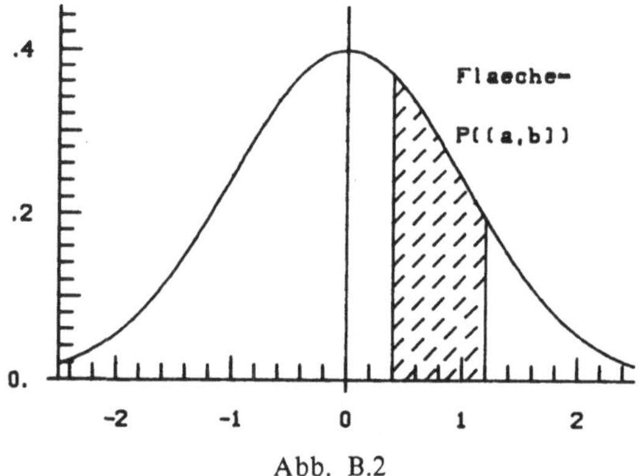

Abb. B.2

Im mehrdimensionalen $\mathbf{R}^n$ ist der Begriff der Dichte ganz ähnlich: Eine nichtnegative Funktion $f(x_1,...,x_n)$ heißt Dichte der mehrdimensionalen Wahrscheinlichkeitsverteilung P, falls

$$P(A) = \int_A f(x_1,...x_n)\ \ dx_1\ ...\ dx_n.$$

Hier wird der Begriff der mehrdimensionalen Integration benützt.

Oftmals ist man daran interessiert, die Verteilung einer zufälligen Größe X durch einige Kennzahlen zu beschreiben. Wichtige Kennzahlen sind z.B.:

$$\text{der Erwartungswert ("mean")} \qquad E(X) = \int x \, dF(x) \qquad \text{(vgl. B.29)}$$

$$\text{die Varianz ("variance")} \qquad Var(X) = \int (x - E(X))^2 \, dF(x)$$

$$\text{der Median ("median")} \qquad med(X) = \text{jener Wert, für den}$$
$$F(med(X))=0.5.$$

Selbstverständlich bestimmen diese Kennzahlen eine Verteilung noch nicht eindeutig. Sie sind aber wichtige Hinweise über die Lage (Erwartungswert und Median) und die Dispersion (Varianz) einer Verteilung.

B.2 Unabhängigkeit

Zwei Teilmengen A und B heißen unabhängig (bezügl. P), falls

$$P(A \cap B) = P(A) \cdot P(B) \qquad\qquad (B.12)$$

gilt, falls also die Wahrscheinlichkeit des gemeinsamen Eintritts von A und B gleich dem Produkt der einzelnen Wahrscheinlichkeiten ist. Mit Hilfe der Gleichung (B.9) kann sowohl die Unabhängigkeit von Ereignissen überprüft werden, als auch Unabhängigkeit modelliert werden.

Beispiel: Würfeln mit zwei unabhängigen Würfeln. Wenn jeder Würfel fair ist, so wird die Unabhängigkeit dadurch modelliert, daß jeder Wurf (a_1,a_2) die Wahrscheinlichkeit $1/6 \cdot 1/6 = 1/36$ zugeordnet bekommt. Damit ist das Modell festgelegt. Innerhalb dieses Modells kann man nun beweisen, daß die Ereignisse A = [die Augensumme ist gerade] und B = [die Differenz der Augenzahlen ist gerade] unabhängig sind.

Zwei zufällige Größen X und Y heißen unabhängig, wenn alle Ereignisse, die mit X zusammenhängen, unabhängig von allen Ereignissen sind, die mit Y zusammenhängen, mit anderen Worten, falls für alle Mengen C,D gilt

$$P([x \in C] \cap [Y \in D]) = P[X \in C] \cdot P[Y \in D]. \qquad (B.13)$$

Falls X und Y Werte in der endlichen oder abzählbaren Mengen U annehmen, ist (B.13) äquivalent mit der Eigenschaft

$$P[X = u_i \text{ und } Y = u_j] = P[X = u_i] = P[Y = u_j]$$

für alle $u_i, u_j \in U$.

Falls X und Y Werte in den reellen Zahlen annehmen, so ist (B.13) äquivalent mit der Eigenschaft

$$P\{X \leqslant x, Y \leqslant y\} = P\{X \leqslant x\} \cdot P\{Y \leqslant y\}$$

d.h.

$$F(x,y) = F_X(x) \cdot F_Y(x) \qquad (B.14)$$

wobei F die gemeinsame Verteilungsfunktion von X und Y und F_X bzw. F_Y die **Randverteilungen** ("marginal distributions") von X bzw. Y sind. Falls F eine Dichte f besitzt, so ist (B.14) äquivalent zu

$$f(x,y) = f_X(x) \cdot f_Y(y) \qquad (B.15)$$

wobei f_X bzw. f_Y die **Randdichten** ("marginal densities") sind:

$$f_X(x) = \int_{-\infty}^{\infty} f(x,y)\, dy \quad \text{bzw.} \quad f_Y(y) = \int_{-\infty}^{\infty} f(x,y)\, dx.$$

Sind X und Y unabhängige zufällige Größen mit Verteilungsfunktionen F_X bzw. F_Y, so ist die Verteilungsfunktion von X+Y gleich

$$(F_X * F_Y)(z) = \int F_X(z-y)\, dF_Y(y) \qquad (B.16)$$

Man nennt (B.16) die **Faltung** ("convolution") der Verteilungsfunktionen F_X und F_Y. Da X+Y = Y+X gilt auch

$$F_X * F_Y = F_Y * F_X \qquad \text{("Kommutativgesetz")}$$

Im Falle, daß X und Y Dichten f_X bzw. f_Y besitzen, so besitzt $F_X * F_Y$ auch eine Dichte, die wir mit $f_X * f_Y$ bezeichnen. Es gilt

$$f_X * f_Y (z) = \int f_X(z-y)\, f_Y(y)\, dy$$

<u>Beispiel.</u> Falls $f(x) = \lambda k\, \exp(-\lambda k x)\, 1_{\{x \geqslant 0\}}$ (Dichte der Exponentialverteilung), so ist

$$\underbrace{f * f * \ldots * f\,(x)}_{n \text{ mal}} = \frac{(\lambda k)^k\, x^{k-1}\, e^{-\lambda k x}}{(k-1)!}\; 1_{\{x \geqslant 0\}}$$

also die Dichte einer Erlang($k\lambda$)-Verteilung (siehe Abschnitt 2.1.1.3), wie der Leser durch vollständige Induktion nachweisen möge.

Für beliebige Ereignisse A,B mit $P(B) \neq 0$ definieren wir die **bedingte Wahrscheinlichkeit** ("conditional probability")

$$P(A \mid B) = \frac{P(A \cap B)}{P(B)} \qquad (B.17)$$

Für festes B ist A $\mapsto$ P(A | B) wiederum eine Wahrscheinlichkeit, die die Axiome (siehe B.1) erfüllt, und außerdem gilt P(B) = 1. Die Zahl P(A | B) gibt somit die *Wahrscheinlichkeit für* A *nach Kenntnis des Eintreffens von* B *an.*

<u>Satz von der totalen Wahrscheinlichkeit</u>

Es sei $B_1, B_2, \ldots, B_k$ eine disjunkte Zerlegung des Ereignisraumes U (d.h. $\bigcup_1 B_i = U$ und $B_i \cap B_j = \emptyset$ für $i \neq j$). Dann gilt

$$P(A) = \sum_{j=1}^{k} P(A \mid B_j) \cdot P(B_j).$$

Der <u>Beweis</u> ist einfach und wird dem Leser überlassen.

B.3 Wahrscheinlichkeitserzeugende Funktion und Laplacetransformation

Eine Wahrscheinlichkeitsverteilung auf $\mathbf{N}_0$ kann noch auf eine andere Weise als durch die Angabe des Wahrscheinlichkeitsvektors $\{p_0, p_1, p_2, \ldots\}$ beschrieben werden. Man ordnet nämlich der Verteilung die **wahrscheinlichkeitserzeugende Funktion** ("probability generating function")

$$G(a) = \sum_{i=0}^{\infty} p_i \, a^i \tag{B.18}$$

zu. Da $\sum_{i=0}^{\infty} p_i = 1$, so konvergiert $G(a)$ zumindest für $|a| \leqslant 1$. Da die Koeffizienten einer Potenzreihe eindeutig bestimmt sind, sind alle Werte p_j durch G eindeutig festgelegt.

Beispiele für wahrscheinlichkeitserzeugende Funktionen sind:

Binomialverteilung (n,p):

$$G(a) = \sum_{i=0}^{n} \binom{n}{i} p^i (1-p)^{n-i} \cdot a^i = (ap + (1-p))^n \tag{B.19}$$

geometrische Verteilung (p):

$$G(a) = \sum_{i=0}^{\infty} (1-p) \, p^i \cdot a^i = \frac{1-p}{1-ap} \tag{B.20}$$

Poissonverteilung (λ):

$$G(a) = e^{-\lambda} \sum_{i=0}^{\infty} \frac{\lambda^i}{i!} \, a^i = e^{-\lambda(1-a)} \tag{B.21}$$

Die Bedeutung der wahrscheinlichkeitserzeugenden Funktion wird durch den folgenden Satz unterstrichen:

Satz. Es sei X eine $\mathbf{N}_0$-wertige zufällige Größe mit Verteilung $\{p_0, p_1, p_2, \ldots\}$ und wahrscheinlichkeitserzeugender Funktion $G_X(a)$.

Dann gilt

(i) $\quad G_X(a) = E(a^X)$

(ii) $\quad p_i = \dfrac{G_X^{(i)}(0)}{i!}$ $\qquad\qquad$ (i-te Abteilung)

(iii) $\quad E(X) = G_X'(1)$

(iv) $\quad \mathrm{Var}(X) = G_X''(1) + G_X'(1)(1 - G_X'(1))$

(v) $\quad$ Ist Y eine von X unabhängige $\mathbf{N}$-wertige Zufallsgröße mit wahrscheinlichkeitserzeugender Funktion $G_Y(a)$, so gilt

$$G_{X+Y}(a) = G_X(a) \cdot G_Y(a)$$

Der **Beweis** von (i) und (ii) folgt direkt aus der Definition. Durch Ableitung erhält man

$$G_X'(a) = \sum_{i=1}^{\infty} p_i \cdot i \cdot a^{i-1}$$

und daher für $a=1$

$$G_X'(1) = \sum_{i=1}^{\infty} p_i \cdot i = E(X).$$

Durch Bildung der zweiten Ableitung und Umformen findet man (iv). Wegen der Unabhängigkeit folgt

$$G_{X+Y}(a) = E(a^{(X+Y)}) = E(a^X \cdot a^Y) = E(a^X) \cdot E(a^Y) =$$

$$= G_X(a) \cdot G_Y(a) \,,$$

also (v).

Für Verteilungen auf $\mathbf{R}^+$, den positiven reellen Zahlen ist die Laplacetransformierte das Analogon der wahrscheinlichkeitserzeugenden Funktion. Man definiert die **Laplacetransformierte** L einer Verteilung F mit Dichte f auf $\mathbf{R}^+$ als

$$L(s) = \int_0^{\infty} e^{-sx} f(x)dx \,. \qquad\qquad (B.22)$$

Es folgen Beispiele für Laplacetransformierte

Exponentialverteilung (λ)

$$L(s) = \int_0^\infty \lambda \, e^{-\lambda x} \, e^{-sx} \, dx = \frac{\lambda}{\lambda+s} \tag{B.23}$$

Hypoexponentialverteilung (λ_1, λ_2)

$$L(s) = \frac{\lambda_1}{\lambda_1+s} \cdot \frac{\lambda_2}{\lambda_2+s} \tag{B.24}$$

Erlangverteilung (k, λ)   (siehe Abschn. 2.1.1.3)

$$L(s) = \left(\frac{\lambda k}{\lambda k+s}\right)^k \tag{B.25}$$

Die wichtigsten Eigenschaften der Laplacetransformierten werden im folgenden Satz zusammengefaßt

<u>Satz.</u> Es sei X eine zufällige Größe auf $\mathbf{R}^+$ mit Laplacetransformierten $L_X(s)$. Dann gilt

(i) $L_X(s) = E(e^{-sX})$

(ii) $L_X(s)$ bestimmt die Verteilung von X eindeutig

(iii) $E(X) = -L_X'(1)$

(iv) $\mathrm{Var}(X) = L_X''(1) - [L_X'(1)]^2$

(v)   Ist Y eine von X unabhängige zufällige Größe auf $\mathbf{R}^+$ mit Laplacetransformierten $L_Y(s)$, so gilt
$L_{X+Y}(s) = L_X(s) \cdot L_Y(s)$.

Der <u>Beweis</u> verläuft ähnlich wie im Fall der wahrscheinlichkeitserzeugenden Funktion. Für (ii) muß z.B. auf Feller [FE71] , Bd. II, Seite 408 verwiesen werden.

B.4 Zuverlässigkeit von Systemen als Anwendung der elementaren Wahrscheinlichkeitsrechnung

Technische Systeme sind niemals 100% perfekt und die Wahrscheinlichkeit für einen Ausfall ist nie gleich Null. Es seien $S_1, S_2, ..., S_m$ Komponenten eines Gesamtsystems S. Der Ausfall der Komponente S_i geschehe unabhängig von den anderen mit Wahrscheinlichkeit p_i. Je nach dem Verhältnis der Teilsysteme S zum Gesamtsystem unterscheiden wir

- (i) **serielle Systeme:** Hier bewirkt der Ausfall mindestens einer Komponente schon den Ausfall des Gesamtsystems

- (ii) **parallele Systeme:** Hier bewirkt erst der Ausfall <u>aller</u> Komponenten den Ausfall des Gesamtsystems.

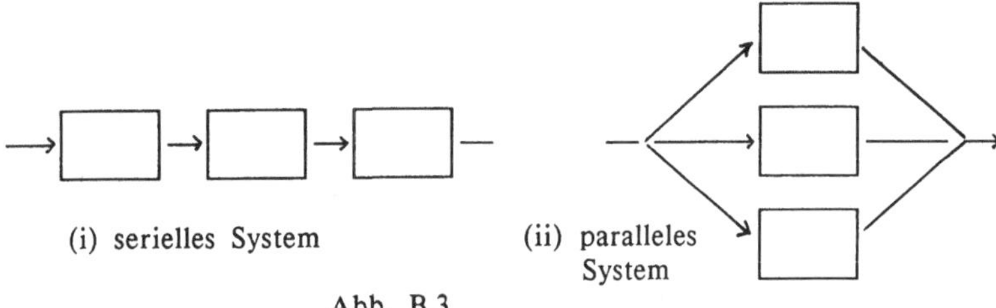

(i) serielles System   (ii) paralleles System

Abb. B.3

Es sei A_i das Ereignis: "die i-te Komponente fällt aus und A_s das Ereignis: "das Gesamtsystem fällt aus."

Dann gilt für das serielle System:

$$P(A_s) = P(A_1 \cup A_2 \cup ... \cup A_n) \qquad (B.26)$$

Da die Ereignisse A_i *nicht disjunkt* sind, kann die Additivität B.1 hier nicht benützt werden. Wenn man allerdings das Komplement $\overline{A} = U \smallsetminus A$ einer Menge A einführt und beachtet, daß $P(\overline{A}) = 1 - P(A)$ gilt, so kann (B.26) ungeformt werden zu

$$P(A_s) = 1 - P(\overline{A_s}) = 1 - P(\overline{A_1 \cup A_2 \cup ... \cup A_n}) =$$

$$= 1 - P(\overline{A}_1 \cap \overline{A}_2 \cap ... \cap \overline{A}_n) =$$

$$= 1 - (1 - p_1)(1 - p_2) ... (1 - p_n). \qquad (B.27)$$

Hier werden die de Morgan'schen Regeln verwendet und ausgenützt, daß mit $A_1 ... A_n$ auch $\overline{A}_1, ..., \overline{A}_n$ paarweise unabhängig sind.

Für das parallele System gilt

$$P(A_s) = P(A_1 \cap ... \cap A_n) = p_1 \cdots p_n.$$

Oftmals hat man es mit Systemen zu tun, bei denen nicht klar ersichtlich ist, ob dieses System fehlerhaft arbeitet oder nicht. Man denke an einen Mann, der zwei Uhren, die verschiedene Zeiten zeigen, besitzt. Solange unbekannt ist, welche Uhr richtig geht, ist es sinnlos, zwei Uhren mitzuführen. Deshalb kann man diesem Mann nur raten, eine dritte Uhr mitzunehmen. Wenn immer wenigstens zwei Uhren die gleiche Zeit zeigen, ist die Situation gerettet. Bei technischen Systemen nennt man diese Strategie **TMR** ("triple modular redundant"-System). Ein TMR-System besteht aus 3 Teilsystemen, jeweils mit Ausfallwahrscheinlichkeit p. Das Gesamtsystem fällt aus, wenn mindestens zwei Subsysteme ausfallen. Für das TMR-System gilt also

$$P(A_s) = P((A_1 \cap A_2) \cup (A_2 \cap A_3) \cup (A_1 \cap A_3)) =$$

$$= P((A_1 \cap A_2 \cap \bar{A}_3) \cup (A_1 \cap \bar{A}_2 \cap A_3) \cup (\bar{A}_1 \cap A_2 \cap A_3) \cup$$

$$\cup (A_1 \cap A_2 \cap A_3)) =$$

$$= 3p^2(1-p) + p^3 = 3p^2 - 2p^3. \tag{B.28}$$

Zum Vergleich der beschriebenen drei Möglichkeiten seien 3 Systeme mit der Ausfallwahrscheinlichkeit p = 0.01 gegeben. Der Ausfall des Gesamtsystems hat die Wahrscheinlichkeit

$$
\begin{array}{lll}
\text{serielles System:} & 1 - 0.99^3 & = \quad 0.03 \\
\text{paralleles System:} & (0.01)^3 & = \quad 0.000001 \\
\text{TMR System:} & 3 \cdot 0.01^2 - 2 \cdot 0.01^3 & = 0.0003
\end{array}
$$

Das TMR-System liegt also in Bezug auf die Ausfallwahrscheinlichkeit zwischen dem parallelen und dem seriellen System.

Oftmals betrachtet man jedoch nicht nur die Alternative Ausfall/kein Ausfall für ein System, sondern berücksichtigt auch die Zeit bis zum Ausfall, die sogenante **Lebensdauer** ("life-time") eines Systems. Die **Zuverlässigkeitstheorie** ("reliability theory") beschäftigt sich mit der Frage, wie die Lebensdauern komplexer Systeme mit den Lebensdauern der Teilsysteme zusammenhängen.

<u>Beispiel</u> : Ein System bestehe aus 3 Teilsystemen, deren Lebensdauern X_1, X_2, X_3 unabhängig, identisch nach der Verteilungsfunktion F verteilt sind. Es sei Y die Lebensdauer des Gesamtsystems (Verteilungsfunktion G). Dann gilt:

für das serielle System: $\quad Y = \min (X_1, X_2, X_3) \quad$ und $\quad G(t) = 1-(1-F(t))^3$

für das parallele System: $\quad Y = \max (X_1, X_2, X_3) \quad$ und $\quad G(t) = F^3(t)$

für das TMR-System: $\quad Y = X_{(2)} \quad$, wobei $X_{(1)} < X_{(2)} < X_{(3)}$ die

geordnete Zufallsstichprobe ist, und $\quad G(t) = 3F^2(t) - 2F^3(t)$

ganz analog zu den Formeln (B.28).

B.5   Bedingte Erwartungswerte und Martingale

Hat eine zufällige Größe X eine Verteilungsfunktion F, so schreiben wir
für ihren Erwartungswert

$$E(X) = \int x \ dF(x) .$$ (B.29)

Falls F eine Dichte f besitzt, so wird (B.29) als

$$E(X) = \int x \ f(x) \ dx$$

interpretiert und falls X die Werte x_i mit jeweils Wahrscheinlichkeit p_i
annimmt, so wird (B.27) als

$$E(X) = \Sigma \ x_i p_i$$

gedeutet. Analoges gilt für den Erwartungswert einer beliebigen Funktion g von
X, also

$$E(g(x)) = \int g(x) \ dF(x)$$

ist entweder gleich

$$\int g(x) \ f(x) \ dx \quad \text{oder gleich} \quad \Sigma \ g(x_i) p_i.$$

Der Erwartungswert $E(x)$ hat eine wichtige Eigenschaft. Er ist nämlich die
Lösung der Minimierungsaufgabe

$$E((X - a)^2) = \min \ !$$

Dies ist leicht zu beweisen, da stets

$$E((X-a)^2) = E((X - E(X) + E(X) - a)^2) =$$

$$= E((X - E(X))^2) + (E(X) - a)^2 \geqslant E((X - E(X))^2)$$

gilt. In Verallgemeinerung dieser Tatsache definiert man den bedingten
Erwartungswert wie folgt:

<u>Definition.</u> Unter dem **bedingten Erwartungswert** ("conditional expectation")
einer Zufallsvariable X gegeben eine Zufallsvariable Y versteht man eine
Lösung h(Y) der Aufgabe

$$E((X - h(Y))^2) = \min \ !$$

Man bezeichnet diese Lösung mit $E(X|Y)$. Dies ist jene Funktion von Y, die
der Zufallsvariable X bezüglich des quadratischen Abstandes am nächsten
kommt.

<u>Eigenschaften des bedingten Erwartungswertes</u>

(i)   Falls X unabhängig von Y ist, so ist
$E(X|Y) = E(X)$.

(ii)   Falls Y eine Indikatorfunktion 1_A ist, so ist

$$E(X \mid 1_A) = \frac{E(X \cdot 1_A)}{P(A)}$$

(iii)   Falls X und Y eine gemeinsame Dichte $f(x,y)$ besitzen, so ist

$$E(X|Y) = h(Y) \quad \text{mit}$$

$$h(y) = \frac{\int x \cdot f(x,y)\ dx}{\int f(x,y)\ dx}.$$

<u>Beispiel</u>. Es sei X die zufällige Lebensdauer eines Systems. X habe die Dichte $f(x)$. Der bedingte Erwartungswert

$$E(X - t \mid X > t)$$

beschreibt die erwartete <u>Restlebensdauer</u>, wenn das System bis zum Zeitpunkt t in Funktion war. Mit Hilfe von (ii) können wir diesen Wert berechnen

$$E(X - t \mid X > t) = \frac{E((X-t)\ 1_{\{X > t\}})}{P(X > t)} = \frac{\int_t^\infty (x-t)\ f(x)\ dx}{\int_t^\infty f(x)\ dx}$$

Ist X z.B. nach einer Exponentialverteilung mit Dichte $f(x) = \lambda e^{-\lambda x}$ verteilt, so ergibt sich

$$E(X - t \mid X > t) = \frac{t\ e^{-\lambda t} + \frac{1}{\lambda}\ e^{-\lambda t} - t\ e^{-\lambda t}}{e^{-\lambda t}} = \frac{1}{\lambda} = E(X)\ !$$

Bei Exponentialverteilungen stimmen also erstaunlicherweise die Restlebensdauern und die unbedingte Lebensdauer überein. Die kann man auch so ausdrücken: Hätte z.B. ein Fernsehapparat eine exponentialverteilte Lebensdauer, so würde sich ein gebrauchtes Gerät in puncto erwarteter Lebensdauer nicht von einem neuen unterscheiden ("used as good as new"). Es ist dies eine Konsequenz der "Gedächtnislosigkeit" der Exponentialverteilung. Leider stimmt dies aber nicht für Fernsehapparate und eine typische Lebensdauerverteilung für technische Geräte (z.B. die Weibullverteilung $F(x) = 1 - \exp(-\lambda x^\alpha)$ mit $\alpha > 1$ und für $x \geqslant 0$) hat abnehmende Restlebensdauern ("new better than used").

Selbstverständlich macht es auch Sinn, den bedingten Erwartungswert gegeben mehrere Zufallsvariablen, also

$$E(X \mid Y_1,...,Y_n)$$

zu betrachten, da man $(Y_1,...,Y_n)$ zu einer vektorwertigen Zufallsgröße zusammenfassen kann. Unmittelbar aus der Definition ergibt sich damit folgende Formel

$$E(E(X \mid Y_1,Y_2) \mid Y_1) = E(X \mid Y_1) \qquad (B.30)$$

Von besonderem Interesse sind Folgen von Zufallsvariablen $X_1,X_2,X_3,...$ welche

$$E(X_n \mid X_1,...,X_{n-1}) = X_{n-1} \qquad (B.31)$$

erfüllen. Interpretiert man die Werte X_n als die Gewinne bei einer Serie von Spielen, so stellt (B.30) den Prototyp eines fairen Spiels dar, bei dem für den n-ten Schritt genausoviel Gewinn erwartet wird, wie bis zum n-1-sten Schritt erzielt wurde. Man nennt eine Folge, die (B.31) erfüllt ein **Martingal** ("martingale"). Dieser Name rührt von einem fairen französischen Glücksspiel her.

Martingale bilden neben den Markovprozessen die bedeutendste Gruppe von stochastischen Prozessen. Die folgenden beiden Sätze zeigen wichtige Eigenschaften.

<u>Satz.</u>
Es sei $\{X_n\}$ eine Martingalfolge und ν eine Stopzeit, d.i. ein zufälliger Index, dessen Wert nur von der Beobachtung der Folge bis zu diesem Index abhängt. X_τ sei der Wert der Folge zum Stoppzeitpunkt. Dann gilt

$$E(X_\tau) = E(X_n) = E(X_1) \qquad \text{für alle } n.$$

<u>Satz</u>. ("Martingalkonvergenzsatz").
Eine nach unten beschränkte Martingalfolge X_n besitzt einen Grenzwert $\lim_{n \to \infty} X_n$. Dieser Satz bleibt richtig, falls X_n bloß ein **Supermartingal** ist,

also eine Folge, die

$$E(X_n \mid X_1,...,X_{n-1}) \leqslant X_{n-1}$$

erfüllt.

Der Beweis beider Sätze würde den Rahmen dieses Buches sprengen. Er findet sich z.B. im Buch von Neveu [NEV75]

Literaturverzeichnis

[AGA70]   Agrawala A.K.: Learning with a probabilistic teacher.
           IEEE Trans. Inf. Theory IT - 16, 373-379 (1970)

[AND83]   Andrews H.C.: Introduction to Mathematical Techniques in Pattern
           Recognition. R.E.Krieger Publ. Comp., Malabar, Fa (1983)

[BAE76]   Baer J.L.; Sager G:R.: Dynamic Improvements of Locality in Virtual
           Memory Systems. IEEE Trans. Softw. Eng. Vol.2, 54-61 (1976)

[BAK85]   Baker B.S.; Coffmann E.G.; Willard D.E.: Algorithms for Resolving
           Conflicts in Dyn. Storage Alloc. J.ACM Vol.32 (2), 327-343 (1985)

[BAT78]   Batchelor B.G.: Pattern recognition.
           Plenum Press, New York and London (1978)

[BAT85]   Batory D.S.: Optimal File Design and Reorganization Points.
           ACM Transactions Database Systems Vol.7, No.1, 60-81 (1982)

[BAU71]   Bauer F.L.; Goos G.: Informatik-Erster Teil
           Heidelberger Taschenbücher 80, Springer, Berlin (1971)

[BAU76]   Bauknecht K.; Kohlas J.; Zehnder C.A.: Simulationstechnik
           Springer Hochschultext, Berlin (1976)

[BEL66]   Belady L.A:: A study of replacement algorithms for a virtual-
           -storage computer.IBM Syst. J., Vol.5, No.2, 78 (1966)

[BET74]   Betteridge T.M.: An analytic storage allocation model.
           Acta informatica Vol.3, 101-122 (1974)

[BOL82]   Bolch G.; Akyildiz F.: Analyse von Rechensystemen.
           Teubner, Stuttgart (1982)

[BOR76]   Borovkov A.A.: Stochastic Processes in Queuing Theory.
           Appl. of Math. 4, Springer, New York (1976)

[BOU79]   Boulton P.I.P.; Kittler M.A.R.: Estimating program reliability.
           The Computer Journal, Vol.22, No.4, 328-331 (1979)

[BOX84]   Boxma O.J.; Kelly F.P.; Konheim A.G.: The product form for
           sojourn time distributions in cyclic exponential queues.
           J.ACM Vol.31, No.1, 128-133 (1984)

[BRA74]   Brandwaijn A.: A Model of a Time Sharing Virtual Memory
           System Solv. using Equiv. and Decomp... Acta Inform.4,11-47(1974)

[BRY75]   Bryant P.: Predicting Working Set Sizes.
           IBM J. Res. Develop., Vol.19, 221-229 (1975)

-262-

[BUN84]   Bunt R.B.; Murphy J.M.: The Measurement of Locality and the
          Behavior of Programs. The Computer J.,Vol.27, No.3,238-245 (1984)

[BUR66]   Burke P.J.: The Output of a Queuing System.
          Operations Research 4, 699-704 (1966)

[BUZ71]   Buzen J.P.: Queuing Network Models of Multiprogramming.
          Ph.D. Thesis. Havard University, Cambridge, Mass. (1971)

[CAM71]   Campbell J.A.: A note on an optimal fit method for dynamic
          storage allocation. The Computer J., Vol.14, No.1, (1971)

[BUR73]   Burnett G.J.; Coffman E.G.: A combinatorial problem related to
          interleaved memory systems. J.ACM Vol.20, 39-45 (1973)

[BUR79]   Burton F.W.; Kollias J.: Optimizing disc head movements in
          secondary key retrieval. The Comp. J..,Vol.22, No.1, 206-208 (1979)

[CAV81]   Cavouras J.C.; Davis R.H.: Simulaion tools in Computer system
          design methodologies. The Computer J.,Vol.24, No.1, 25-28 (1981)

[CHA80]   Chandy K.M.; Sauer Ch.H.: Computational Algorithms for Product
          Form Queuing Networks. C.ACM Vol.23, No.10, 573-583 (1980)

[CHA83]   Chandy K.M.; Martin A.J.: A Characterization of Product-Form
          Queuing Networks. J.ACM Vol.30, No.2, 286-299 (1983)

[CHA77]   Chang D.Y.; Kuck D.J.;Lawrie D.H.: On the Effective Bandwidth
          of Parallel Memories. IEEE Trans. Comp. C-26,No.5,480-489 (1977)

[CHR83]   Cristodoulakis S.: Estimating Record Selectivities.
          Inform. Systems Vol.8, No.2, 105-115 (1983)

[CHU60]   Chung K.L.: Markov Chains with Stationary Transition Probabilities.
          Grundlehren, Bd. 104, Springer, Berlin (1960)

[COD70]   Codd E.F.: A relational model of data for large shared data banks.
          C.ACM 13,6 (1970)

[COF73]   Coffman E.G.; Denning P.J.: Operating Systems Theory.
          Prentice Hall (1973)

[COH83]   Cohen J.; Nicolau A.: Compacting Algoritms for Garbage Collection.
          ACM Trans. Progr. Lang. & Syst. Vol.5, No.4, 532-553 (1983)

[CRA74]   Crane M.A.; Iglehart D.E.: Simulating Stable Stochastic Systems I:
          General Multiserver Queues. J.ACM Vol.21, No.1, 103-113 (1974)

[CRA75]   Crane M.A.; Iglehart D.E.: Simulating Stable Stochastic Systems III:
          Regenerative Processes and DE Simulation.Oper. Res.23, 33-45 (1975)

[DAD82]   Daduna H.: Passage times for overtake-free paths in Gordon-Newell networks. Adv. Appl. Prob. 14, 672-686 (1982)

[DAV79]   Davies D.W.; Barber D.L.A; Price W.L., Solomonides C.M.: Computer Networks and their Protocols, J.Wiley & Sons (1979)

[DAV81]   David H.A.: Order Statistics.
J.Wiley & Sons, New York (1981)

[DAS79]   Dasarathy B.V.; Lakshminarasimhan A.L.: Learning under a VEDIC-Teacher. Int. J. Comp. and Inform. Sci., Vol.8, No.1, 75-88 (1979)

[DEN68]   Denning P.J.: The Working Set Model for Program Behavior.
C.ACM Vol.11, 323-333 (1968)

[DEN70]   Denning P.J.: Virtual Memory.
ACM Comp. Surveys Vol.2, No.3, 153-189 (1970)

[DEN72]   Denning P.J.; Schwartz S.C.: Properties of the Working Set Model.
Comm. ACM Vol.15, No.3, 191-198 (1972)

[DEV82]   Devijver P.A; Kittler J.: Pattern recognition: A ststistical approach.
Prentice Hall, London (1982)

[DER59]   Derman C.; Sacks J.: On Dvoretzky's Stochastic Approximation Theorem. Ann. Math. Statist. Vol.30., No.2, 601-605 (1959)

[DEV80]   Devroye L.P.; Wagner T.J.: Distribution-free Consistency Results in Nonparametric Discrimination... Ann. Statist.,Vol.8 (2) 231-239(1980)

[DOE72]   Doerfler W.; Mühlbacher J. Graphentheorie für Informatiker.
W. de Gruyter, Berlin (1972)

[DVO55]   Dvoretzky A.: On stochastic approximation.
Proc. Third Berkeley Symposium, Univ. Cal. Press, 39-55 (1955)

[DYE82]   Dyer Ch.R.: The Space Efficiency of Quadtrees.
Computer Graphics and Image Processing Vol.19, 335-348 (1982)

[DYN69]   Dynkin E.B.; Yuskevitch A.A.: Sätze und Aufgaben über Markoff-sche Prozesse. Springer, Berlin (1969)

[ELI82]   Eliott D.F.; Rao Ramamohan K.: Fast transforms.
Academic Press, New York (1982)

[FEL71]   Feller W.: An Introduction to Probability and its Applications,
Vol. II, 2nd ed., J. Wiley & Sons, New York (1971)

[FER70]   Ferschl F.: Markovketten.
LN in OR and Math Sciences Vol.35, Springer, Berlin (1970)

-264-

[FOX81] Foxley E.; Salman O.: Validation of an analytic Model of Computer
         Performance. The Computer Journal Vol.24, No.4, 347-352 (1981)

[FRE71] Freedmann D.: Markov chains.
         Holden Day, San Francisco (1971)

[FUK72] Fukunaga K.: Introduction to Statistical Pattern Recognition.
         Academic Press, New York (1972)

[GEL73] Gelenbe E.; Tiberio P.; Boekhorst J.C.A.: Page Size in
         Demand-Paging Systems. Acta Informatica 3, 1-23 (1973)

[GIA76] Giammo Th.: Validation of a Computer Performance Model of the
         Exponential Queuing Network Family. Acta Inform. 7, 137-152 (1976)

[GIL57] Gilbert E.N.; Pollak H.O.: Coincidences in Poisson Patterns.
         Bell Journal, 1005-1033 (1957)

[GIL78] Giloi W.K.: Interactive Computer Graphics.
         Prentice-Hall, Englewood Cliffs (1978)

[GON80] Gonnet G.: Open Addressing Hashing with Unequal Probability
         Keys. J.Comput. Syst. Sci 21, Vol.3, 354-367 (1980)

[GOR67] Gordon W.J.; Newell G.F.: Closed Queuing Systems with
         Exponential Servers. Operations Research 15, 254-265 (1967)

[GOY84] Goyal A.; Agerwala T.: Performance Analysis of Future Shared
         Storage Systems. IBM J. Res. Develop. Vol.28, No.1, 95-108 (1984)

[GRU75] Grube A.: Moderne Erzeugung von Zufallszahlen.
         Toeche-Mittler-Verlag, Darmstadt (1975)

[GUI78] Guibas L.J.; Szemeredi E.: The Analysis of Double Hashing.
         J. Comp. Syst. Sciences 16, 226-274 (1978)

[HAN81] Hand D,J.: Discrimination and Classification.
         J. Wiley & Sons (1981)

[HAJ83] Hajek B.: The Proof of a Folk Theorem on Queuing Delay with
         Appl. to Routing in Networks. J.ACM Vol.30, No.4, 834-851 (1983)

[HAR82] Haring G.: Workload characterization on the task level.
         Computer Performance, Vol.3, No.2, 61-72 (1982)

[HEL75] Hellerman H.; Conroy T.F.: Computer Systems Performance.
         Mc Graw Hill, New York (1982)

[HOC81] Hockney R.W.; Jesshope C.R.: Parallel Computers.
         Adam Hilger, Bristol (1981)

[HOF77]   Hofri M.: On certain Output-Buffer Management Techniques-
           A stochastic model. J. ACM, Vol.24, No.2, 241-249 (1977)

[HOR76]   Hordijk A.; Iglehart D.L.; Schassberger R.: Discrete Time Methods
           for Simulating Cont. Time Markov Chains.J.Appl.Prob.772-788 (1976)

[IGL83]   Iglehart D.L.; Shedler G.S.: Simulation of Non-Markovian Systems.
           IBM J. Res. Develop. Vol.27, No.5, 472-479 (1983)

[JAC57]   Jackson J.R.: Networks of Waiting Lines.
           Operations Research 5, 518-521 (1957)

[KAW80]   Kawaguchi E.; Endo T.: On a method of binary bicture represen-
           tation ..Trans. Pattern. Anal. & Mach. Intell. Vol.2, No.1, 27-35 (1980)

[KEL83]   Kelly F.P.; Pollet P.K.: Sojourn times in closed queuing networks.
           Adv. Appl. Prob. 15, 638-656 (1983)

[KER81]   Kerner H.; Bruckner G.: Rechnernetzwerke.
           Springer Verlag, Wien (1981)

[KIN85]   Kindervater G.A.P.; Lenstra J.K.: An introduction to parallelism in
           combinatorial optimization. Centr. v. Wisk. en Inform. OS-R8501(1985)

[KLE76]   Kleinrock L.: Queuing Systems : Vol. I Theory, Vol. II Computer
           Applications. J. Wiley & Sons (1976)

[KNU75]   Knuth D.E,; Rao G.S. Activity in an interleaved memory.
           IEEE Trans. Comp. Vol C-24, 943-944 (1975)

[KNUTH]   Knuth D.E.: The Art of Computer Programming. Vol. I, II, III.
           Addison Wesley Publ.Comp. (1979-1981)

[KOH77]   Kohlas J.: Stochastische Methoden des Oprations Research.
           Teubner Studienbücher, LAMM 40 (1977)

[KOS73]   Kosten L.: Stochastic Theory of Service Systems.
           Pergamon Press (1973)

[KUS78]   Kushner H.J.; Clark D.S.: Stochastic Approximation Methods for
           Constrained and Unconstrained Systems. Springer, New York (1978)

[LAR82]   Larson P.A.: Expected Worst-case Performance of Hash Files.
           The Computer Journal Vol.25, No.3, 347-352 (1982)

[LAR83]   Larson P.A.: Analysis of Uniform Hashing.
           J.ACM Vol.30, No.4, 805-819 (1983)

[LAV76]   Lavenberg S.S.; Shedler G.S.:Stochastic Modeling of a Processor
           Scheduling .... IBM J.Res. Develop. Vol.20, No.5, 437-448 (1976)

-266-

[LE82a]   Leung C.H.C.: A simple Model for the Performance Analysis of
          Disk Storage Fragmentation. The Comp.J.Vol.25, No.2, 193-198 (1982)

[LE82b]   Leung C.H.C.: An improved optimal-fit procedure for dynamic
          storage allocation. The Computer J. Vol.25, No.2, 199-206 (1982)

[LE83a]   Leung C.H.C.: Analysis of Disk Fragmentation using Markov Chains.
          The Computer Journal Vol.26, No.2 113-116 (1983)

[LE83b]   Leung C.H.C.; Wolfwnden K.: Disk Database Efficiency.
          The Computer Journal Vol.26, No.1 10-14 (1983)

[LEW76]   Lewis P.A.W.; Shedler G.S.: Statistical Analysis of non-stationary
          Series of Events in a DB Syst. IBM J.Res.Dev. 20, 465-482 (1976)

[LJU77]   Ljung L.: Analysis of recursive stochastic algorithms.
          IEEE Trans. Autom. Control AC-22 (1977)

[LUR73]   Lurie D.; Mason R.L.: Empirical investigation of several techniques
          for Comp. gen. of order statistics. Comm. Stat., Vol.2, 363-371 (1973)

[MAL83]   Malvestuto F.M.: Theory of random observations in relational data
          bases. Inform. Systems Vol.8, No.4, 281-289 (1983)

[MAR68]   Marsaglia G.; Bray T.A.: On-line random number generators and
          their use in combinations. C.ACM Vol.11, 757-759 (1968)

[MAR82]   Martinez M.: Program Behavior Prediction and Prepaging.
          Acta Informatica 17, 101-120 (1982)

[MCI82]   McIllroy M.D.: The number of States of a Dynamic Storage
          Allocation System. The Computer J. Vol.25, No.3, 388-392 (1982)

[MEN83]   Mendelson H.: Analysis of linear probing with buckets.
          Inform. Systems Vol.8, No.3, 207-216 (1983)

[MIH72]   Mihram G.A.: Simulation.
          Academic Press, New York (1972)

[MIT82]   Mitrani I.: Simulation techniques for discrete event systems.
          Comp. Science Texts 14, Cambridge Univ. Press (1982)

[MUC82]   Muchsel R.: Performance Measurements-A Practical Example from a
          German Univ. Comp. Center.The Comp.J. Vol.25,No.2,188-192 (1982)

[MUE69]   Müller-Merbach H. Optimale Reihenfolgen.
          Springer,Stuttgart (1969)

[NEV75]   Neveu J.: Discrete Parameter Martingales.
          North Holland, Amsterdam (1975)

[NEW79]   Newman W.M.; Sproull R.F.: Principles of Interactive Computer
           Graphics. Mc Graw Hill (1979)

[NIEL7]   Nielson N.R.: Dynamic Memory Allocation in Computer Simulation.
           C.ACM Vol.20, No.11, 864-873 (1977)

[NIEM1]   Niemann H.: Pattern Analysis.
           Springer, Berlin (1981)

[NIEM7]   Niemeyer G.: Kybernetische System- und Modelltheorie- System
           Dynamics. Vahlen, München (1977)

[NOL81]   Nollau V.: Semi-Markov'sche Prozesse.
           Verlag Harri Deutsch (1981)

[NOR72]   Norman M.F. Markov Processes and Learning Models.
           Math. in Science and Eng. 84, Academic Press (1972)

[PAV77]   Pavlidis T.: Structural Pattern Recognition.
           Springer, New York (1977)

[PAV82]   Pavlidis T.: Algorithms for Graphics and Image Processing.
           Springer, Berlin (1982)

[PAY82]   Payne J.A.: Introduction to Simulation.
           Mc Graw Hill, New York (1982)

[PER80]   Perros H.G.: A regression model for predicting the response time
           of a disk I/O system. The Computer J. Vol.23, No.1, 34-36 (1980)

[PFL84]   Pflug G.Ch.: Dynamic Memory Allocation - a Markovian Analysis.
           The Computer Journal Vol.27, No.4, 328-333 (1984)

[PFL86]   Pflug G.Ch.; Kessler H.W.: Linear probing with a non-uniform
           address distribution. erscheint in: J.ACM (1986)

[PIC73]   Pichler F.: Walsh Functions-Introduction to the Theory.
           In: Signal processing, Academic Press London 23-41 (1973)

[POS82]   Postaire J.G.: An unsupervised Bayes classifier for normal. patterns
           based on marg. denssity... Pattern Recogn. 15, No.2, 103-111 (1982)

[RAM83]   Ramamohanarao K.; Lloyd J.W.: Dynamic Hashing Schemes.
           The Computer Journal Vol.25, No.4, 478-485 (1983)

[REE79]   Reeves C,M.: Free store distribution under random fit allocation-
           Part 1. The Computer Journal Vol.22, No.4, 346-351 (1979)

[REE80]   Reeves C.M.: Free store distribution under random fit allocation-
           Part 2. The Computer Journal Vol.23, No.4, 298-306 (1980)

[REE83]   Reeves C.M.: Free store distribution under random fit allocation-
            Part 3. The Computer Journal Vol.26, No.1, 25-35 (1983)

[REN83]   Rendell L.: A new basis for state-space learning systems and a new
            sucessful implementation. Artific.Intell. Vol.20, No.4, 369-392 (1983)

[RIC85]   Richter L.: Betriebssysteme. Leitfäden und Monographien der
            Informatik, Teubner Stuttgart (1985)

[RIV78]   Rivest R.L.: Optimal arrangement of keys in a Hash-Table.
            J.ACM Vol.25, No.2, 200-209 (1978)

[ROB71]   Robbins H.; Siegmund D.: A convergence theorem for nonneg. alm.
            supermartingales.. Optimizing meth. of stat. (Rustagi ed.) AP (1971)

[ROB77]   Robson J.M.: Worst case fragmentation of first fit and best fit
            storage allocation strategies. The Comp. J. Vol.20,No.3,242-244(1977)

[ROD73]   Rodriguez-Rosell J.: Empirical Working Set Behavior.
            C.ACM Vol.16, 556-560 (1973)

[RUB81]   Rubinstein R,Y.: Simulation and the Monte Carlo Method.
            J. Wiley & Sons, New York (1981)

[SAU81]   Sauer Ch.H.: Approximate Solution of Queuing Networks with
            Simultaneous Resource Possession.IBM J.Res.Dev.25,6,894-903 (1981)

[SCH73]   Schassberger M.: Warteschlangen.
            Springer, Berlin (1973)

[SCH83]   Schassberger R.; Daduna H.: The Time for a Round Trip in a
            Cycle of Exponential Queues. J.ACM Vol.30, No.1, 146-150 (1983)

[SCH85]   Schneider F.B.; Conway R.; Skeen D.: Thrifty Execution of Task
            Pipelines. Acta Informatica 22, 35-45 (1985)

[SHA78]   Shapiro S.D.: Feature space transforms for curve detection
            Pattern recognition Vol.10, 129-143 (1978)

[SHO75]   Shore J.E.: On the external storage fragmentation produced by first
            fit and best fit allocation strategies. C.ACM Vol.18, 433-440 (1975)

[SHO77]   Shore J.E.: Anormalous Behavior of the Fifty-Percent Rule in
            Dynamic Memory Allocation. C.ACM Vol.20, No.11, 812-819 (1977)

[SKL81]   Sklansky J.; Wassel G.N. Pattern Classifiers and Trainable
            Machines. Springer Verlag, New York (1981)

[STR81]   Stroebel G.: Message Reassembly Times in a Packet Network.
            IBM J. Res. Develop. Vol.25, No.6, 930-933 (1981)

[STR83]   Strong H.R.: Vector Execution of Flow Graphs.
          J.ACM Vol.30, No,1, 186-196 (1983)

[SUR83]   Suri R.: Robustness of Queuing Network Formulas.
          J.ACM Vol.30, No.3, 564-594 (1983)

[TIP25]   Tipett L.H.C.: On extreme individuals and the range of a sample
          from a normal population. Biometrika 17 (1925)

[TRI82]   Trivedi K.S.: Probability and Statistics with Reliability,Queuing and
          Computer Science Applications. Prentice-Hall (1982)

[TSY73]   Tsypkin Y.Z.: Foundations of the Theory of Learning Systems.
          Academic Press, New York (1973)

[TUE76]   Tuel W.G.jr.: An Analysis of Buffer Paging in Virtual Storage
          Systems. IBM J. Res. Develop. Vol.20, No.5 518-520 (1976)

[VIN82]   Vinek G.; Rennert F.; Tjoa A.M.: Datenmodellierung.
          Physica-Verlag, Würzburg (1982)

[VIT83]   Vitter J.S.: Analysis of the Search Performance of Coalesced
          Hashing. J.ACM Vol.30, No.2, 231-258 (1983)

[VOL83]   Voldman J.; Mandelbrot B.; et al.: Fractal Nature of Software-Cache
          interaction. IBM J. Res. Develop. Vol.27, No.2, 163-170 (1983)

[WAL84]   Walke B.: Über die Vor- und Nachteile der Datenpaketvermittlung
          im Vergleich zur Leitungsvermittlung.Inform.Spektr. 7,221-236(1984)

[WAS69]   Wasan M.T.: Stochastic Approximation
          Cambridge Tracts in Math. 58, Cambridge Univ. Press (1969)

[WEC82]   Weck G.: Prinzipien und Realisierung von Betriebssystemen.
          Teubner Studienbücher 56 (1982)

[WER78]   Wertz W.: Statistical density estimation - A survey.
          Vandenhoeck & Ruprecht, Göttingen (1978)

[WOO84]   Woodwark J.R.: Compressed Quad Trees.
          The Computer J., Vol.27, No.3, 225-229 (1984)

[YAO85]   Yao A.C.: Uniform Hashing is Optimal.
          J.ACM Vol. 32, No.3, 687-693 (1985)

[YOU74]   Young T.Y.; Calvert T.W.: Classification, Estimation ans Pattern
          Recognition. American Elsevier, New York (1974)

[ZAH72]   Zahn C.T.; Roskies R.Z.: Fourier Descriptors for Plane Closed
          Curves. IEEE Trans. Comp. C-21, 269-281 (1972)

Sachverzeichnis

Leitfäden der angewandten Informatik

Meier: **Methoden der grafischen und geometrischen Datenverarbeitung**
224 Seiten. Kart. DM 34,–

Mresse: **Information Retrieval – Eine Einführung**
280 Seiten. Kart. DM 36,–

Müller: **Entscheidungsunterstützende Endbenutzersysteme**
253 Seiten. Kart. DM 26,80

Mußtopf / Winter: **Mikroprozessor-Systeme**
Trends in Hardware und Software
302 Seiten. Kart. DM 32,–

Nebel: **CAD-Entwurfskontrolle in der Mikroelektronik**
211 Seiten. Kart. DM 32,–

Retti et al.: **Artificial Intelligence – Eine Einführung**
2. Aufl. X, 228 Seiten. Kart. DM 34,–

Schicker: **Datenübertragung und Rechnernetze**
2. Aufl. 242 Seiten. Kart. DM 32,–

Schmidt et al.: **Digitalschaltungen mit Mikroprozessoren**
2. Aufl. 208 Seiten. Kart. DM 25,80

Schmidt et al.: **Mikroprogrammierbare Schnittstellen**
223 Seiten. Kart. DM 34, –

Schneider: **Problemorientierte Programmiersprachen**
226 Seiten. Kart. DM 25,80

Schreiner: **Systemprogrammierung in UNIX**
Teil 1: Werkzeuge. 315 Seiten. Kart. DM 48,–
Teil 2: Techniken. 408 Seiten. Kart. DM 58,–

Singer: **Programmieren in der Praxis**
2. Aufl. 176 Seiten. Kart. DM 28,80

Specht: **APL-Praxis**
192 Seiten. Kart. DM 24,80

Vetter: **Aufbau betrieblicher Informationssysteme**
mittels konzeptioneller Datenmodellierung
2. Aufl. 317 Seiten. Kart. DM 36,–

Weck: **Datensicherheit**
326 Seiten. Geb. DM 44,–

Wingert: **Medizinische Informatik**
272 Seiten. Kart. DM 25,80

Wißkirchen et al.: **Informationstechnik und Bürosysteme**
255 Seiten. Kart. DM 28,80

Wolf/Unkelbach: **Informationsmanagement in Chemie und Pharma**
244 Seiten. Kart. DM 34,–

Zehnder: **Informationssysteme und Datenbanken**
255 Seiten. Kart. DM 32,–

Zehnder: **Informatik-Projektentwicklung**
223 Seiten. Kart. DM 32,–

Preisänderungen vorbehalten